高等代数

陈玉清　王振友　编著

华南理工大学出版社
SOUTH CHINA UNIVERSITY OF TECHNOLOGY PRESS
·广州·

图书在版编目(CIP)数据

高等代数/陈玉清，王振友编著.—广州：华南理工大学出版社，2023.8
ISBN 978-7-5623-7355-1

Ⅰ.①高…　Ⅱ.①陈…②王…　Ⅲ.①高等代数-高等学校-教材　Ⅳ.①O15

中国国家版本馆CIP数据核字(2023)第086047号

高等代数
陈玉清　王振友　编著

出 版 人： 柯　宁
出版发行： 华南理工大学出版社
(广州五山华南理工大学17号楼，邮编510640)
http://hg.cb.scut.edu.cn　E-mail：scutc13@scut.edu.cn
营销部电话：020-87113487　87111048（传真）
责任编辑： 欧建岸
责任校对： 王洪霞
印 刷 者： 广州小明数码印刷有限公司
开　　本： 787mm×1092mm　1/16　**印张：** 9.25　**字数：** 225千
版　　次： 2023年8月第1版　**印次：** 2023年8月第1次印刷
定　　价： 35.00元

前　言

设 X,Y 为两个非空集合，$f:X\to Y$ 为一映射，即对 X 中任一 $x\in X$，有唯一 $y\in Y$ 使其按某一法则 f 与之对应，记为 $y=f(x)$. 现在给定 $y_0\in Y$，考察方程 $f(x)=y_0$ 的解的存在性问题. 从古至今，方程求解都是数学研究的中心问题之一，例如大家熟悉的一元一次方程、一元二次方程、一元高次方程、一元同余方程、多元的方程组(同余方程组)、著名的费马定理、黎曼猜想，以及随着微积分发展诞生的积分方程、微分(偏微分)方程(方程组)等. 代数学者通常在集合 X,Y 具有某种代数结构(如群、环、域等)框架下研究方程求解问题，而分析学者则要求 X,Y 具有某种拓扑结构(如度量、赋范空间或一般的拓扑空间). 高等代数这门课程的任务是讲授矩阵及其相关理论，它在线性方程组求解问题中具有重要作用. 本书将行列式概念放在矩阵后面介绍，用方阵的确定元(值)替代了行列式概念. 行列式的缺陷是忽略了数表(也就是矩阵在行列式中所处的地位)，比如，陈述行列式的性质采用了行列式转置(事实上是数表的转置)、行列式的两行(列)交换(事实上是数表的两行(列)交换)等模糊的表达方式，容易使初学者产生行列式与矩阵无关的错觉. 本书是在更为一般的交换环上定义矩阵，矩阵的元素可以是函数、多项式或随机变量等，如特征矩阵以及 λ - 矩阵的元素是多项式，随机矩阵的元素是随机变量.

本书结构如下：

第一章为多项式理论，为后面学习提供必要的基础知识. 这一章首先介绍环、交换环与域的概念，再介绍域上多项式及其整除与因式分解理论，最后插入了一节排列知识，它是方阵的确定元定义所必需的要素.

第二章是矩阵理论初步. 第一节介绍交换环上 n 个元素组成的 n 维向量的加法、交换环上元素与向量的乘积、向量的线性表示以及向量组的线性相关与线性无关概念. 第二节介绍矩阵以及矩阵的加减乘运算与逆运算. 第三节介绍子矩阵、余子矩阵与分块矩阵及其运算. 第四节介绍行阶梯形矩阵、矩阵的初等变换. 第五节介绍交换环上 n 阶方阵的确定元概念以及方阵确定元的性质. 第六节介绍方阵确定元按行列展开计算、拉普拉斯定理以及计算示例. 第七节介绍矩阵的秩，它是矩阵初等变换的一个不变量. 第八节是线性方程组，介绍矩阵的秩、矩阵的初等行变换以及方阵的确定元在线性方程组求解问题中的应用.

第三章是向量空间. 第一节介绍向量空间的概念. 第二节介绍向量组的线性相

关性与线性无关性以及向量组的秩．第三节介绍向量空间的基与基坐标变换．第四节介绍向量子空间的维数定理与直和．第五节介绍内积与内积空间以及正交向量与格拉姆－施密特正交化方法，有限维内积空间是它的子空间与其正交补空间的直和．

第四章是矩阵的特征值与特征向量．第一节介绍矩阵的特征值与特征向量以及哈密顿－凯莱定理．第二节介绍相似矩阵，n 阶矩阵相似于对角阵的充要条件是它有 n 个线性无关的特征向量．第三节介绍实对称矩阵的特征值问题，n 阶实对称矩阵有 n 个实特征值且对应有 n 个线性无关特征向量，进而正交相似于对角阵．

第五章是二次型与正定矩阵．第一节介绍二次型与它的标准形以及二次型化为标准形的方法与示例．第二节介绍正定二次型与正定矩阵及其判别方法．

第六章是多项式环上矩阵（也称为 λ－矩阵）等价问题与域上矩阵相似问题之间的关系．第一节介绍多项式环上矩阵的初等变换与标准形．第二节介绍多项式元矩阵的确定元因子与不变因子．第三节介绍域上两个矩阵相似的充要条件是它们的特征多项式矩阵等价．第四节介绍复数域上 n 阶矩阵的初等因子及其计算方法．第五节介绍复数域上 n 阶矩阵的若尔当标准形，复矩阵与对角阵相似的充要条件是其初等因子皆为一次因式．

第七章是线性映射与双线性函数．第一节介绍映射与线性映射的概念．第二节介绍线性映射与矩阵的关系以及有限维内积空间中线性函数的里斯表示定理．第三节介绍线性变换及其伴随变换．第四节介绍线性变换的值域与核．第五节介绍线性变换的特征值、特征向量与不变子空间，n 维向量空间可以分解成其上线性变换的特征根子空间的直和．第六节介绍双线性函数及其度量矩阵，存在非退化反对称双线性函数的向量空间称为辛空间，两个辛空间是辛同构的充要条件是它们的维数相等．

附录1 简单介绍整数的可除性与同余．

附录2 简单介绍随机矩阵．其在核物理学与统计力学中具有重要作用，可以帮助高年级学生初步了解随机矩阵研究中的一些基础概念与理论．

编　者

2023年2月

目　录

1 多项式理论

本章首先介绍环、交换环以及域，然后介绍域上的一元多项式及其加法与乘法，域上一元多项式全体是一交换环．接下来讨论多项式的除法与整除，介绍多项式的最大公因式以及求最大公因式的辗转相除法．在此基础上，还将介绍多项式的因式分解定理以及实数域上多项式方程有理根的存在性．这些内容为后续章节学习提供预备知识．本章最后一节是 n 阶排列知识，主要介绍 n 阶排列、排列的逆序数、奇偶排列以及排列的对换与性质，这节知识将用于矩阵的确定元定义及其性质讨论．

1.1 环与域的概念

定义 1.1.1 设 E 为一非空集合，其上定义了两种运算，称为加法与乘法，分别记为"＋"与"·"，为简便通常省略"·"，满足以下法则：

加法交换律 $a+b=b+a$，$\forall a, b\in E$；

加法与乘法结合律 $(a+b)+c=a+(b+c)$，$(ab)c=a(bc)$，$\forall a, b, c\in E$；

分配律 $a(b+c)=ab+ac$，$\forall a, b\in E$；

E 有零元，记为 0，满足 $a+0=a$，$0a=0$，$\forall a\in E$；

每个 $a\in E$ 有负元 $-a$，满足 $a+(-a)=0$，$\forall a\in E$，

则称 E 是环．

若 E 是环，乘法还满足：

交换律 $ab=ba$，$\forall a, b\in E$；

且 E 有乘法单位元，记为 $\mathbf{1}$，满足 $\mathbf{1}a=a$，$\forall a\in E$，

则称 E 是有单位元的交换环．

若 E 是有单位元的交换环，对任意非零元 $a, b\in E$，都有 $ab\neq 0$，则称 E 是整环．

若 E 是有单位元的交换环，且对每个非零元 $a\in E$，有逆元 a^{-1}，满足 $a^{-1}a=\mathbf{1}$，则称 E 是域．

例 1.1.1 全体整数 $\mathbf{Z}$ 关于数的加法与乘法是一整环．

例 1.1.2 整数模 4 剩余类 $\mathbf{Z}/(4)=\{0+(4), 1+(4), 2+(4), 3+(4)\}=\{\bar{0}, \bar{1}, \bar{2}, \bar{3}\}$ 是交换环．

解 令 $\bar{i}+\bar{j}=\overline{i+j}$，$\bar{i}\bar{j}=\overline{ij}$，则不难验证 $\mathbf{Z}/(4)$ 是交换环．

例 1.1.3 整数模 3 剩余类 $\mathbf{Z}/(3)=\{0+(3), 1+(3), 2+(3)\}=\{\bar{0}, \bar{1}, \bar{2}\}$

是域.

一般地，若 p 为素数，$\mathbf{Z}/(p)$是域.

例 1.1.4 有理数全体 $\mathbf{Q}$，实数全体 $\mathbf{R}$，复数全体 $\mathbf{C}$ 按数的加法与乘法是域.

例 1.1.5 $F_2=\{0, 1\}$ 中定义加法与乘法如下：

$0+1=1+0=1$，$0+0=0$，$1+1=0$；$0\times0=0$，$0\times1=1\times0=0$，$1\times1=1$.

F_2 是域，称为二元数域.

例 1.1.6 设 E_1，E_2 为环，$E_1\times E_2=\{(x, y): x\in E_1, y\in E_2\}$，在 $E_1\times E_2$ 上定义加法与乘法如下：

$(x_1, y_1)+(x_2, y_2)=(x_1+x_2, y_1+y_2)$，$\forall(x_i, y_i)\in E_1\times E_2$，$i=1, 2$；

$(x_1, y_1)(x_2, y_2)=(x_1x_2, y_1y_2)$，$\forall(x_i, y_i)\in E_1\times E_2$，$i=1, 2$，

则容易验证 $E_1\times E_2$ 是环.

设 E 是环，k 为任一正整数，$a\in E$. 规定 $ka=a+a+\cdots+a$ 为 k 个 a 相加，$a^k=aa\cdots a$ 为 k 个 a 相乘.

例 1.1.7 设 $F(R)=\{f(x): R\to\mathbf{R}\}$ 表 $\mathbf{R}$ 上的实函数全体，则 $F(R)$ 按函数的加法与乘法是一交换环，即

(1) $(f+g)(x)=f(x)+g(x)$，$f, g\in F(R)$，$x\in\mathbf{R}$；

(2) $fg(x)=f(x)g(x)$，$f, g\in F(R)$，$x\in\mathbf{R}$.

命题 1.1.1 设 E 是域，$\mathbf{1}$ 为乘法单位元，k 为正整数，则有$(k\cdot\mathbf{1})a=ka$.

证明 $(k\cdot\mathbf{1})a=(\mathbf{1}+\mathbf{1}+\cdots+\mathbf{1})a=a+a+\cdots+a=ka$，($k$ 个 $\mathbf{1}$).

命题 1.1.2 设 E 是域，$\mathbf{1}$ 为乘法单位元，$-\mathbf{1}$ 为其负元，则有 $(-\mathbf{1})^2=\mathbf{1}$.

证明 因为 $-\mathbf{1}+\mathbf{1}=0$，两边乘 $-\mathbf{1}$，得$(-\mathbf{1})^2+(-\mathbf{1})=0$，两边同加 $\mathbf{1}$ 得

$$(-\mathbf{1})^2+(-\mathbf{1})+\mathbf{1}=0+\mathbf{1}=\mathbf{1}.$$

由加法结合律可得上面等式左边等于$(-\mathbf{1})^2$. 于是有 $(-\mathbf{1})^2=\mathbf{1}$.

定义 1.1.2 设 E 是域，$\mathbf{1}$ 为乘法单位元. 若存在最小正整数 p，使得 $p\cdot\mathbf{1}=0$，则称 p 为域的特征，记为$\chi(E)=p$.

命题 1.1.3 设$\chi(E)=p$，则 p 为素数.

证明 假设相反 $p=nm$，$m>1$，$n>1$ 为整数. 则有$(mn)\mathbf{1}=(m\mathbf{1})(n\mathbf{1})=0$.
由于 E 是域，于是有 $m\mathbf{1}=0$ 或者 $n\mathbf{1}=0$ 之一成立. 这与$\chi(E)=p$ 矛盾.
因此命题结论成立.

例 1.1.8 p 为素数时，$\chi(\mathbf{Z}_p)=p$.

1.2 域上的一元多项式环

定义 1.2.1 设 E 为域，x 为一字符，n 为一非负整数，$a_i\in E$，$i=0, 1, 2, \cdots, n$. 形式表达式 $a_nx^n+a_{n-1}x^{n-1}+\cdots+a_1x+a_0$ 称为域 E 上的一元多项式，a_kx^k 称为 k 次项，a_k 称为 k 次项系数.

以后简记一元多项式为 $f(x)$ 或 $g(x)$ 等，域 E 上的一元多项式全体记为 $E[x]$.

定义 1.2.2 如果$f(x)$，$g(x)$的同次项系数全相等，系数为零的项忽略不计，那么称两个多项式$f(x)$，$g(x)$相等，记为$f(x)=g(x)$.

设$f(x)=a_nx^n+\cdots+a_1x+a_0$中$a_n\neq 0$，规定$\partial f(x)=n$，称为$f(x)$的次数．系数全为0的多项式称为零多项式，零多项式没有次数．

在$E[x]$上定义加法、减法与乘法运算如下：

设$f(x)=a_nx^n+\cdots+a_1x+a_0$，$g(x)=b_mx^m+\cdots+b_1x+b_0$.

(1)加法运算

令$k=\max\{n, m\}$，$a_i=0$，$i=n+1$，$\cdots$，$k(n<k)$，$b_i=0$，$i=m+1$，$\cdots$，$k(m<k)$，

$f(x)+g(x)=c_kx^k+\cdots+c_1x+c_0$，$c_i=a_i+b_i$，$i=0, 1, 2, \cdots, k$，即把相同次项系数相加．

(2) E中元素与多项式的乘积

设$c\in E$，$cf(x)=ca_nx^n+\cdots+ca_1x+ca_0$.

(3) $-f(x)=-a_nx^n-\cdots-a_1x-a_0$.

(4) 减法运算

$$f(x)-g(x)=f(x)+(-g(x)).$$

(5) 乘法运算

$$f(x)g(x)=c_kx^k+\cdots+c_1x+c_0,\ c_0=a_0b_0,\ c_l=\sum_{i+j=l}a_ib_j,\quad l=1,2,\cdots,k=n+m$$

命题 1.2.1 设E是域，则$E[x]$是有乘法单位元的整环．

证明 按定义 1.2.2 的加法与乘法直接验证．

例 1.2.1 设$E=\mathbf{R}$，$f(x)=3x^3-x+1$，$g(x)=5x^2+4x+3$.

$$f(x)+g(x)=3x^3+5x^2+3x+4,$$

$$f(x)-g(x)=3x^3-5x^2-5x-2.$$

$$f(x)g(x)=15x^5+12x^4+4x^3+x^2+x+3.$$

读者可类似定义整环上的一元多项式环．

1.3 多项式除法与最大公因式

对于域上任意两个多项式，可以做以下的形式除法．先看下面例子：

例 1.3.1 设$E=\mathbf{R}$，$f(x)=4x^3+5x+8$，$g(x)=2x^2-x-2$. 用$g(x)$去除$f(x)$，按如下格式进行：

$$\begin{array}{r|l|l}
2x^2-x-2 & 4x^3 \qquad\quad +5x+8 & 2x+1 \\
 & 4x^3-2x^2-4x & \\
\hline
 & \quad 2x^2+9x+8 & \\
 & \quad 2x^2-x-2 & \\
\hline
 & \quad\quad 10x+10 &
\end{array}$$

于是得到$4x^3+5x+8=(2x+1)(2x^2-x-2)+(10x+10)$.

定理 1.3.1 设$f(x)$, $g(x)\in E[x]$, $g(x)\neq 0$, 则存在$q(x)$, $r(x)\in E[x]$, 使得

$$f(x)=q(x)g(x)+r(x),$$

其中$\partial r(x)<\partial g(x)$, 或者$r(x)=0$.

证明 若$f(x)=0$, 取$q(x)=0$, $r(x)=0$.

故不妨设$f(x)\neq 0$, $\partial f(x)=n$, $\partial g(x)=m$.

若$n<m$, 取$q(x)=0$, $r(x)=f(x)$.

当$n\geqslant m$时, 设$f(x)$的首项系数为a_nx^n, $g(x)$的首项系数为b_mx^m. 设$f(x)$的次数小于n时结论成立. 令$f_1(x)=f(x)-a_nb_m^{-1}x^{n-m}g(x)$, 则有$\partial f_1(x)<n$. 由归纳假设, $f_1(x)=q_1(x)g(x)+r(x)$, 其中$\partial r(x)<\partial g(x)$或$r(x)=0$.

故有
$$f(x)=(a_nb_m^{-1}x^{n-m}+q_1(x))g(x)+r(x).$$

定义 1.3.1 设$f(x)$, $g(x)\in E[x]$. 若存在$h(x)\in E[x]$, 使得$f(x)=h(x)g(x)$, 则称$g(x)$整除$f(x)$, 记为$g(x)\mid f(x)$. 用$g(x)\nmid f(x)$表$g(x)$不能整除$f(x)$.

例 1.3.2 $g(x)\mid 0$, $0=0g(x)$; $a\neq 0$, $a\mid f(x)$, $f(x)=aa^{-1}f(x)$.

整除的性质:

(1) 设$f(x)\mid g(x)$, $g(x)\mid f(x)$, 则有$f(x)=cg(x)$, $c\in E$.

证明 由$g(x)\mid f(x)$知$f(x)=h(x)g(x)$. 若$g(x)=0$, 则$f(x)=0$.

同理由$f(x)\mid g(x)$知$g(x)=e(x)f(x)$. $f(x)=0$时, 有$g(x)=0$.

不妨设$f(x)\neq 0$, $g(x)\neq 0$. 故有$\partial f(x)\leqslant\partial g(x)\leqslant\partial f(x)$.

因此$\partial h(x)=0$, 于是有$f(x)=cg(x)$.

(2) 设$f(x)\mid g(x)$, $g(x)\mid h(x)$, 则有$f(x)\mid h(x)$.

证明 由已知条件知$g(x)=e(x)f(x)$, $h(x)=d(x)g(x)$. 故有$h(x)=d(x)e(x)f(x)$, 因此$f(x)\mid h(x)$.

(3) 设$g(x)\mid f_1(x)$, $g(x)\mid f_2(x)$, 则

$$g(x)\mid c_1(x)f_1(x)+c_2(x)f_2(x),\ c_1(x), c_2(x)\in E[x].$$

证明 由已知条件有$f_1(x)=d(x)g(x)$, $f_2(x)=e(x)g(x)$. 故有

$$c_1(x)f_1(x)+c_2(x)f_2(x)=[c_1(x)d(x)+c_2(x)e(x)]g(x).$$

从而有
$$g(x)\mid c_1(x)f_1(x)+c_2(x)f_2(x).$$

定义 1.3.2 设$f(x)$, $g(x)\in E[x]$, $d(x)$, $c(x)\in E[x]$, 满足$d(x)\mid f(x)$, $d(x)\mid g(x)$, $c(x)\mid f(x)$, $c(x)\mid g(x)$. 如有$c(x)\mid d(x)$, 则称$d(x)$为$f(x)$, $g(x)$的一个最大公因式. 用$(f(x), g(x))$表示首项系数为1的最大公因式, 简称首1最大公因式.

引理 1.3.1 设$f(x)=h(x)g(x)+r(x)$, 则$f(x)$, $g(x)$与$g(x)$, $r(x)$有相同的公因式.

证明 若$d(x)\mid f(x)$, $d(x)\mid g(x)$, 则有$d(x)\mid f(x)-h(x)g(x)=r(x)$.

反过来, 若$c(x)\mid g(x)$, $c(x)\mid r(x)$, 则有$c(x)\mid h(x)g(x)+r(x)=f(x)$.

定理 1.3.2 设$f(x)$, $g(x)\in E[x]$, 则$f(x)$, $g(x)$在$E[x]$中有最大公因式$d(x)$, 且

存在 $u(x)$，$v(x) \in E[x]$，使得 $d(x)=u(x)f(x)+v(x)g(x)$.

证明　若 $g(x)=0$，则 $f(x)$ 为 $f(x)$ 与 0 的一个最大公因式，且有 $f(x)=1\cdot f(x)+1\cdot 0$.

故设 $g(x)\neq 0$. 用 $g(x)$ 去除 $f(x)$ 得到 $f(x)=q_1(x)g(x)+r_1(x)$.

可设 $r_1(x)\neq 0$，$\partial r_1(x)<\partial g(x)$. 再用 $r_1(x)$ 去除 $g(x)$ 得到 $g(x)=q_2(x)r_1(x)+r_2(x)$. 如此进行下去，经有限步可得

$$r_{k-2}(x)=q_k(x)r_{k-1}(x)+r_k(x),\ \partial r_k(x)<\partial r_{k-1}<\cdots<\partial r_1(x),\ r_{k-1}(x)=q_{k+1}r_k(x).$$

由 $r_k(x)=r_{k-2}(x)-q_k(x)r_{k-1}(x)$，逐一回代消去所有 $r_i(x)$，$i=k-1$，$k-2$，…，1，整理即可得 $r_k(x)=u(x)f(x)+v(x)g(x)$.

注：在第二章例 2.2.16 中，将给出定理 1.3.2 的一个用矩阵的方法来计算 $u(x)$，$v(x)$.

例 1.3.3　设 $E=\mathbf{R}$，$f(x)=2x^4+x^3-2x^2+x+1$，$g(x)=2x^3+3x^2-x-1$. 求 $(f(x),g(x))$ 以及 $u(x)$，$v(x)$，使得 $u(x)f(x)+v(x)g(x)=(f(x),g(x))$.

解　用 $g(x)$ 去除 $f(x)$，得到

$$\begin{array}{r|l|l}
2x^3+3x^2-x-1 & 2x^4+x^3-2x^2+x+1 & x-1=q_1(x) \\
 & 2x^4+3x^3-x^2-x & \\ \hline
 & -2x^3-x^2+2x+1 & \\
 & -2x^3-3x^2+x+1 & \\ \hline
 & 2x^2+x \qquad =r_1(x) &
\end{array}$$

用 $r_1(x)$ 去除 $g(x)$，得到

$$\begin{array}{r|l|l}
2x^2+x & 2x^3+3x^2-x-1 & x+1=q_2(x) \\
 & 2x^3+\ x^2 & \\ \hline
 & 2x^2-x-1 & \\
 & 2x^2+x & \\ \hline
 & -2x-1=r_2(x) &
\end{array}$$

再用 $r_2(x)$ 去除 $r_1(x)$，得到

$$\begin{array}{r|l|l}
-2x-1 & 2x^2+x & -x=q_3(x) \\
 & 2x^2+x & \\ \hline
 & 0=r_3 &
\end{array}$$

故有 $-2x-1=g(x)-r_1(x)(x+1)$，把 $r_1(x)=f(x)-g(x)(x-1)$ 代入得

$$-2x-1=g(x)-f(x)(x+1)+g(x)(x^2-1)=(-x-1)f(x)+x^2g(x).$$

于是有 $(f(x),g(x))=x+\frac{1}{2}$. 令 $u(x)=\frac{1}{2}(x+1)$，$v(x)=-\frac{1}{2}x^2$ 即得

$$u(x)f(x)+v(x)g(x)=(f(x),g(x)).$$

定义 1.3.3 如果$(f(x), g(x))=1$，即$f(x)$，$g(x)$的公因式只有零次多项式，则称$f(x)$，$g(x)$互素.

易见下面定理成立.

定理 1.3.3 $(f(x), g(x))\in E[x]$互素的充要条件是存在$u(x), v(x)\in E[x]$，使得

$$u(x)f(x)+v(x)g(x)=1.$$

定理 1.3.4 设$(f(x), g(x))=1$，且$f(x)\mid h(x)g(x)$，则$f(x)\mid h(x)$.

证明 由$(f(x), g(x))=1$知，存在$u(x)$，$v(x)$，使得$u(x)f(x)+v(x)g(x)=1$.故有

$$h(x)u(x)f(x)+v(x)h(x)g(x)=h(x).$$

于是由$f(x)\mid h(x)u(x)f(x)$，$f(x)\mid v(x)h(x)g(x)$，知$f(x)\mid h(x)$.

推论 1.3.1 设$f_i(x)\mid g(x)$，$i=1, 2$，且$(f_1(x), f_2(x))=1$，则有$f_1(x)f_2(x)\mid g(x)$.

证明 由$f_1(x)\mid g(x)$知$g(x)=f_1(x)h(x)$，再由$f_2(x)\mid g(x)$知$f_2(x)\mid f_1(x)h(x)$.

又$(f_1(x), f_2(x))=1$，故有$f_2(x)\mid h(x)$. 因此有

$$h(x)=f_2(x)q(x),\ g(x)=f_1(x)f_2(x)q(x),$$

故$f_1(x)f_2(x)\mid g(x)$.

命题 1.3.1 设$(f_i(\lambda), g_j(\lambda))=1$，$i, j=1, 2$，则有

$$(f_1(\lambda)g_1(\lambda), f_2(\lambda)g_2(\lambda))=(f_1(\lambda), f_2(\lambda))(g_1(\lambda), g_2(\lambda)).$$

证明 设$d(\lambda)=(f_1(\lambda)g_1(\lambda), f_2(\lambda)g_2(\lambda))$，$d_1(\lambda)=(f_1(\lambda), f_2(\lambda))$，$d_2(\lambda)=(g_1(\lambda), g_2(\lambda))$. 由$(f_i(\lambda), g_j(\lambda))=1$，$i, j=1, 2$知$(d_1(\lambda), d_2(\lambda))=1$. 显然有

$$d_1(\lambda)\mid f_1(\lambda)g_1(\lambda), d_2(\lambda)\mid f_1(\lambda)g_1(\lambda),\ d_1(\lambda)\mid f_2(\lambda)g_2(\lambda), d_2(\lambda)\mid f_2(\lambda)g_2(\lambda).$$

由推论 1.3.1 得$d_1(\lambda)d_2(\lambda)\mid f_1(\lambda)g_1(\lambda)$，$d_1(\lambda)d_2(\lambda)\mid f_2(\lambda)g_2(\lambda)$. 于是有

$$d_1(\lambda)d_2(\lambda)\mid d(\lambda).$$

另一方面，由于$d(\lambda)\mid f_1(\lambda)g_1(\lambda)$，可设$d(\lambda)=b(\lambda)c(\lambda)$，其中$b(\lambda)\mid f_1(\lambda)$，$c(\lambda)\mid g_1(\lambda)$. 又$(f_1(\lambda), g_2(\lambda))=1$，$b(\lambda)\mid f_2(\lambda)g_2(\lambda)$，故有$b(\lambda)\mid f_2(\lambda)$. 因此$b(\lambda)\mid d_1(\lambda)$.

同理可得$c(\lambda)\mid g_2(\lambda)$，$c(\lambda)\mid d_2(\lambda)$. 于是有$d(\lambda)\mid d_1(\lambda)d_2(\lambda)$.

综上可得

$$d(\lambda)=d_1(\lambda)d_2(\lambda).$$

1.4 因式分解

大家在中学已学过一些多项式的因式分解方法. 这里进一步介绍多项式的因式分解问题. 高次多项式能否分解成较低次因式的乘积与其系数所在的域E相关.

例 1.4.1 x^2+1在$\mathbf{R}$中不可分解，但在F_2中$x^2+1=(x+1)(x+1)$，在$\mathbf{C}$中$x^2+1=(x-\mathrm{i})(x+\mathrm{i})$.

定义 1.4.1　设$f(x)\in E[x]$，且$\partial f(x)\geqslant 1$. 如果$f(x)$不能表成域E上两个次数低于$f(x)$的多项式的乘积，那么$f(x)$称为域E上不可约多项式.

定理 1.4.1　设$p(x)$为域E上不可约多项式，且$p(x)\mid f_1(x)f_2(x)$，则有

$$p(x)\mid f_1(x)\text{ 或者 }p(x)\mid f_2(x).$$

证明　设$d(x)=(p(x),f_1(x))$，则有$d(x)\mid p(x)$.

由于$p(x)$为不可约多项式，故有$d(x)=1$或者$d(x)=cp(x)$.

若$d(x)=1$，则有

$$p(x)\mid f_2(x);$$

若$d(x)=cp(x)$，则有

$$p(x)\mid f_1(x).$$

因式分解定理：

定理 1.4.2　设$f(x)\in E[x]$，$\partial f(x)>1$，则

$$f(x)=p_1(x)p_2(x)\cdots p_k(x),$$

其中$p_i(x)$，$i=1,2,\cdots,k$，为不可约多项式，且除常数外，上述表达式唯一.

1.5　多项式函数的根与因式分解

本节我们把多项式$f(x)=a_nx^n+\cdots+a_1x+a_0\in E[x]$中字符$x$看作可以在域$E$中取值的变量，这时，把$f(x)$称为$E$上的一多项式函数. 例如，取$x=\alpha\in E$，得到$f(\alpha)=a_n\alpha^n+\cdots+a_1\alpha+a_0$.

定理 1.5.1　设$f(x)\in E[x]$，$\alpha\in E$，则有$f(x)=(x-\alpha)q(x)+f(\alpha)$.

证明　设$f(x)=(x-\alpha)q(x)+r$，$r\in E$，则有$f(\alpha)=r$.

定义 1.5.1　当函数值$f(\alpha)=0$时，称α为$f(x)$的一个根或零点.

例 1.5.1　$x^2+1=0$在F_2中有一解$x=1$，在复数域$\mathbf{C}$中有两个解$x=\mathrm{i}$，$x=-\mathrm{i}$.

例 1.5.2　求解同余式$3x^{11}+16x^6+6x^5+10x-5\equiv 0\pmod 5$.

解　由费马小定理知，$x^{11}\equiv x^3\pmod 5$，$x^6\equiv x^2\pmod 5$，$x^5\equiv x\pmod 5$.

原同余式等价于$3x^3+x^2+x\equiv 0\pmod 5$.

取域$E=Z_5$，同余式$3x^3+x^2+x\equiv 0\pmod 5$等价于$Z_5$上多项式方程$3x^3+x^2+x=0$的根. 在$Z_5$中逐一验证知$x=\bar{0},\bar{1},\bar{2}$是其根.

故$3x^{11}+16x^6+6x^5+10x-5\equiv 0\pmod 5$有三个解$x\equiv 0,1,2\pmod 5$.

定理 1.5.2　复数域上次数$\geqslant 1$的多项式在复数域上至少有一复根.

推论 1.5.1　复数域上次数$\geqslant 1$的多项式在复数域上都可唯一分解成一次因式的乘积.

定理 1.5.3　实数域上次数$\geqslant 1$的多项式在实数域上都可分解成一次因式与二次不可约多项式的乘积.

证明　假设定理对于实数域上次数小于n的多项式结论成立.

对 n 次实系数多项式 $f(x)$，$f(x)$ 有一复根 α，于是 $f(x)=(x-\alpha)f_1(x)$.

①若 α 为实数，则 $\partial f_1(x)=n-1$. 由归纳假设 $f_1(x)$ 可分解成一次因式与二次不可约多项式的乘积，故定理结论成立.

②若 α 不是实数，则 $\bar{\alpha}$ 也为 $f(x)$ 之根，于是有 $f(x)=(x-\alpha)(x-\bar{\alpha})f_2(x)$，$\partial f_2(x)=n-2$. 由归纳假设 $f_1(x)$ 可分解成一次因式与二次不可约多项式的乘积，故定理结论成立.

综上①，②知，定理结论成立.

定义 1.5.2 设 $f(x)=b_nx^n+b_{n-1}x^{n-1}+\cdots+b_1x+b_0$ 为一非零整系数多项式，且 b_n，$\cdots$，b_1，b_0 没有异于 ±1 的公因子，则称 $f(x)$ 为**本原多项式**.

例 1.5.3 $f(x)=5x^4+3x^3-7x^2+2x-41$ 为本原多项式.

定理 1.5.4(高斯引理) 两个本原多项式的乘积是本原多项式.

证明 设 $f(x)=b_nx^n+b_{n-1}x^{n-1}+\cdots+b_1x+b_0$，$g(x)=c_mx^m+\cdots+c_1x+c_0$ 均为本原多项式，$h(x)=f(x)g(x)=d_{n+m}x^{n+m}+\cdots+d_1x+d_0$.

假设 $h(x)$ 不是本原多项式，则存在素数 p，$p\,|\,d_i$，$i=0$，1，$\cdots$，d_{n+m}.

再假设 $p\,|\,b_i$，$i\leqslant k-1$，$p\nmid b_k$，$p\,|\,c_j$，$j\leqslant l-1$，$p\nmid c_l$.

由 $d_{k+l}=\sum\limits_{i+j=k+l}b_ic_j$ 知 $p\,|\,b_ic_j$，$i\leqslant k-1$ 或者 $j\leqslant l-1$，但 $p\nmid b_kc_l$，矛盾.

因此定理结论成立.

1.6 有理数域上的多项式

定理 1.6.1 如果一个非零整系数多项式能分解成两个次数较低的有理系数多项式的乘积，则一定能分解成两个次数较低的整系数多项式的乘积.

证明 设 $f(x)$ 是非零整系数多项式，且 $f(x)=g(x)h(x)$，$g(x)$，$h(x)$ 是有理系数多项式，$\partial g(x)<\partial f(x)$，$\partial h(x)<\partial f(x)$.

令 $f(x)=af_1(x)$，$g(x)=rg_1(x)$，$h(x)=sh_1(x)$；$f_1(x)$，$g_1(x)$，$h_1(x)$ 为本原多项式. 于是有

$$af_1(x)=rsg_1(x)h_1(x).$$

由定理 1.5.4 知 $g_1(x)h_1(x)$ 为本原多项式. 故有 $rs=a$. 于是 $f(x)=(rsg_1(x))h_1(x)$，$rsg_1(x)$，$h_1(x)$ 均为整系数多项式，定理结论成立.

定理 1.6.2 设 $f(x)=b_nx^n+b_{n-1}x^{n-1}+\cdots+b_1x+b_0$ 是一整系数多项式，$\frac{q}{p}$ 是它的一个有理根，且 $(p,q)=1$，则有 $q\,|\,b_0$，$p\,|\,b_n$.

证明 $\left(x-\frac{q}{p}\right)\Big|f(x)$，$(px-q)\,|\,f(x)$，$px-q$ 为本原多项式，于是

$$f(x)=(px-q)(c_{n-1}x^{n-1}+\cdots+c_0),$$

c_i，$i=0$，1，$\cdots$，c_{n-1} 均为整数. 两边比较系数得到 $b_n=pc_{n-1}$，$b_0=qc_0$，因此 $p\,|\,b_n$，$q\,|\,b_0$.

例 1.6.1　求 $2x^4+x-3=0$ 的有理根.

解　用带余除法逐一验证知道，±1，±3，$\pm\frac{1}{2}$，$\pm\frac{3}{2}$中只有 1 是根. 因此

$$2x^4+x-3=(x-1)(2x^3+2x^2+2x+3),$$

$2x^3+2x^2+2x+3$ 为有理数域上的不可约多项式.

1.7　排列与逆序数

定义 1.7.1　由 1，2，…，n 个数组成的一个有序数组称为一个 n **阶排列**.

例 1.7.1　34125 为一个 5 阶排列.

例 1.7.2　$123\cdots n$ 称为 n 阶自然排列.

定义 1.7.2　对 n 阶排列 $j_1j_2\cdots j_n$ 中的任一个数 j_k，如果有 $i<k$，$j_i>j_k$ 成立，则称 j_i 与 j_k 构成一个逆序. 令 $\tau(j_k)$ 表与 j_k 构成的逆序个数，规定 $\tau(j_1)=0$(没有排在 j_1 前面的数)，称 $\tau(j_1j_2\cdots j_n)=\sum\limits_{k=1}^{n}\tau(j_k)$ 为 n 阶排列 $j_1j_2\cdots j_n$ 的逆序数.

定义 1.7.3　逆序数为偶数的排列称为偶排列，逆序数为奇数的排列称为奇排列.

例 1.7.3　求 $\tau(34152)$.

解　$\tau(3)=0$，$\tau(4)=0$，$\tau(1)=2$，$\tau(5)=0$，$\tau(2)=3$. 因此

$$\tau(34152)=0+0+2+0+3=5.$$

例 1.7.4　求 $\tau(n(n-1)\cdots21)$.

解　$\tau(n)=0$，$\tau(n-1)=1$，$\tau(n-2)=2$，…，$\tau(2)=n-2$，$\tau(1)=n-1$. 因此

$$\tau(n(n-1)\cdots21)=0+1+2+\cdots+(n-2)+(n-1)=\frac{(n-1)n}{2}.$$

将一个排列中的某两个数的位置互换，而其余数位置不变，这样的排列变换称为一个对换. 例如，将排列 624513 中 2 与 1 互换，得到排列 614523.

定理 1.7.1　对换改变排列的奇偶性.

证明　①将 $j_1j_2\cdots j_kj_{k+1}\cdots j_n$ 中 j_k 与 j_{k+1} 互换，得到排列 $j_1\cdots j_{k-1}j_{k+1}j_kj_{k+2}\cdots j_n$.

用 $\tau(j_i)$ 表原排列中 j_i 的逆序数，$\tau'(j_i)$ 表互换 j_k 与 j_{k+1} 后排列中 j_i 的逆序数，则有 $\tau'(j_i)=\tau(j_i)$，$i\neq k$，$k+1$，

$$\begin{cases}\tau'(j_k)=\tau(j_k)+1, & j_k<j_{k+1};\\ \tau'(j_k)=\tau(j_k), & j_k>j_{k+1}.\end{cases}$$

当 $j_k<j_{k+1}$ 时，

$$\tau'(j_1\cdots j_{k+1}j_k\cdots j_n)=\tau(j_1\cdots j_kj_{k+1}\cdots j_n)+1;$$

当 $j_k>j_{k+1}$ 时，

$$\tau'(j_1\cdots j_{k+1}j_k\cdots j_n)=\tau(j_1\cdots j_kj_{k+1}\cdots j_n)-1.$$

因此排列的奇偶性改变.

②将$j_1\cdots j_k\cdots j_{k+s}\cdots j_n$中$j_k$与$j_{k+s}$对换，可依次将$j_k$与$j_{k+1}$对换，与$j_{k+2}$对换，…，与$j_{k+s}$对换，也就是一位一位地右移，然后再将$j_{k+s}$与$j_{k+s-1}$对换，…，最后与$j_{k+1}$对换，即一位一位地左移，总共经历$2s-1$次相邻对换，由①即知排列的奇偶性改变.

综上可知对换改变排列的奇偶性.

推论 1.7.1 全部n阶排列中，奇偶排列各占一半.

证明 设奇排列个数为s，偶排列个数为t. 将奇排列的前两位数对换得到s个不同的偶排列，故有$s\leqslant t$. 同理可得$t\leqslant s$. 因而$s=t$.

例 1.7.5 求$\sum\limits_{j_1j_2\cdots j_n}(-1)^{\tau(j_1j_2\cdots j_n)}(j_1+j_2+\cdots+j_n)$，其中$j_1j_2\cdots j_n$为任一$n$阶排列.

解 因为$j_1+j_2+\cdots+j_n=\dfrac{n(n+1)}{2}$，由推论 1.7.1 得

$$\sum_{j_1j_2\cdots j_n}(-1)^{\tau(j_1j_2\cdots j_n)}(j_1+j_2+\cdots+j_n)=0.$$

定理 1.7.2 任一n阶排列可经一系列对换变为自然排列$12\cdots n$.

证明 对 1 阶排列，结论显然成立.

假设结论对$n-1$阶排列成立. 对n阶排列$j_1j_2\cdots j_n$，若$j_n=n$，则$j_1j_2\cdots j_{n-1}$为$n-1$阶排列，由归纳假设可经一系列对换变为$12\cdots n-1$，即$j_1j_2\cdots j_n$变为$12\cdots n$.

若$j_n\neq n$，先将j_n与n对换，得到$j_1j_2\cdots j_{n-1}n$，变为前一情形，因此结论成立.

习　题　1

本习题如不做特殊声明，均在数域上考虑.

1. 设R_1，R_2是交换环，$R_1\times R_2=\{(x,\ y):\ x\in R_1,\ y\in R_2\}$，在$R_1\times R_2$上定义加法与乘法如下：

$$(x_1,\ y_1)+(x_2,\ y_2)=(x_1+x_2,\ y_1+y_2),$$
$$(x_1,\ y_1)(x_2,\ y_2)=(x_1x_2,\ y_1y_2),\ (x_i,\ y_i)\in R_1\times R_2,\ i=1,\ 2.$$

验证$R_1\times R_2$是交换环.

2. 说明$\mathbf{Z}/(8)$不是整环.

3. 证明$\mathbf{Z}/(p)$是整环的充要条件是p是素数.

4. 证明$\mathbf{Z}/(p)$是域的充要条件是p是素数.

5*. 设D是整环，$D\times(D\setminus\{0\})=\{(a,\ b),\ a\in D,\ b\in D\setminus\{0\}\}$，在$D\times(D\setminus\{0\})$上定义等价类如下：称$(a,\ b)$与$(c,\ d)$等价，记为$(a,\ b)\sim(c,\ d)$，如果$ad=bc$，$(a,\ b)$，$(c,\ d)\in D\times(D\setminus\{0\})$. 记$\dfrac{a}{b}$表与$(a,\ b)$等价的元素全体，称为$(a,\ b)$的等价类，$Q(D)=\left\{\dfrac{a}{b},\ a\in D,\ b\in D\setminus\{0\}\right\}$. 在$Q(D)$上定义加法与乘法如下：

$$\frac{a}{b}+\frac{c}{d}=\frac{ad+bc}{bd},\ \frac{a}{b}\times\frac{c}{d}=\frac{ac}{bd},\ \frac{a}{b},\frac{c}{d}\in Q(D).$$

证明 $Q(D)$ 是域.

6. 设 $E=\mathbf{R}$ 为实数域，$f(x)$，$g(x)$，$h(x)\in E[x]$ 满足 $f^2(x)=xg^2(x)+xh^2(x)$. 证明 $f(x)=g(x)=h(x)=0$.

若 $E=\mathbf{C}$ 为复数域，上述结论还成立吗?

7. 求 p，q，r 的条件，使得下列结论成立：

(1) $x^2+px+1\mid x^4+qx+r$;

(2) $x^2+px-1\mid x^3+qx+r$.

8. 求 $q(x)$，$r(x)$，使得 $f(x)=q(x)g(x)+r(x)$，其中 $f(x)$，$g(x)$ 如下：

(1) $f(x)=x^3-2x^2+x-1$，$g(x)=x^2+x-1$;

(2) $f(x)=x^4-2x+4$，$g(x)=x^2-x+3$;

(3) $f(x)=2x^5-5x^3-8x$，$g(x)=x+3$.

9. 求 $f(x)$，$g(x)$ 的最大公因式：

(1) $f(x)=x^4+x^3-3x^2-4x-1$，$g(x)=x^3+x^2-x-1$;

(2) $f(x)=x^4-4x^3+1$，$g(x)=x^3-3x^2+1$;

(3) $f(x)=x^5-4x^3+x^2-1$，$g(x)=x^2+2x-1$.

10. 求 $u(x)$，$v(x)$，使得 $u(x)f(x)+v(x)g(x)=(f(x),\ g(x))$：

(1) $f(x)=x^4-x^3-2x^2+2x+1$，$g(x)=x^2-x-1$;

(2) $f(x)=x^3+2x^2-x+2$，$g(x)=x^2+x-1$;

(3) $f(x)=x^4-x^3-4x^2+4x+1$，$g(x)=-x^2+x+1$.

11. 设 $f(x)=x^3+(1+a)x^2+2x+2b$，$g(x)=x^3+ax+b$ 的最大公因式是一个二次多项式. 求 a，b.

12. 设 n，m 为正整数. 证明 $x^n-1\mid x^m-1\Leftrightarrow n\mid m$.

13. 设 E 为域，$f(x)$，$g(x)\in E[x]$. 证明 $(f(x),\ g(x))=1$ 的充要条件是对 $\forall h(x)\in E[x]$，存在 $u(x)$，$v(x)\in E[x]$，使得 $u(x)f(x)+v(x)g(x)=h(x)$.

14. 设 E 为域，$(f(x),\ g(x))=1$，$(f(x),\ h(x))=1$. 证明 $(f(x),\ g(x)h(x))=1$.

15. 设 $(x-1)\mid f(x^n)$. 证明 $(x^n-1)\mid f(x^n)$.

16. 设 $(x^2+x+1)\mid f(x^3)+xg(x^3)$. 证明 $(x-1)\mid f(x)$，$(x-1)\mid g(x)$.

17. 设 $f(x)$，$g(x)$ 为数域上多项式，$(f(x),\ g(x))=1$. 证明 $(f(x^m),\ g(x^m))=1$.

18. 设 $f(x)$，$g(x)$ 为数域上多项式，$f(x)\mid f(x^m)$. 则 $f(x)$ 的根只能是单位根或 0.

19. 将 $f(x)=3x^3+16x^2+6x$ 在 Z_5 上分解因式.

20. 求 $\tau((2n-1)(2n-3)\cdots31(2n)(2n-2)\cdots42)$.

21. 令 $\tau((i_1,\ j_1)(i_2,\ j_2)\cdots(i_n,\ j_n))=\tau(i_1i_2\cdots i_n)+\tau(j_1j_2\cdots j_n)$. 证明

$$(-1)^{\tau((i_1,j_1)\cdots(i_s,j_s)\cdots(i_k,j_k)\cdots(i_n,j_n))}=(-1)^{\tau((i_1,j_1)\cdots(i_k,j_k)\cdots(i_s,j_s)\cdots(i_n,j_n))}.$$

22. 讨论 $\tau(i_1i_2\cdots i_n)$ 与 $\tau(i_ni_{n-1}\cdots i_1)$ 之间的关系.

23*. 设 $(\Omega,\ \mu)$ 为一可测空间，验证 Ω 上可测函数全体

$$\{f:\Omega\to(-\infty,\ +\infty)\cup\{+\infty\}\ \text{为可测函数}\}$$

是交换环.

2 矩阵理论初步

本章首先介绍交换环上的 n 维向量以及向量的线性相关性与线性表示，将线性方程组的求解问题转化为一个等价的向量的线性表示问题，在此基础上介绍矩阵及其加法、乘法运算以及转置、共轭与逆运算；随后介绍子矩阵、余子矩阵以及分块矩阵与运算，介绍行阶梯形矩阵、行最简形矩阵、矩阵的初等变换、矩阵的标准形以及等价矩阵概念；接下来介绍交换环上 n 阶方阵的确定元及其性质与计算，在方阵确定元基础上介绍矩阵的秩，它是矩阵初等变换的一个不变量；本章最后一节是线性方程组，介绍矩阵的秩、初等行变换以及方阵的确定元在线性方程组求解问题中的应用.

2.1 交换环上 n 维向量与向量的线性相关性

2 维向量与 3 维向量的概念在中学书本里已经介绍了.

设 E 是交换环，我们把 E 中 n 个元素 a_i，$i=1$，$\cdots$，n 组成的元素组称为交换环 E 上的一个 n 维向量，记为 $\boldsymbol{\alpha}=\begin{pmatrix} a_1 \\ a_2 \\ \vdots \\ a_n \end{pmatrix}$，称为 n 维列向量；或者 $\boldsymbol{\alpha}^{\mathrm{T}}=(a_1\ a_2 \cdots\ a_n)$，称为 n 维行向量.

$\mathbf{0}=\begin{pmatrix} 0 \\ 0 \\ \vdots \\ 0 \end{pmatrix}$表零向量.

今后用 E^n 表 E 上的 n 维向量全体. 我们在 E^n 上定义下列运算：

(1)向量加法

设 $\boldsymbol{\alpha}=\begin{pmatrix} a_1 \\ a_2 \\ \vdots \\ a_n \end{pmatrix}$，$\boldsymbol{\beta}=\begin{pmatrix} b_1 \\ b_2 \\ \vdots \\ b_n \end{pmatrix}$，

$$\boldsymbol{\alpha}+\boldsymbol{\beta}=\begin{pmatrix}a_1+b_1\\a_2+b_2\\\vdots\\a_n+b_n\end{pmatrix}.$$

同理
$$\boldsymbol{\alpha}^{\mathrm{T}}+\boldsymbol{\beta}^{\mathrm{T}}=(a_1+b_1\ a_2+b_2\ \cdots\ a_n+b_n).$$

（2）E 中元素与向量乘积

设 $\boldsymbol{\alpha}=\begin{pmatrix}a_1\\a_2\\\vdots\\a_n\end{pmatrix}$，$\lambda\in E$. 则 $\lambda\boldsymbol{\alpha}=\begin{pmatrix}\lambda a_1\\\lambda a_2\\\vdots\\\lambda a_n\end{pmatrix}$，$\lambda\boldsymbol{\alpha}^{\mathrm{T}}=(\lambda a_1\ \lambda a_2\cdots\ \lambda a_n)$.

(3)记 $-\boldsymbol{\alpha}=\begin{pmatrix}-a_1\\-a_2\\\vdots\\-a_n\end{pmatrix}$，规定 $\boldsymbol{\alpha}-\boldsymbol{\beta}=\boldsymbol{\alpha}+(-\boldsymbol{\beta})$.

容易验证下列性质成立：

（1）$\boldsymbol{\alpha}+\boldsymbol{\beta}=\boldsymbol{\beta}+\boldsymbol{\alpha}$；

（2）$(\boldsymbol{\alpha}+\boldsymbol{\beta})+\boldsymbol{\gamma}=\boldsymbol{\alpha}+(\boldsymbol{\beta}+\boldsymbol{\gamma})$；

（3）$\boldsymbol{\alpha}+\mathbf{0}=\boldsymbol{\alpha}$；

（4）$\boldsymbol{\alpha}+(-\boldsymbol{\alpha})=\mathbf{0}$；

（5）$\mathbf{1}\boldsymbol{\alpha}=\boldsymbol{\alpha}$，$\mathbf{1}$ 为 E 的单位元；

（6）$\lambda(\boldsymbol{\alpha}+\boldsymbol{\beta})=\lambda\boldsymbol{\alpha}+\lambda\boldsymbol{\beta}$；

（7）$(\lambda\mu)\boldsymbol{\alpha}=\lambda(\mu\boldsymbol{\alpha})$；

（8）$(\lambda+\mu)\boldsymbol{\alpha}=\lambda\boldsymbol{\alpha}+\mu\boldsymbol{\alpha}$.

定义 2.1.1 设 $\boldsymbol{\alpha}_i$，$\boldsymbol{\beta}\in E^n$，$i=1,2,\cdots,k$. 若存在 $\lambda_i\in E$，$i=1,2,\cdots,k$，使得 $\boldsymbol{\beta}=\sum\limits_{i=1}^{k}\lambda_i\boldsymbol{\alpha}_i$，则称 $\boldsymbol{\beta}$ 可由 $\boldsymbol{\alpha}_1,\boldsymbol{\alpha}_2,\cdots,\boldsymbol{\alpha}_k$ 线性表示.

例 2.1.1 设 $E=\mathbf{R}$，$\boldsymbol{\alpha}_1=\begin{pmatrix}2\\1\end{pmatrix}$，$\boldsymbol{\alpha}_2=\begin{pmatrix}0\\2\end{pmatrix}$，$\boldsymbol{\beta}=\begin{pmatrix}3\\4\end{pmatrix}\in\mathbf{R}^2$，则有 $\boldsymbol{\beta}=\dfrac{3}{2}\boldsymbol{\alpha}_1+\dfrac{5}{4}\boldsymbol{\alpha}_2$.

定义 2.1.2 设 $\boldsymbol{\alpha}_1,\boldsymbol{\alpha}_2,\cdots,\boldsymbol{\alpha}_s\in E^n$. 若存在不全为零的元素 $k_1,k_2,\cdots,k_s\in E$，使得 $k_1\boldsymbol{\alpha}_1+k_2\boldsymbol{\alpha}_2+\cdots+k_s\boldsymbol{\alpha}_s=\mathbf{0}$，则称向量组 $\boldsymbol{\alpha}_1,\boldsymbol{\alpha}_2,\cdots,\boldsymbol{\alpha}_s$ 线性相关，否则称向量组 $\boldsymbol{\alpha}_1,\boldsymbol{\alpha}_2,\cdots,\boldsymbol{\alpha}_s$ 线性无关.

即若 $\boldsymbol{\alpha}_1,\boldsymbol{\alpha}_2,\cdots,\boldsymbol{\alpha}_s$ 线性无关，$k_1\boldsymbol{\alpha}_1+k_2\boldsymbol{\alpha}_2+\cdots+k_s\boldsymbol{\alpha}_s=\mathbf{0}$，就有 $k_i=0$，$i=1,2,\cdots,s$.

例 2.1.2 上例中的 3 个向量 $\boldsymbol{\alpha}_1=\begin{pmatrix}2\\1\end{pmatrix}$，$\boldsymbol{\alpha}_2=\begin{pmatrix}0\\2\end{pmatrix}$，$\boldsymbol{\beta}=\begin{pmatrix}3\\4\end{pmatrix}$线性相关.

例2.1.3 $e_1^{\mathrm{T}}=(1\ 0\ \cdots\ 0)$，$e_2^{\mathrm{T}}=(0\ 1\ \cdots\ 0)$，…，$e_n^{\mathrm{T}}=(0\ \cdots\ 0\ 1)$线性无关.

关于向量组的线性相关性与线性无关性，将在第三章详细讨论.

2.2 矩阵及其运算

本节首先考察如下线性方程组：

$$\begin{cases}x_1+x_2+x_3=0,\\2x_1+4x_2+6x_3=1,\\2x_1+4x_2+5x_3=1.\end{cases}\tag{2.1}$$

使用消元法，把第二个方程的 -1 倍加到第三个方程得

$$\begin{cases}x_1+x_2+x_3=0,\\2x_1+4x_2+6x_3=1,\\0x_1+0x_2-x_3=0.\end{cases}$$

再把第三个方程加到第一个方程，把第三个方程的6倍加到第二个方程得到

$$\begin{cases}x_1+x_2+0x_3=0,\\2x_1+4x_2+0x_3=1,\\0x_1+0x_2-x_3=0.\end{cases}$$

把第一个方程的 -2 倍加到第二个方程，再将第二个方程乘以$\frac{1}{2}$得到

$$\begin{cases}x_1+x_2+0x_3=0,\\0x_1+x_2+0x_3=\frac{1}{2},\\0x_1+0x_2-x_3=0.\end{cases}$$

最后将第二个方程的 -1 倍加到第一个方程，第三个方程乘以 -1，得

$$\begin{cases}x_1+0x_2+0x_3=-\frac{1}{2},\\0x_1+x_2+0x_3=\frac{1}{2},\\0x_1+0x_2+x_3=0.\end{cases}$$

于是有 $x_1=-\frac{1}{2}$，$x_2=\frac{1}{2}$，$x_3=0$. 上述过程保留了未知数的零倍是为了清楚表达未知数系数的变化过程.

下面利用2.1节的向量及其运算，可以把方程组(2.1)改写成如下一个简洁的形式：

$$x_1\begin{pmatrix}1\\2\\2\end{pmatrix}+x_2\begin{pmatrix}1\\4\\4\end{pmatrix}+x_3\begin{pmatrix}1\\6\\5\end{pmatrix}=\begin{pmatrix}0\\1\\1\end{pmatrix}\tag{2.2}$$

显然方程组(2.1)有解的充要条件是向量$\begin{pmatrix}0\\1\\1\end{pmatrix}$可由向量组$\begin{pmatrix}1\\2\\2\end{pmatrix}$，$\begin{pmatrix}1\\4\\4\end{pmatrix}$，$\begin{pmatrix}1\\6\\5\end{pmatrix}$线性表示.

进一步，把3个向量$\begin{pmatrix}1\\2\\2\end{pmatrix}$，$\begin{pmatrix}1\\4\\4\end{pmatrix}$，$\begin{pmatrix}1\\6\\5\end{pmatrix}$合并排成如下一个3×3表格：

$$\begin{pmatrix}1 & 1 & 1\\2 & 4 & 6\\2 & 4 & 5\end{pmatrix},$$

把3个未知数排成列向量

$$\begin{pmatrix}x_1\\x_2\\x_3\end{pmatrix},$$

规定3×3表格与未知数列向量的乘法法则如下：

$$\begin{pmatrix}1 & 1 & 1\\2 & 4 & 6\\2 & 4 & 5\end{pmatrix}\begin{pmatrix}x_1\\x_2\\x_3\end{pmatrix}=x_1\begin{pmatrix}1\\2\\2\end{pmatrix}+x_2\begin{pmatrix}1\\4\\4\end{pmatrix}+x_3\begin{pmatrix}1\\6\\5\end{pmatrix}.$$

于是等式(2.2)可进一步改写成下面形式：

$$\begin{pmatrix}1 & 1 & 1\\2 & 4 & 6\\2 & 4 & 5\end{pmatrix}\begin{pmatrix}x_1\\x_2\\x_3\end{pmatrix}=\begin{pmatrix}0\\1\\1\end{pmatrix} \tag{2.3}$$

利用前面的消元法过程，现在可重新用等式(2.3)两边表格中数的如下变化过程来描述：

将等式(2.3)两边表格的第二行的-1倍加到第三行，得

$$\begin{pmatrix}1 & 1 & 1\\2 & 4 & 6\\0 & 0 & -1\end{pmatrix}\begin{pmatrix}x_1\\x_2\\x_3\end{pmatrix}=\begin{pmatrix}0\\1\\0\end{pmatrix}.$$

将第三行的1倍加到第一行，6倍加到第二行，得

$$\begin{pmatrix}1 & 1 & 0\\2 & 4 & 0\\0 & 0 & -1\end{pmatrix}\begin{pmatrix}x_1\\x_2\\x_3\end{pmatrix}=\begin{pmatrix}0\\1\\0\end{pmatrix}.$$

再将第一行的-2倍加到第二行，然后第二行再乘以$\frac{1}{2}$，得

$$\begin{pmatrix}1 & 1 & 0\\0 & 1 & 0\\0 & 0 & -1\end{pmatrix}\begin{pmatrix}x_1\\x_2\\x_3\end{pmatrix}=\begin{pmatrix}0\\\frac{1}{2}\\0\end{pmatrix}.$$

最后将第二行的 -1 倍加到第一行，第三行乘以 -1，得

$$\begin{pmatrix}1&0&0\\0&1&0\\0&0&1\end{pmatrix}\begin{pmatrix}x_1\\x_2\\x_3\end{pmatrix}=\begin{pmatrix}-\frac{1}{2}\\\frac{1}{2}\\0\end{pmatrix}.$$

现在考察如下更一般的线性方程组：

$$\begin{cases}a_{11}x_1+a_{12}x_2\cdots+a_{1n}x_n=b_1,\\a_{21}x_1+a_{22}x_2\cdots+a_{2n}x_n=b_2,\\\qquad\vdots\\a_{m1}x_1+a_{m2}x_2\cdots+a_{mn}x_n=b_m.\end{cases}\tag{2.4}$$

利用 m 维向量的加法与数乘，方程组(2.4)可改写为如下形式：

$$x_1\begin{pmatrix}a_{11}\\a_{21}\\\vdots\\a_{m1}\end{pmatrix}+x_2\begin{pmatrix}a_{12}\\a_{22}\\\vdots\\a_{m2}\end{pmatrix}+\cdots+x_n\begin{pmatrix}a_{1n}\\a_{2n}\\\vdots\\a_{mn}\end{pmatrix}=\begin{pmatrix}b_1\\b_2\\\vdots\\b_m\end{pmatrix}.$$

因此，有下面命题：

命题2.2.1 线性方程组(2.4)有解的充要条件是$\begin{pmatrix}b_1\\b_2\\\vdots\\b_m\end{pmatrix}$可由向量组$\begin{pmatrix}a_{11}\\a_{21}\\\vdots\\a_{m1}\end{pmatrix}$，$\begin{pmatrix}a_{12}\\a_{22}\\\vdots\\a_{m2}\end{pmatrix}$，…，$\begin{pmatrix}a_{1n}\\a_{2n}\\\vdots\\a_{mn}\end{pmatrix}$线性表示.

将$\begin{pmatrix}a_{11}\\a_{21}\\\vdots\\a_{m1}\end{pmatrix}$，$\begin{pmatrix}a_{12}\\a_{22}\\\vdots\\a_{m2}\end{pmatrix}$，…，$\begin{pmatrix}a_{1n}\\a_{2n}\\\vdots\\a_{mn}\end{pmatrix}$合并组成表格$\begin{pmatrix}a_{11}&a_{12}&\cdots&a_{1n}\\a_{21}&a_{22}&\cdots&a_{2n}\\\vdots&\vdots&&\vdots\\a_{m1}&a_{m2}&\cdots&a_{mn}\end{pmatrix}$，然后规定

$$\begin{pmatrix}a_{11}&a_{12}&\cdots&a_{1n}\\a_{21}&a_{22}&\cdots&a_{2n}\\\vdots&\vdots&&\vdots\\a_{m1}&a_{m2}&\cdots&a_{mn}\end{pmatrix}\begin{pmatrix}x_1\\x_2\\\vdots\\x_n\end{pmatrix}=x_1\begin{pmatrix}a_{11}\\a_{21}\\\vdots\\a_{m1}\end{pmatrix}+x_2\begin{pmatrix}a_{12}\\a_{22}\\\vdots\\a_{m2}\end{pmatrix}+\cdots+x_n\begin{pmatrix}a_{1n}\\a_{2n}\\\vdots\\a_{mn}\end{pmatrix}.$$

于是方程组(2.4)变为如下形式：

$$\begin{pmatrix} a_{11} & a_{12} & \cdots & a_{1n} \\ a_{21} & a_{22} & \cdots & a_{2n} \\ \vdots & \vdots & & \vdots \\ a_{m1} & a_{m2} & \cdots & a_{mn} \end{pmatrix}\begin{pmatrix} x_1 \\ x_2 \\ \vdots \\ x_n \end{pmatrix} = \begin{pmatrix} b_1 \\ b_2 \\ \vdots \\ b_m \end{pmatrix}. \tag{2.5}$$

下面介绍与表格

$$\begin{pmatrix} a_{11} & a_{12} & \cdots & a_{1n} \\ a_{21} & a_{22} & \cdots & a_{2n} \\ \vdots & \vdots & & \vdots \\ a_{m1} & a_{m2} & \cdots & a_{mn} \end{pmatrix}$$

又称为矩阵，相关的理论与应用．

2.2.1 矩阵的概念

定义 2.2.1 设 E 为有乘法单位元的交换环．由 E 中 $m\times n$ 个元素 $a_{ij}(i=1,2,\cdots,m, j=1,2,\cdots,n)$ 排成一个 m 行 n 列的元素表格

$$\begin{matrix} a_{11} & a_{12} & \cdots & a_{1n} \\ a_{21} & a_{22} & \cdots & a_{2n} \\ \vdots & \vdots & & \vdots \\ a_{m1} & a_{m2} & \cdots & a_{mn} \end{matrix}$$

称为交换环 E 上的 m 行 n 列矩阵，记作

$$\boldsymbol{A} = \begin{pmatrix} a_{11} & a_{12} & \cdots & a_{1n} \\ a_{21} & a_{22} & \cdots & a_{2n} \\ \vdots & \vdots & & \vdots \\ a_{m1} & a_{m2} & \cdots & a_{mn} \end{pmatrix},$$

简记为 $\boldsymbol{A}_{m\times n}=(a_{ij})_{m\times n}$，其中 a_{ij} 称为矩阵 $\boldsymbol{A}$ 的第 i 行第 j 列元素，$i=1,2,\cdots,m$，$j=1,2,\cdots,n$.

注 (1) 矩阵采用圆括号记号是为了使数表作为一个整体看待，应用中便于区分两个不同的数表．在有的资料中矩阵采用方括号记号．

(2)同理可以定义环上矩阵，但是要注意后面的某些矩阵运算．

例 2.2.1 设 λ 为一字母，$E[\lambda]$ 为域 E 上多项式组成的整环，

$$\boldsymbol{B}(\lambda) = \begin{pmatrix} 1 & \lambda & 1-\lambda \\ \lambda^2-1 & \lambda^3 & 0 \\ -1 & \lambda+1 & \lambda \end{pmatrix}$$

为 $E[\lambda]$ 上 3×3 矩阵．

注 $E[\lambda]$上矩阵将在第六章作进一步的详细讨论.

例2.2.2 设无向图$\boldsymbol{G}=(V, E)$有n个顶点，e_{ij}表连接顶点i与顶点j之间的边，$e_{ij}=1$表顶点i与j之间有边，$e_{ij}=0$表顶点i与顶点j之间无边，约定$e_{ii}=0(i, j=1, 2, \cdots, n)$. 则图$\boldsymbol{G}$可用矩阵表为

$$\boldsymbol{G}=\begin{pmatrix} 0 & e_{12} & \cdots & e_{1n} \\ e_{21} & 0 & \cdots & e_{2n} \\ \vdots & \vdots & & \vdots \\ e_{n1} & e_{n2} & \cdots & 0 \end{pmatrix}_{n\times n}.$$

例2.2.3 设无向加权图$\boldsymbol{G}=(V, E, W)$有n个顶点，e_{ij}表连接顶点i与顶点j之间的边，$e_{ij}=1$表顶点i与j之间有边，$e_{ij}=0$表顶点i与顶点j之间无边，w_{ij}表边e_{ij}的权重，约定$e_{ii}=0$，$w_{ii}=0(i, j=1, 2, \cdots, n)$. 则加权图$\boldsymbol{G}$可用矩阵表为

$$\boldsymbol{G}=\begin{pmatrix} (0,0) & (e_{12},w_{12}) & \cdots & (e_{1n},w_{1n}) \\ (e_{21},w_{21}) & (0,0) & \cdots & (e_{2n},w_{2n}) \\ \vdots & \vdots & & \vdots \\ (e_{n1},e_{n1}) & (e_{n2},w_{n2}) & \cdots & (0,0) \end{pmatrix}_{n\times n}.$$

例2.2.4 矩阵还可用到生产经营管理中. 某大型公司生产产品K，共有产地$A_i(i=1, 2, \cdots, n)$，销售地$B_j(j=1, 2, \cdots, m)$，k_{ij}表产品K由A_i地销往B_j地的数量，p_{ij}表相应的销售利润. 则该产品的生产销售管理可用矩阵表为

$$K=\begin{pmatrix} (k_{11},p_{11}) & (k_{12},p_{12}) & \cdots & (k_{1m},p_{1m}) \\ (k_{21},p_{21}) & (k_{22},p_{22}) & \cdots & (k_{2m},p_{2m}) \\ \vdots & \vdots & & \vdots \\ (k_{n1},p_{n1}) & (k_{n2},p_{n2}) & \cdots & (k_{nm},p_{nm}) \end{pmatrix}_{n\times m}.$$

例2.2.5 量子力学中的4元素为复数域上2×2的矩阵：

$$\begin{pmatrix} a+bi & c+di \\ -c+di & a-bi \end{pmatrix}, a,b,c,d\in\mathbf{R}.$$

例2.2.6 量子力学中的泡利方程有如下3个2阶方阵，称为泡利矩阵：

$$\boldsymbol{\sigma}_1=\begin{pmatrix} 0 & 1 \\ 1 & 0 \end{pmatrix},\quad \boldsymbol{\sigma}_2=\begin{pmatrix} 0 & \mathrm{i} \\ -\mathrm{i} & 0 \end{pmatrix},\quad \boldsymbol{\sigma}_3=\begin{pmatrix} 1 & 0 \\ 0 & -1 \end{pmatrix}.$$

随着科学技术的发展，矩阵已在许多学科的应用与研究中发挥了重要作用. 这些学科包括数学的许多分支、物理学、计算机理论与技术、工程技术、经济学、管理学科等.

有下列规定：

(1)若两个矩阵的行数与列数都相等，则称这两个矩阵为同型矩阵.

(2)若两个矩阵$\boldsymbol{A}$，$\boldsymbol{B}$是同型矩阵，且对应位置上的元素相等，则称矩阵$\boldsymbol{A}$，$\boldsymbol{B}$相等，

记作 $\boldsymbol{A}=\boldsymbol{B}$.

(3)若矩阵中所有元素均为零，则称该矩阵为零矩阵，记作 $\boldsymbol{0}$.

(4)只有一行的矩阵 $\boldsymbol{A}=(a_{11}\ a_{12}\cdots\ a_{1n})$ 称为行矩阵，又称为行向量；只有一列的矩阵

$$\boldsymbol{B}=\begin{pmatrix} b_{11} \\ b_{21} \\ \vdots \\ b_{m1} \end{pmatrix}$$

称为列矩阵，又称为列向量.

(5)若矩阵 $\boldsymbol{A}=(a_{ij})$ 的行数和列数均等于 n，则称矩阵 $\boldsymbol{A}$ 为 n 阶矩阵或 n 阶方阵.

几类特殊矩阵：

(1)若 n 阶矩阵 $\boldsymbol{A}=(a_{ij})_{n\times n}$ 的元素满足条件：$a_{ij}=0(1\leqslant j<i\leqslant n)$，则称 $\boldsymbol{A}$ 为上三角形矩阵，即

$$\boldsymbol{A}=\begin{pmatrix} a_{11} & a_{12} & \cdots & a_{1n} \\ 0 & a_{22} & \cdots & a_{2n} \\ \vdots & \vdots & \ddots & \vdots \\ 0 & 0 & \cdots & a_{nn} \end{pmatrix}.$$

(2)若 n 阶矩阵 $\boldsymbol{B}=(b_{ij})_{n\times n}$ 的元素满足条件：$b_{ij}=0(1\leqslant i<j\leqslant n)$，则称 $\boldsymbol{B}$ 为下三角形矩阵，即

$$\boldsymbol{B}=\begin{pmatrix} b_{11} & 0 & \cdots & 0 \\ b_{21} & b_{22} & \cdots & 0 \\ \vdots & \vdots & \ddots & \vdots \\ b_{n1} & b_{n2} & \cdots & b_{nn} \end{pmatrix}.$$

(3)若一个 n 阶矩阵除对角线外，其他元素均为零元素，则称此矩阵为对角矩阵，记为

$$\mathrm{diag}(\delta_1\ \delta_2\ \cdots\ \delta_n)=\begin{pmatrix} \delta_1 & 0 & \cdots & 0 \\ 0 & \delta_2 & \cdots & 0 \\ \vdots & \vdots & \ddots & \vdots \\ 0 & 0 & \cdots & \delta_n \end{pmatrix}.$$

特别，

$$\boldsymbol{I}=\begin{pmatrix} 1 & 0 & \cdots & 0 \\ 0 & 1 & \cdots & 0 \\ \vdots & \vdots & \ddots & \vdots \\ 0 & 0 & \cdots & 1 \end{pmatrix},$$

称为单位矩阵.

2.2.2 矩阵的运算

1. 矩阵的加法

定义2.2.2 设$\boldsymbol{A}=(a_{ij})_{m\times n}$，$\boldsymbol{B}=(b_{ij})_{m\times n}$. 规定

$$\boldsymbol{A}\pm\boldsymbol{B}=(a_{ij})_{m\times n}\pm(b_{ij})_{m\times n}=(a_{ij}\pm b_{ij})_{m\times n}.$$

性质2.2.1 设$\boldsymbol{A}$，$\boldsymbol{B}$，$\boldsymbol{C}$为$m\times n$矩阵，则有如下性质：

(1)$\boldsymbol{A}+\boldsymbol{B}=\boldsymbol{B}+\boldsymbol{A}$;

(2)$(\boldsymbol{A}+\boldsymbol{B})+\boldsymbol{C}=\boldsymbol{A}+(\boldsymbol{B}+\boldsymbol{C})$.

2. E中元素与矩阵乘积

定义2.2.3 设$\lambda\in E$，用λ乘矩阵$\boldsymbol{A}$的每一个元素所得矩阵，称为λ与矩阵$\boldsymbol{A}$的乘积，记作$\lambda\boldsymbol{A}$，即若$\boldsymbol{A}=(a_{ij})_{m\times n}$，$\lambda\boldsymbol{A}=\lambda(a_{ij})_{m\times n}=(\lambda a_{ij})_{m\times n}$.

易见下列性质成立.

性质2.2.2 设$\boldsymbol{A}$，$\boldsymbol{B}$为$m\times n$矩阵，λ，λ_1，λ_2为任意实数，则有

$\lambda(\boldsymbol{A}+\boldsymbol{B})=\lambda\boldsymbol{A}+\lambda\boldsymbol{B}$;

$(\lambda_1+\lambda_2)\boldsymbol{A}=\lambda_1\boldsymbol{A}+\lambda_2\boldsymbol{A}$.

例2.2.7 设$E=\mathbf{R}$，$\boldsymbol{A}=\begin{pmatrix}1&2&0\\0&2&-2\end{pmatrix}$，$\boldsymbol{B}=\begin{pmatrix}3&4&2\\5&-2&0\end{pmatrix}$，求$2\boldsymbol{A}-\boldsymbol{B}$.

解 $2\boldsymbol{A}-\boldsymbol{B}=2\begin{pmatrix}1&2&0\\0&2&-2\end{pmatrix}-\begin{pmatrix}3&4&2\\5&-2&0\end{pmatrix}=\begin{pmatrix}-1&0&-2\\-5&6&-4\end{pmatrix}$.

3. 矩阵的乘法

设$\boldsymbol{A}=(a_{ij})_{m\times l}$，$\boldsymbol{B}=(a_{ij})_{l\times n}$. 规定$\boldsymbol{A}$与$\boldsymbol{B}$的乘积矩阵$\boldsymbol{C}=(c_{ij})_{m\times n}$，其中$c_{ij}=\sum\limits_{k=1}^{l}a_{ik}b_{kj}$，$i=1$，$2$，$\cdots$，$m$，$j=1$，$2$，$\cdots$，$n$，记为$\boldsymbol{C}=\boldsymbol{A}\times\boldsymbol{B}$或$\boldsymbol{C}=\boldsymbol{AB}$.

由矩阵的乘法运算可知，线性方程组(2.4)等价于矩阵方程(2.5). 后面将介绍矩阵方程求解的相关知识.

利用矩阵乘法可以将下面坐标变换改写为矩阵的乘积运算.

假设 $\begin{cases}y_1=a_{11}x_1+a_{12}x_2+\cdots+a_{1n}x_n\\y_2=a_{21}x_1+a_{22}x_2+\cdots+a_{2n}x_n\\\quad\cdots\cdots\\y_n=a_{n1}x_1+a_{n2}x_2+\cdots+a_{nn}x_n\end{cases}$，$\begin{cases}z_1=b_{11}y_1+b_{12}y_2+\cdots+b_{1n}y_n\\z_2=b_{21}y_1+b_{22}y_2+\cdots+b_{2n}y_n\\\quad\cdots\cdots\\z_n=b_{n1}y_1+b_{n2}y_2+\cdots+b_{nn}y_n\end{cases}$，

则有 $\begin{pmatrix}y_1\\y_2\\\vdots\\y_n\end{pmatrix}=\begin{pmatrix}a_{11}&a_{12}&\cdots&a_{1n}\\a_{21}&a_{22}&\cdots&a_{2n}\\\vdots&\vdots&&\vdots\\a_{n1}&a_{n2}&\cdots&a_{nn}\end{pmatrix}\begin{pmatrix}x_1\\x_2\\\vdots\\x_n\end{pmatrix}$，$\begin{pmatrix}z_1\\z_2\\\vdots\\z_n\end{pmatrix}=\begin{pmatrix}b_{11}&b_{12}&\cdots&b_{1n}\\b_{21}&b_{22}&\cdots&b_{2n}\\\vdots&\vdots&&\vdots\\b_{n1}&b_{n2}&\cdots&b_{nn}\end{pmatrix}\begin{pmatrix}y_1\\y_2\\\vdots\\z_n\end{pmatrix}$，

$$\begin{pmatrix} z_1 \\ z_2 \\ \vdots \\ z_n \end{pmatrix} = \begin{pmatrix} b_{11} & b_{12} & \cdots & b_{1n} \\ b_{21} & b_{22} & \cdots & b_{2n} \\ \vdots & \vdots & & \vdots \\ b_{n1} & b_{n2} & \cdots & b_{nn} \end{pmatrix} \begin{pmatrix} a_{11} & a_{12} & \cdots & a_{1n} \\ a_{21} & a_{22} & \cdots & a_{2n} \\ \vdots & \vdots & & \vdots \\ a_{n1} & a_{n2} & \cdots & a_{nn} \end{pmatrix} \begin{pmatrix} x_1 \\ x_2 \\ \vdots \\ x_n \end{pmatrix}.$$

例 2.2.8 设 $E=F_2$，$\boldsymbol{A}=\begin{pmatrix} 1 & 1 \\ 0 & 1 \\ 1 & 0 \end{pmatrix}$，$\boldsymbol{B}=\begin{pmatrix} 1 & 1 \\ 1 & 1 \end{pmatrix}$皆为 F_2 上矩阵．求 $\boldsymbol{AB}$.

解

$$\boldsymbol{AB} = \begin{pmatrix} 1\times 1+1\times 1 & 1\times 1+1\times 1 \\ 0\times 1+1\times 1 & 0\times 1+1\times 1 \\ 1\times 1+0\times 1 & 1\times 1+0\times 1 \end{pmatrix} = \begin{pmatrix} 0 & 0 \\ 1 & 1 \\ 1 & 1 \end{pmatrix}.$$

例 2.2.9 设 $E=\mathbf{R}$，$\boldsymbol{A}=\begin{pmatrix} -2 & 4 \\ 1 & -2 \end{pmatrix}$，$\boldsymbol{B}=\begin{pmatrix} 1 & 2 \\ -1 & -3 \end{pmatrix}$. 求 $\boldsymbol{AB}$，$\boldsymbol{BA}$.

解 $\boldsymbol{AB}=\begin{pmatrix} -6 & -16 \\ 3 & 8 \end{pmatrix}$，$\boldsymbol{BA}=\begin{pmatrix} 0 & 0 \\ -1 & 2 \end{pmatrix}$.

注 上例表明矩阵乘法一般不具有交换律．

矩阵乘法的性质：

(1) $(\boldsymbol{AB})\boldsymbol{C}=\boldsymbol{A}(\boldsymbol{BC})$；

(2) $\boldsymbol{A}(\boldsymbol{B}+\boldsymbol{C})=\boldsymbol{AB}+\boldsymbol{AC}$；

(3) $(\boldsymbol{B}+\boldsymbol{C})\boldsymbol{A}=\boldsymbol{BA}+\boldsymbol{CA}$；

(4) $\lambda(\boldsymbol{AB})=(\lambda\boldsymbol{A})\boldsymbol{B}=\boldsymbol{A}(\lambda\boldsymbol{B})$，$(\lambda\in E)$.

下面只证明(1)，其余留给读者证明．

证明 设 $\boldsymbol{A}=(a_{ij})_{m\times l}$，$\boldsymbol{B}=(b_{ij})_{l\times k}$，$\boldsymbol{C}=(c_{ij})_{k\times n}$，$\boldsymbol{AB}=(d_{ij})_{m\times k}$，$\boldsymbol{BC}=(e_{ij})_{l\times n}$，则有 $d_{ij}=\sum_{s=1}^{l}a_{is}b_{sj}$，$i=1,2,\cdots,m, j=1,2,\cdots,k$；$e_{ij}=\sum_{t=1}^{k}b_{it}c_{tj}$，$i=1,2,\cdots,l, j=1,2,\cdots,n$.

再设 $(\boldsymbol{AB})\boldsymbol{C}=(f_{ij})_{mn}$，$\boldsymbol{A}(\boldsymbol{BC})=(g_{ij})_{mn}$，则有

$$f_{ij}=\sum_{t=1}^{k}d_{it}c_{tj}=\sum_{t=1}^{k}\left(\sum_{s=1}^{l}a_{is}b_{st}\right)c_{tj}=\sum_{t=1}^{k}\sum_{s=1}^{l}a_{is}b_{st}c_{tj}, i=1,2,\cdots,m, j=1,2,\cdots,n;$$

$$g_{ij}=\sum_{s=1}^{l}a_{is}e_{sj}=\sum_{s=1}^{l}a_{is}\left(\sum_{t=1}^{k}b_{st}c_{tj}\right)=\sum_{t=1}^{k}\sum_{s=1}^{l}a_{is}b_{st}c_{tj}, i=1,2,\cdots,m, j=1,2,\cdots,n.$$

因此有 $(\boldsymbol{AB})\boldsymbol{C}=\boldsymbol{A}(\boldsymbol{BC})$.

注 按照前述定义的矩阵加法与乘法，交换环 E 上 n 阶矩阵全体也是一个环，但不是交换环．留给读者自己验证．

对于方阵 $\boldsymbol{A}$ 与正整数 k，记 $\boldsymbol{A}^k=\boldsymbol{AA}\cdots\boldsymbol{A}$ 表 k 个 $\boldsymbol{A}$ 的乘积．现在假设 x 是一字符，$f(x)=a_mx^m+a_{m-1}x^{m-1}+\cdots+a_1x+a_0$，$a_i\in E$，$i=0, 1, 2, \cdots, m$. 称

$$f(\boldsymbol{A})=a_m\boldsymbol{A}^m+a_{m-1}\boldsymbol{A}^{m-1}+\cdots+a_1\boldsymbol{A}+a_0\boldsymbol{I}$$

为方阵 $\boldsymbol{A}$ 的多项式．

例 2.2.10 设 $E=\mathbf{R}$, $f(x)=x^3-2x+5$, $\boldsymbol{A}=\begin{pmatrix}1 & 1\\ 0 & -1\end{pmatrix}$. 求 $f(\boldsymbol{A})$.

解 $\boldsymbol{A}^2=\begin{pmatrix}1 & 1\\ 0 & -1\end{pmatrix}\begin{pmatrix}1 & 1\\ 0 & -1\end{pmatrix}=\boldsymbol{I}$,

$$f(\boldsymbol{A})=\boldsymbol{A}^3-2\boldsymbol{A}+5\boldsymbol{I}=\begin{pmatrix}4 & -1\\ 0 & 6\end{pmatrix}.$$

4. 矩阵的转置

将矩阵 $\boldsymbol{A}$ 的行和列交换得到的矩阵，称为 $\boldsymbol{A}$ 的转置矩阵，记为 $\boldsymbol{A}^{\mathrm{T}}$ 或 $\boldsymbol{A}'$，即若

$$\boldsymbol{A}=\begin{pmatrix}a_{11} & a_{12} & \cdots & a_{1n}\\ a_{21} & a_{22} & \cdots & a_{2n}\\ \vdots & \vdots & & \vdots\\ a_{m1} & a_{m2} & \cdots & a_{mn}\end{pmatrix},$$

则

$$\boldsymbol{A}^{\mathrm{T}}=\begin{pmatrix}a_{11} & a_{21} & \cdots & a_{m1}\\ a_{12} & a_{22} & \cdots & a_{m2}\\ \vdots & \vdots & & \vdots\\ a_{1n} & a_{2n} & \cdots & a_{mn}\end{pmatrix}.$$

如果方阵 $\boldsymbol{A}=(a_{ij})$ 满足 $\boldsymbol{A}^{\mathrm{T}}=\boldsymbol{A}$，则称 $\boldsymbol{A}$ 为对称矩阵，即 $a_{ij}=a_{ji}$，$i, j=1, 2, \cdots, n$；若方阵 $\boldsymbol{A}=(a_{ij})$ 满足 $\boldsymbol{A}^{\mathrm{T}}=-\boldsymbol{A}$，即 $a_{ij}=-a_{ji}$，$i, j=1, 2, \cdots, n$，则称 $\boldsymbol{A}$ 为反对称矩阵．

例 2.2.11 $\boldsymbol{A}=\begin{pmatrix}2 & 9 & 0\\ 9 & -1 & 3\\ 0 & 3 & 2\end{pmatrix}$为对称矩阵，$\boldsymbol{A}=\begin{pmatrix}0 & 2 & -1\\ -2 & 0 & 3\\ 1 & -3 & 0\end{pmatrix}$为反对称矩阵．

矩阵转置的性质：

(1) $(\boldsymbol{A}+\boldsymbol{B})^{\mathrm{T}}=\boldsymbol{A}^{\mathrm{T}}+\boldsymbol{B}^{\mathrm{T}}$;

(2) $(\boldsymbol{AB})^{\mathrm{T}}=\boldsymbol{B}^{\mathrm{T}}\boldsymbol{A}^{\mathrm{T}}$.

下面只证明性质(2)，性质(1)留给读者验证．

证明 设 $\boldsymbol{A}=(a_{ij})_{m\times k}$，$\boldsymbol{B}=(b_{ij})_{k\times n}$，$\boldsymbol{AB}=(c_{ji})_{m\times n}$，$(\boldsymbol{AB})^{\mathrm{T}}=(d_{ij})_{n\times m}$，$\boldsymbol{B}^{\mathrm{T}}\boldsymbol{A}^{\mathrm{T}}=(e_{ij})_{n\times m}$，则有

$$c_{ji}=\sum_{s=1}^{k}a_{js}b_{si}, j=1,2,\cdots,m, i=1,2,\cdots,n;$$

$$d_{ij}=c_{ji};$$

$$e_{ij}=\sum_{s=1}^{k}b_{si}a_{js}=\sum_{s=1}^{k}a_{js}b_{si}=c_{ji}.$$

例 2.2.12 设 $\boldsymbol{A}=\begin{pmatrix}1 & -1\\ 3 & 2\end{pmatrix}$，$\boldsymbol{B}=\begin{pmatrix}1 & 0 & 3\\ 4 & 2 & 1\end{pmatrix}$．求 $\boldsymbol{B}^{\mathrm{T}}\boldsymbol{A}^{\mathrm{T}}$．

解 $\boldsymbol{B}^{\mathrm{T}}\boldsymbol{A}^{\mathrm{T}}=\begin{pmatrix}1 & 4\\ 0 & 2\\ 3 & 1\end{pmatrix}\begin{pmatrix}1 & 3\\ -1 & 2\end{pmatrix}=\begin{pmatrix}-3 & 11\\ -2 & 4\\ 2 & 11\end{pmatrix}$.

5. 矩阵的共轭

当 $\boldsymbol{A}_{m+n}$为复数域上矩阵时，$\overline{\boldsymbol{A}}_{m\times n}=(\overline{a}_{ij})_{m\times n}$称为 $\boldsymbol{A}$ 的共轭矩阵．

如果$\overline{\boldsymbol{A}}^{\mathrm{T}}=\boldsymbol{A}$，则称 $\boldsymbol{A}$ 是厄米特矩阵．

例 2.2.13 $\boldsymbol{A}=\begin{pmatrix}1 & -\mathrm{i}\\ 2-\mathrm{i} & 1+\mathrm{i}\end{pmatrix}$，$\overline{\boldsymbol{A}}=\begin{pmatrix}1 & \mathrm{i}\\ 2+\mathrm{i} & 1-\mathrm{i}\end{pmatrix}$.

例 2.2.14 $\boldsymbol{A}=\begin{pmatrix}1 & \mathrm{i} & 1+\mathrm{i}\\ -\mathrm{i} & 0 & 2-5\mathrm{i}\\ 1-\mathrm{i} & 2+5\mathrm{i} & -3\end{pmatrix}$，则有$\overline{\boldsymbol{A}}^{\mathrm{T}}=\boldsymbol{A}$，$\boldsymbol{A}$ 是厄米特矩阵．

6. 矩阵的逆

本节最后介绍矩阵逆的概念．

任给域中非零元 a，有 $a^{-1}a=1$，此时方程 $ax=b$ 在域 E 中有解 $x=a^{-1}b$.

现在给定矩阵 $\boldsymbol{A}_{n\times n}$，$\boldsymbol{B}_{n\times n}$，求矩阵 $\boldsymbol{X}_{n\times n}$，使得 $\boldsymbol{AX}=\boldsymbol{B}$. 我们自然想知道前面方法是否还有效．有下面概念：

定义 2.2.4 设 $\boldsymbol{A}$ 为一 n 阶方阵．若存在一个 n 阶方阵 $\boldsymbol{B}$，使得 $\boldsymbol{AB}=\boldsymbol{BA}=\boldsymbol{I}$，则称 $\boldsymbol{B}$ 是 $\boldsymbol{A}$ 的逆矩阵，记为 $\boldsymbol{B}=\boldsymbol{A}^{-1}$，并称 $\boldsymbol{A}$ 是可逆矩阵．

例 2.2.15 设 $E=\mathbf{R}$，$\boldsymbol{A}=\begin{pmatrix}2 & 1\\ 0 & 1\end{pmatrix}$，$\boldsymbol{AX}=\begin{pmatrix}2 & 4\\ 2 & 2\end{pmatrix}$，求 $\boldsymbol{A}^{-1}$，$\boldsymbol{X}$.

解 令 $\boldsymbol{B}=\begin{pmatrix}a & b\\ c & d\end{pmatrix}$，$\boldsymbol{AB}=\boldsymbol{I}$. 得

$$\boldsymbol{AB}=\begin{pmatrix}2a+c & 2b+d\\ c & d\end{pmatrix}=\begin{pmatrix}1 & 0\\ 0 & 1\end{pmatrix},$$

解得 $a=\frac{1}{2}$，$b=-\frac{1}{2}$，$c=0$，$d=1$.

易于验证 $\boldsymbol{BA}=\boldsymbol{I}$．于是有

$$\boldsymbol{A}^{-1}=\begin{pmatrix}2^{-1} & -2^{-1}\\ 0 & 1\end{pmatrix}.$$

进一步有

$$\boldsymbol{X}=\begin{pmatrix}2^{-1} & -2^{-1}\\ 0 & 1\end{pmatrix}\begin{pmatrix}2 & 4\\ 2 & 2\end{pmatrix}=\begin{pmatrix}0 & 1\\ 2 & 2\end{pmatrix}.$$

性质 2.2.1 设 $\boldsymbol{A}$ 可逆，则其逆矩阵唯一．

证明 设 $\boldsymbol{B}$, $\boldsymbol{C}$ 均为 $\boldsymbol{A}$ 的逆矩阵，则有 $\boldsymbol{BA}=\boldsymbol{I}$. 于是有

$$\boldsymbol{BAC} = \boldsymbol{C};$$

$$\boldsymbol{BAC} = \boldsymbol{B}(\boldsymbol{AC}) = \boldsymbol{BI} = \boldsymbol{B}.$$

因此有 $\boldsymbol{B}=\boldsymbol{C}$.

命题2.2.1 设 $\boldsymbol{A}$, $\boldsymbol{B}$ 均为 n 阶可逆矩阵，则 $\boldsymbol{A}^{\mathrm{T}}$, $\boldsymbol{AB}$ 均可逆，且有

$$(\boldsymbol{A}^{\mathrm{T}})^{-1} = (\boldsymbol{A}^{-1})^{\mathrm{T}};$$

$$(\boldsymbol{AB})^{-1} = \boldsymbol{B}^{-1}\boldsymbol{A}^{-1}.$$

证明 因为 $\boldsymbol{A}^{-1}\boldsymbol{A}=\boldsymbol{I}$, 所以 $\boldsymbol{A}^{\mathrm{T}}(\boldsymbol{A}^{-1})^{\mathrm{T}}=\boldsymbol{I}^{T}=\boldsymbol{I}$. 同理 $(\boldsymbol{A}^{-1})^{\mathrm{T}}\boldsymbol{A}^{\mathrm{T}}=\boldsymbol{I}$. 故有

$$(\boldsymbol{A}^{\mathrm{T}})^{-1} = (\boldsymbol{A}^{-1})^{\mathrm{T}}.$$

又因为

$$\boldsymbol{B}^{-1}\boldsymbol{A}^{-1}\boldsymbol{AB} = \boldsymbol{B}^{-1}(\boldsymbol{A}^{-1}\boldsymbol{A})\boldsymbol{B} = \boldsymbol{B}^{-1}\boldsymbol{B} = \boldsymbol{I},$$

$$\boldsymbol{ABB}^{-1}\boldsymbol{A}^{-1} = \boldsymbol{I}.$$

于是有 $(\boldsymbol{AB})^{-1}=\boldsymbol{B}^{-1}\boldsymbol{A}^{-1}$.

关于逆矩阵的存在性及其计算稍后再讨论．最后给出一个使用矩阵计算定理 1.3.2 中的 $u(x)$, $v(x)$ 的方法．

例2.2.16 设 E 为域，$f(x)$, $g(x)\in E[x]$. 则 $f(x)$, $g(x)$ 在 $E[x]$ 中有最大公因式 $d(x)$，且有 $u(x)$, $v(x)\in E[x]$，使得 $d(x)=u(x)f(x)+v(x)g(x)$.

证明 令 $r_0(x)=f(x)$, $r_1(x)=g(x)$，则有

$$r_0(x) = q_2(x)r_1(x) + r_2(x),$$

$$r_1(x) = q_3(x)r_2(x) + r_3(x),$$

$$r_2(x) = q_4(x)r_3(x) + r_4(x),$$

$$\vdots$$

$$r_{n-1}(x) = q_{n+1}r_n(x) + r_{n+1}(x),$$

$r_n(x)\neq 0$, $r_{n+1}(x)=0$, n 为某一正整数．于是有

$$\begin{pmatrix} r_0(x) \\ r_1(x) \end{pmatrix} = \begin{pmatrix} q_2(x) & 1 \\ 1 & 0 \end{pmatrix}\begin{pmatrix} r_1(x) \\ r_2(x) \end{pmatrix},$$

$$\begin{pmatrix} r_1(x) \\ r_2(x) \end{pmatrix} = \begin{pmatrix} q_3(x) & 1 \\ 1 & 0 \end{pmatrix}\begin{pmatrix} r_2(x) \\ r_3(x) \end{pmatrix},$$

$$\begin{pmatrix} r_2(x) \\ r_3(x) \end{pmatrix} = \begin{pmatrix} q_4(x) & 1 \\ 1 & 0 \end{pmatrix}\begin{pmatrix} r_3(x) \\ r_4(x) \end{pmatrix},$$

$$\vdots$$

$$\begin{pmatrix} r_{n-1}(x) \\ r_n(x) \end{pmatrix} = \begin{pmatrix} q_{n+1}(x) & 1 \\ 1 & 0 \end{pmatrix}\begin{pmatrix} r_n(x) \\ r_{n+1}(x) \end{pmatrix}.$$

记 $Q_i(x)=\begin{pmatrix} q_{i+1}(x) & 1 \\ 1 & 0 \end{pmatrix}$，易见

$$Q_i^{-1}(x)=\begin{pmatrix}0 & 1\\ 1 & -q_{i+1}(x)\end{pmatrix},\ i=1,2,\cdots,n.$$

因此有

$$\begin{pmatrix}r_n(x)\\ r_{n+1}(x)\end{pmatrix}=Q_n^{-1}(x)Q_{n-1}^{-1}(x)\cdots Q_1^{-1}(x)\begin{pmatrix}f(x)\\ g(x)\end{pmatrix}.$$

最后假设 $Q_n^{-1}(x)Q_{n-1}^{-1}(x)\cdots Q_1^{-1}(x)=\begin{pmatrix}u(x) & v(x)\\ w(x) & z(x)\end{pmatrix}$，即可得到

$$d(x)=r_n(x)=u(x)f(x)+v(x)g(x).$$

2.3　子矩阵、余子矩阵、分块矩阵及其运算

由 2.2 节知道，矩阵的阶数越高，矩阵的乘法运算、逆运算就越复杂，因此能否将高阶矩阵运算转换为低阶矩阵运算就变成了自然的想法．本节介绍矩阵的子矩阵、余子矩阵以及分块矩阵概念，它们在矩阵的乘法运算、逆运算以及方阵的确定元(值)计算中起到重要作用．

定义 2.3.1　设 $\boldsymbol{A}$ 为交换环 E 上 $m\times n$ 矩阵．任取 $\boldsymbol{A}$ 的 k 行与 j 列交叉位置元素按原顺序排法得到的矩阵称为 $\boldsymbol{A}$ 的一个子矩阵．特别，$\boldsymbol{A}$ 的前 k 行与前 k 列组成的矩阵称为 $\boldsymbol{A}$ 的 k 阶顺序主子阵；$\boldsymbol{A}$ 的 i_1，i_2，…，i_k 行与 i_1，i_2，…，i_k 列组成的矩阵称为 $\boldsymbol{A}$ 的 k 阶主子阵；划掉 $\boldsymbol{A}$ 的子矩阵 $\boldsymbol{B}$ 中元素所在行列的全部元素后剩余元素按原顺序排法得到的矩阵称为 $\boldsymbol{B}$ 的余子矩阵，记为 $\mathrm{Co}(\boldsymbol{B})$．

由余子矩阵的定义可知 $\mathrm{Co}(\mathrm{Co}(\boldsymbol{B}))=\boldsymbol{B}$.

例 2.3.1　$\boldsymbol{A}=\begin{pmatrix}a_{11} & a_{12} & a_{13} & a_{14} & a_{15}\\ a_{21} & a_{22} & a_{23} & a_{24} & a_{25}\\ a_{31} & a_{32} & a_{33} & a_{34} & a_{35}\\ a_{41} & a_{42} & a_{43} & a_{44} & a_{45}\end{pmatrix}$.

则

$$\boldsymbol{B}=\begin{pmatrix}a_{13} & a_{14}\\ a_{33} & a_{34}\end{pmatrix},\qquad \boldsymbol{C}=\begin{pmatrix}a_{11} & a_{12} & a_{13}\\ a_{21} & a_{22} & a_{23}\\ a_{31} & a_{32} & a_{33}\end{pmatrix}$$

为 $\boldsymbol{A}$ 的子矩阵，$\boldsymbol{C}$ 也是 $\boldsymbol{A}$ 的 3 阶顺序主子阵；

$$\boldsymbol{D}=\begin{pmatrix}a_{11} & a_{12}\\ a_{21} & a_{22}\end{pmatrix}$$

为 $\boldsymbol{A}$ 的 2 阶顺序主子阵；

$$\mathrm{Co}(\boldsymbol{B})=\begin{pmatrix}a_{21} & a_{22} & a_{25}\\ a_{41} & a_{42} & a_{45}\end{pmatrix}$$

为 $\boldsymbol{B}$ 的余子阵，$\mathrm{Co}(\boldsymbol{C})=(a_{44} \quad a_{45})$ 为 $\boldsymbol{C}$ 的余子矩阵，$\boldsymbol{H}=\begin{pmatrix} a_{33} & a_{34} \\ a_{43} & a_{44} \end{pmatrix}$ 为 $\boldsymbol{A}$ 的主子阵.

任取 $\boldsymbol{A}$ 的一个元素 a_{ij}，它是 $\boldsymbol{A}$ 的一阶子矩阵，其余子矩阵记为 $\mathrm{Co}(a_{ij})$.

例 2.3.2 $\boldsymbol{A}=\begin{pmatrix} 1 & 0 & 3 \\ 2 & 5 & 7 \\ 8 & 9 & 4 \end{pmatrix}$.

$$\mathrm{Co}(a_{31})=\begin{pmatrix} 0 & 3 \\ 5 & 7 \end{pmatrix},\ \mathrm{Co}(a_{22})=\begin{pmatrix} 1 & 3 \\ 8 & 4 \end{pmatrix}.$$

定义 2.3.2 用虚拟直线网将一个矩阵分成许多块子矩阵组成的矩阵称为分块矩阵.

例 2.4.3 $\left(\begin{array}{cc:cc} 2 & 0 & 0 & -1 \\ 1 & 6 & 7 & 11 \\ \hdashline 3 & 1 & 5 & 10 \\ 0 & 1 & 9 & 2 \end{array}\right)=\begin{pmatrix} \boldsymbol{A}_1 & \boldsymbol{A}_2 \\ \boldsymbol{A}_3 & \boldsymbol{A}_4 \end{pmatrix}$.

$$\boldsymbol{A}_1=\begin{pmatrix} 2 & 0 \\ 1 & 6 \end{pmatrix},\ \boldsymbol{A}_2=\begin{pmatrix} 0 & -1 \\ 7 & 11 \end{pmatrix},\ \boldsymbol{A}_3=\begin{pmatrix} 3 & 1 \\ 0 & 4 \end{pmatrix},\ \boldsymbol{A}_4=\begin{pmatrix} 5 & 10 \\ 9 & 2 \end{pmatrix}.$$

易见 $\boldsymbol{A}_4=\mathrm{Co}(\boldsymbol{A}_1)$，$\boldsymbol{A}_3=\mathrm{Co}(\boldsymbol{A}_2)$.

例 2.3.4 $\boldsymbol{A}=\left(\begin{array}{cc:cc:c} 1 & 1 & 0 & 0 & 0 \\ 2 & 5 & 0 & 0 & 1 \\ \hdashline 0 & 0 & 3 & 0 & 7 \\ 0 & 0 & 3 & 2 & 1 \end{array}\right)=\begin{pmatrix} \boldsymbol{A}_1 & \boldsymbol{0} & \boldsymbol{A}_2 \\ \boldsymbol{0} & \boldsymbol{A}_3 & \boldsymbol{A}_4 \end{pmatrix}$.

$$\boldsymbol{A}_1=\begin{pmatrix} 1 & 1 \\ 2 & 5 \end{pmatrix},\ \boldsymbol{0}=\begin{pmatrix} 0 & 0 \\ 0 & 0 \end{pmatrix},\boldsymbol{A}_2=\begin{pmatrix} 0 \\ 1 \end{pmatrix},\ \boldsymbol{A}_3=\begin{pmatrix} 3 & 0 \\ 3 & 2 \end{pmatrix},\ \boldsymbol{A}_4=\begin{pmatrix} 7 \\ 1 \end{pmatrix},$$

$\mathrm{Co}(\boldsymbol{A}_1)=(\boldsymbol{A}_3 \quad \boldsymbol{A}_4)$，$\mathrm{Co}(\boldsymbol{A}_2)=(\boldsymbol{0} \quad \boldsymbol{A}_3)$.

分块矩阵加法：

设 $\boldsymbol{A}=\begin{pmatrix} \boldsymbol{A}_{11} & \boldsymbol{A}_{12} & \cdots & \boldsymbol{A}_{1n} \\ \boldsymbol{A}_{21} & \boldsymbol{A}_{22} & \cdots & \boldsymbol{A}_{2n} \\ \vdots & \vdots & & \vdots \\ \boldsymbol{A}_{m1} & \boldsymbol{A}_{m2} & \cdots & \boldsymbol{A}_{mn} \end{pmatrix}$，$\boldsymbol{B}=\begin{pmatrix} \boldsymbol{B}_{11} & \boldsymbol{B}_{12} & \cdots & \boldsymbol{B}_{1n} \\ \boldsymbol{B}_{21} & \boldsymbol{B}_{22} & \cdots & \boldsymbol{B}_{2n} \\ \vdots & \vdots & & \vdots \\ \boldsymbol{B}_{m1} & \boldsymbol{B}_{m2} & \cdots & \boldsymbol{B}_{mn} \end{pmatrix}$，

且 $\boldsymbol{A}_{ij}$ 与 $\boldsymbol{B}_{ij}$ 同型，则

$$\boldsymbol{A}+\boldsymbol{B}=\begin{pmatrix} \boldsymbol{A}_{11}+\boldsymbol{B}_{11} & \boldsymbol{A}_{12}+\boldsymbol{B}_{12} & \cdots & \boldsymbol{A}_{1n}+\boldsymbol{B}_{1n} \\ \boldsymbol{A}_{21}+\boldsymbol{B}_{21} & \boldsymbol{A}_{22}+\boldsymbol{B}_{22} & \cdots & \boldsymbol{A}_{2n}+\boldsymbol{B}_{2n} \\ \vdots & \vdots & & \vdots \\ \boldsymbol{A}_{m1}+\boldsymbol{B}_{m1} & \boldsymbol{A}_{m2}+\boldsymbol{B}_{m2} & \cdots & \boldsymbol{A}_{mn}+\boldsymbol{B}_{mn} \end{pmatrix}.$$

分块矩阵乘法：

设
$$A=\begin{pmatrix}A_{11}&A_{12}&\cdots&A_{1n}\\A_{21}&A_{22}&\cdots&A_{2n}\\\vdots&\vdots&&\vdots\\A_{m1}&A_{m2}&\cdots&A_{mn}\end{pmatrix},\ B=\begin{pmatrix}B_{11}&B_{12}&\cdots&B_{1k}\\B_{21}&B_{22}&\cdots&B_{2k}\\\vdots&\vdots&&\vdots\\B_{n1}&B_{n2}&\cdots&B_{nk}\end{pmatrix}.$$

则有
$$AB=C=\begin{pmatrix}C_{11}&C_{12}&\cdots&C_{1k}\\C_{21}&C_{22}&\cdots&C_{2k}\\\vdots&\vdots&&\vdots\\C_{m1}&C_{m2}&\cdots&C_{mk}\end{pmatrix},$$

$C_{ij}=\sum\limits_{s=1}^{n}A_{is}B_{sj}$，其中$A_{is}B_{sj}$按矩阵乘法均有意义，$i=1,2,\cdots,m$，$j=1,2,\cdots,k$.

例 2.3.5　设$A=\begin{pmatrix}A_1&A_2\\A_3&A_4\end{pmatrix}$，$A_1=\begin{pmatrix}2&0\\1&6\end{pmatrix}$，$A_2=\begin{pmatrix}0&-1\\7&11\end{pmatrix}$，$A_3=\begin{pmatrix}3&1\\0&4\end{pmatrix}$，$A_4=\begin{pmatrix}5&0\\9&2\end{pmatrix}$，$B=\begin{pmatrix}B_1\\B_2\end{pmatrix}$，$B_1=\begin{pmatrix}1&0&-1\\0&1&2\end{pmatrix}$，$B_2=\begin{pmatrix}2&1&0\\0&1&1\end{pmatrix}$，求$AB$.

解　$AB=\begin{pmatrix}A_1&A_2\\A_3&A_4\end{pmatrix}\begin{pmatrix}B_1\\B_2\end{pmatrix}=\begin{pmatrix}A_1B_1+A_2B_2\\A_3B_1+A_4B_2\end{pmatrix}$.

$$A_1B_1=\begin{pmatrix}2&0\\1&6\end{pmatrix}\begin{pmatrix}1&0&-1\\0&1&2\end{pmatrix}=\begin{pmatrix}2&0&-2\\1&6&11\end{pmatrix},$$

$$A_2B_2=\begin{pmatrix}0&-1\\7&11\end{pmatrix}\begin{pmatrix}2&1&0\\0&1&1\end{pmatrix}=\begin{pmatrix}0&-1&-1\\14&18&11\end{pmatrix},$$

$$A_1B_1+A_2B_2=\begin{pmatrix}2&-1&-3\\15&24&22\end{pmatrix};$$

$$A_3B_1=\begin{pmatrix}3&1\\0&4\end{pmatrix}\begin{pmatrix}1&0&-1\\0&1&2\end{pmatrix}=\begin{pmatrix}3&1&-1\\0&4&8\end{pmatrix},$$

$$A_4B_2=\begin{pmatrix}5&0\\9&2\end{pmatrix}\begin{pmatrix}2&1&0\\0&1&1\end{pmatrix}=\begin{pmatrix}10&5&0\\18&11&2\end{pmatrix},$$

$$A_3B_1+A_4B_2=\begin{pmatrix}13&6&-1\\18&15&10\end{pmatrix}.$$

$$AB=\begin{pmatrix}2&-1&-3\\15&24&22\\13&6&-1\\18&15&10\end{pmatrix}.$$

例 2.3.6 设 $\boldsymbol{A}_1$ 为 n 阶可逆阵，$\boldsymbol{A}_2$ 为 k 阶可逆阵．求 $\boldsymbol{A}=\begin{pmatrix}\boldsymbol{A}_1 & \boldsymbol{0}_{n\times k}\\ \boldsymbol{0}_{k\times n} & \boldsymbol{A}_2\end{pmatrix}$的逆矩阵．

解 直接计算可得

$$\begin{pmatrix}\boldsymbol{A}_1 & \boldsymbol{0}\\ \boldsymbol{0} & \boldsymbol{A}_2\end{pmatrix}\begin{pmatrix}\boldsymbol{A}_1^{-1} & \boldsymbol{0}\\ \boldsymbol{0} & \boldsymbol{A}_2^{-1}\end{pmatrix}=\begin{pmatrix}\boldsymbol{A}_1^{-1} & \boldsymbol{0}\\ \boldsymbol{0} & \boldsymbol{A}_2^{-1}\end{pmatrix}\begin{pmatrix}\boldsymbol{A}_1 & \boldsymbol{0}\\ \boldsymbol{0} & \boldsymbol{A}_2\end{pmatrix}=\boldsymbol{I}.$$

所以

$$\boldsymbol{A}^{-1}=\begin{pmatrix}\boldsymbol{A}_1^{-1} & \boldsymbol{0}\\ \boldsymbol{0} & \boldsymbol{A}_2^{-1}\end{pmatrix}.$$

假设 $\boldsymbol{A}$，$\boldsymbol{B}$ 为两个分块对角阵，即 $\boldsymbol{A}_i$，$\boldsymbol{B}_i$ 均为方阵，$i=1$，2，…，k，

$$\boldsymbol{A}=\begin{pmatrix}\boldsymbol{A}_1 & 0 & \cdots & 0\\ 0 & \boldsymbol{A}_2 & \cdots & 0\\ \vdots & \vdots & \ddots & \vdots\\ 0 & 0 & \cdots & \boldsymbol{A}_k\end{pmatrix},\quad \boldsymbol{B}=\begin{pmatrix}\boldsymbol{B}_1 & 0 & \cdots & 0\\ 0 & \boldsymbol{B}_2 & \cdots & 0\\ \vdots & \vdots & \ddots & \vdots\\ 0 & 0 & \cdots & \boldsymbol{B}_k\end{pmatrix},$$

其中 $\boldsymbol{A}_i\boldsymbol{B}_i$ 有意义，$i=1$，2，…，k. 则有

$$\boldsymbol{AB}=\begin{pmatrix}\boldsymbol{A}_1\boldsymbol{B}_1 & 0 & \cdots & 0\\ 0 & \boldsymbol{A}_2\boldsymbol{B}_2 & \cdots & 0\\ \vdots & \vdots & \ddots & \vdots\\ 0 & 0 & \cdots & \boldsymbol{A}_k\boldsymbol{B}_k\end{pmatrix}.$$

由此可得，假设 $\boldsymbol{A}_i$ 为 n_i 阶可逆方阵，$i=1$，2，…，k，则矩阵

$$\boldsymbol{A}=\begin{pmatrix}\boldsymbol{A}_1 & 0 & \cdots & 0\\ 0 & \boldsymbol{A}_2 & \cdots & 0\\ \vdots & \vdots & \ddots & \vdots\\ 0 & 0 & \cdots & \boldsymbol{A}_k\end{pmatrix}$$

的逆矩阵为

$$\boldsymbol{A}^{-1}=\begin{pmatrix}\boldsymbol{A}_1^{-1} & 0 & \cdots & 0\\ 0 & \boldsymbol{A}_2^{-1} & \cdots & 0\\ \vdots & \vdots & \ddots & \vdots\\ 0 & 0 & \cdots & \boldsymbol{A}_k^{-1}\end{pmatrix}.$$

例 2.3.7 设 $\boldsymbol{A}$ 为 m 阶可逆阵，$\boldsymbol{B}$ 为 n 阶可逆阵，$\boldsymbol{C}$ 为 $n\times m$ 阶矩阵．证明下面矩阵 $\boldsymbol{D}$ 可逆，并求其逆矩阵：

$$\boldsymbol{D}=\begin{pmatrix}\boldsymbol{A}_m & \boldsymbol{0}_{m\times n}\\ \boldsymbol{C}_{n\times m} & \boldsymbol{B}_n\end{pmatrix}.$$

证明 设 $\boldsymbol{K}=\begin{pmatrix}\boldsymbol{X}_m & \boldsymbol{L}_{m\times n}\\ \boldsymbol{M}_{n\times m} & \boldsymbol{Y}_n\end{pmatrix}$. 则有

$$\boldsymbol{KD}=\begin{pmatrix}\boldsymbol{XA}+\boldsymbol{LC} & \boldsymbol{LB}\\ \boldsymbol{MA}+\boldsymbol{YC} & \boldsymbol{YB}\end{pmatrix}.$$

令 $\boldsymbol{KD}=\begin{pmatrix}\boldsymbol{I}_m & \boldsymbol{0}_{m\times n}\\ \boldsymbol{0}_{n\times m} & \boldsymbol{I}_n\end{pmatrix}$. 得

$$\boldsymbol{XA}+\boldsymbol{LC}=\boldsymbol{I}_m,\ \boldsymbol{LB}=\boldsymbol{0},\ \boldsymbol{MA}+\boldsymbol{YC}=\boldsymbol{0},\ \boldsymbol{YB}=\boldsymbol{I}_n.$$

解得 $\boldsymbol{L}=\boldsymbol{0}_{m\times n}$, $\boldsymbol{X}=\boldsymbol{A}^{-1}$, $\boldsymbol{Y}=\boldsymbol{B}^{-1}$, $\boldsymbol{M}=-\boldsymbol{B}^{-1}\boldsymbol{CA}^{-1}$.

计算可得 $\boldsymbol{DK}=\boldsymbol{I}$. 所以 $\boldsymbol{D}$ 可逆, $\boldsymbol{D}^{-1}=\boldsymbol{K}$.

2.4 行阶梯形矩阵与初等变换

定义 2.4.1 如矩阵每行的第一个非零元的下方元素全为零，则称此矩阵为行阶梯形矩阵.

这种矩阵可画出一条阶梯线，线的下方全为0，阶梯形的竖线后面的第一个元素为非零元. 例如下面矩阵为行阶梯形矩阵:

$$\boldsymbol{A}=\begin{pmatrix}1&1&2&1\\0&3&3&4\\0&0&7&0\\0&0&0&0\end{pmatrix},\ \boldsymbol{B}=\begin{pmatrix}1&0&2&1\\0&3&0&4\\0&0&0&0\\0&0&0&0\end{pmatrix}.$$

定义 2.4.2 若行阶梯形矩阵中，非零行的第一个非零元为1，且它们所在列的其他元素为0，则称其为行最简形矩阵.

例如下面矩阵 $\boldsymbol{B}$ 为行最简形矩阵:

$$\boldsymbol{B}=\begin{pmatrix}1&0&1&0&3\\0&1&1&0&3\\0&0&0&1&-3\\0&0&0&0&0\end{pmatrix}.$$

定义 2.4.3 设 E 为交换环，对 E 上矩阵 $\boldsymbol{A}$ 作如下三种变换，称为初等行(列)变换:

(1)交换 $\boldsymbol{A}$ 的第 i 行(列)与第 j 行(列)，记为 $r_i\leftrightarrow r_j(c_i\leftrightarrow c_j)$;

(2)用 E 中可逆元素 k(如果存在)乘 $\boldsymbol{A}$ 的等 i 行(列)，记为 $kr_i(kc_i)$;

(3) 矩阵 $\boldsymbol{A}$ 的第 j 行(列)加上非零元素 k 乘第 i 行(列)，记为 $r_j+kr_i(c_j+kc_i)$.

注 当 E 为域时，上述第二种变换等价于用 E 中非零元去乘某行(列);

域 E 上多项式环 $E[\lambda]$ 的可逆元为 E 中非零元.

矩阵的初等行列变换统称为初等变换.

定义 2.4.4 单位矩阵 $\boldsymbol{I}$ 经过一次初等变换所得到的矩阵称为初等矩阵，三类初等变换对应三类初等矩阵，分别称为第一、二、三类行(列)初等矩阵，记为

$$\boldsymbol{I}(r_i,r_j)=\begin{pmatrix}1&&&&&&\\&\ddots&&&&&\\&&0&&1&&\\&&&\ddots&&&\\&&1&&0&&\\&&&&&\ddots&\\&&&&&&1\end{pmatrix}\begin{matrix}\\\\i\text{行}\\\\j\text{行}\\\\\\\end{matrix},$$

$$\boldsymbol{I}(kr_i)=\begin{pmatrix}1&&&&\\&\ddots&&&\\&&k&&\\&&&\ddots&\\&&&&1\end{pmatrix}i\text{行},$$

$$\boldsymbol{I}(r_i+kr_j)=\begin{pmatrix}1&&&&&&\\&\ddots&&&&&\\&&1&&k&&\\&&&\ddots&&&\\&&&&1&&\\&&&&&\ddots&\\&&&&&&1\end{pmatrix}\begin{matrix}\\\\i\text{行}\\\\j\text{行}\\\\\\\end{matrix}.$$

易见 $\boldsymbol{I}(c_i,\ c_j)=\boldsymbol{I}(r_i,\ r_j)$，$\boldsymbol{I}(kc_i)=\boldsymbol{I}(kr_i)$，$\boldsymbol{I}(c_j+kc_i)=\boldsymbol{I}(r_i+kr_j)$.

性质 2.4.1 (1)$\boldsymbol{I}^2(r_i,\ r_j)=\boldsymbol{I}$，$\boldsymbol{I}(kr_i)\boldsymbol{I}(k^{-1}r_i)=\boldsymbol{I}$，$\boldsymbol{I}(r_i+kr_j)\boldsymbol{I}(r_i-kr_j)=\boldsymbol{I}$，$k\neq0$；

(2)$\boldsymbol{I}^2(c_i,\ c_j)=\boldsymbol{I}$，$\boldsymbol{I}(kc_i)\boldsymbol{I}(k^{-1}c_i)=\boldsymbol{I}$，$\boldsymbol{I}(c_i+kc_j)\boldsymbol{I}(c_i-kc_j)=\boldsymbol{I}$，$k\neq0$.

定义 2.4.5 设 $\boldsymbol{A}$，$\boldsymbol{B}$ 为 $m\times n$ 矩阵. 如果 $\boldsymbol{A}$ 经一系列初等变换可化为 $\boldsymbol{B}$，则称 $\boldsymbol{A}$ 与 $\boldsymbol{B}$ 等价，记为 $\boldsymbol{A}\cong\boldsymbol{B}$.

容易验证矩阵等价具有如下性质：

性质 2.4.2

(1)自反性：$\boldsymbol{A}\cong\boldsymbol{A}$；

(2)对称性：$\boldsymbol{A}\cong\boldsymbol{B}$，则 $\boldsymbol{B}\cong\boldsymbol{A}$；

(3)传递性：$\boldsymbol{A}\cong\boldsymbol{B}$，$\boldsymbol{B}\cong\boldsymbol{C}$，则 $\boldsymbol{A}\cong\boldsymbol{C}$.

定理 2.4.1 对矩阵 $\boldsymbol{A}_{m\times n}$ 作一次初等行(列)变换所得到的矩阵 $\boldsymbol{B}$ 等于用一个相应的 m 阶行(n 阶列)初等矩阵左(右)乘 $\boldsymbol{A}$.

证明 将 $\boldsymbol{A}$ 按行分块，记为

$$\boldsymbol{A}=\begin{pmatrix}\boldsymbol{A}_1\\ \vdots\\ \boldsymbol{A}_i\\ \vdots\\ \boldsymbol{A}_j\\ \vdots\\ \boldsymbol{A}_m\end{pmatrix},$$

设 $\boldsymbol{B}=(b_{ij})_{m\times m}$，则有

$$\boldsymbol{BA}=\begin{pmatrix}\sum_{k=1}^{m}b_{1k}\boldsymbol{A}_k\\ \vdots\\ \sum_{k=1}^{m}b_{ik}\boldsymbol{A}_k\\ \vdots\\ \sum_{k=1}^{m}b_{jk}\boldsymbol{A}_k\\ \vdots\\ \sum_{k=1}^{m}b_{mk}\boldsymbol{A}_k\end{pmatrix}.$$

分别代入 $\boldsymbol{B}=\boldsymbol{I}(kr_i)$，$\boldsymbol{I}(r_i,\ r_j)$，$\boldsymbol{I}(r_i+kr_j)$得到

$$\boldsymbol{I}(kr_i)\boldsymbol{A}=\begin{pmatrix}\boldsymbol{A}_1\\ \vdots\\ k\boldsymbol{A}_i\\ \vdots\\ \boldsymbol{A}_j\\ \vdots\\ \boldsymbol{A}_m\end{pmatrix},\quad \boldsymbol{I}(r_i,r_j)\boldsymbol{A}=\begin{pmatrix}\boldsymbol{A}_1\\ \vdots\\ \boldsymbol{A}_j\\ \vdots\\ \boldsymbol{A}_i\\ \vdots\\ \boldsymbol{A}_m\end{pmatrix}\begin{matrix}\\ \\ i\text{行}\\ \\ j\text{行}\\ \\ \\ \end{matrix},\quad \boldsymbol{I}(r_i+kr_j)\boldsymbol{A}=\begin{pmatrix}\boldsymbol{A}_1\\ \vdots\\ \boldsymbol{A}_i+k\boldsymbol{A}_j\\ \vdots\\ \boldsymbol{A}_j\\ \vdots\\ \boldsymbol{A}_m\end{pmatrix}.$$

于是定理结论对初等行变换情形成立.

初等列变换情形同理可证.

矩阵的初等变换可类似推广到分块矩阵的初等变换.

将单位矩阵分块得到如下矩阵：

$$\begin{pmatrix}\boldsymbol{I}_m & \boldsymbol{0}_{m\times n}\\ \boldsymbol{0}_{n\times m} & \boldsymbol{I}_n\end{pmatrix}$$

对它进行交换两行(列)，行左乘矩阵 $\boldsymbol{P}$，列右乘矩阵 $\boldsymbol{P}$，一行(列)加上另一行(列)的矩阵 $\boldsymbol{P}$ 倍，得到如下矩阵. 称之为分块初等矩阵.

$$\begin{pmatrix} 0 & I_n \\ I_m & 0 \end{pmatrix},\begin{pmatrix} 0 & I_m \\ I_n & 0 \end{pmatrix},\begin{pmatrix} P & 0 \\ 0 & I_m \end{pmatrix},\begin{pmatrix} I_n & 0 \\ 0 & P \end{pmatrix},\begin{pmatrix} I_n & P \\ 0 & I_m \end{pmatrix},\begin{pmatrix} I_n & 0 \\ P & I_m \end{pmatrix}.$$

按分块矩阵乘积运算，容易验证下列性质成立：

(1)对分块矩阵作行变换等价于用同类分块初等矩阵左乘分块矩阵.

$$\begin{pmatrix} 0_{n\times m} & I_n \\ I_m & 0_{m\times n} \end{pmatrix}\begin{pmatrix} A_{m\times k} & B_{m\times l} \\ C_{n\times k} & D_{n\times l} \end{pmatrix}=\begin{pmatrix} C_{n\times k} & D_{n\times l} \\ A_{m\times k} & B_{m\times l} \end{pmatrix},$$

$$\begin{pmatrix} P_m & 0_{m\times n} \\ 0_{n\times m} & I_n \end{pmatrix}\begin{pmatrix} A_{m\times k} & B_{m\times l} \\ C_{n\times k} & D_{n\times l} \end{pmatrix}=\begin{pmatrix} P_mA_{m\times k} & P_mB_{m\times l} \\ C_{n\times k} & D_{n\times l} \end{pmatrix},$$

$$\begin{pmatrix} I_m & 0_{m\times n} \\ P_{n\times m} & I_n \end{pmatrix}\begin{pmatrix} A_{m\times k} & B_{m\times l} \\ C_{n\times k} & D_{n\times l} \end{pmatrix}=\begin{pmatrix} A_{m\times k} & B_{m\times l} \\ P_{n\times m}A_{m\times k}+C_{n\times k} & P_{n\times m}B_{m\times l}+D_{n\times l} \end{pmatrix}.$$

(2)对分块矩阵作列变换等价于用同类分块初等矩阵右乘分块矩阵.

$$\begin{pmatrix} A_{k\times m} & B_{k\times n} \\ C_{l\times m} & D_{l\times n} \end{pmatrix}\begin{pmatrix} 0_{m\times n} & I_m \\ I_n & 0_{n\times m} \end{pmatrix}=\begin{pmatrix} B_{k\times n} & A_{k\times m} \\ D_{l\times n} & C_{l\times m} \end{pmatrix},$$

$$\begin{pmatrix} A_{k\times m} & B_{k\times n} \\ C_{l\times m} & D_{l\times n} \end{pmatrix}\begin{pmatrix} I_m & 0_{m\times n} \\ 0_{n\times m} & P_n \end{pmatrix}=\begin{pmatrix} A_{k\times m} & B_{k\times n}P_n \\ C_{l\times m} & D_{l\times n}P_n \end{pmatrix},$$

$$\begin{pmatrix} A_{k\times m} & B_{k\times n} \\ C_{l\times m} & D_{l\times n} \end{pmatrix}\begin{pmatrix} I_m & P_{m\times n} \\ 0 & I_n \end{pmatrix}=\begin{pmatrix} A_{k\times m} & A_{k\times m}P_{m\times n}+B_{k\times n} \\ C_{l\times m} & C_{l\times m}P_{m\times n}+D_{l\times n} \end{pmatrix}.$$

例 2.4.1 用分块矩阵的乘法将下面分块矩阵依次化为分块上三角阵、分块下三角阵、分块对角阵：

$$\begin{pmatrix} A_m & B_{m\times n} \\ C_{n\times m} & D_n \end{pmatrix},$$

其中 A_m 为可逆阵.

解

$$\begin{pmatrix} I_m & 0_{m\times n} \\ -C_{n\times m}A_m^{-1} & I_n \end{pmatrix}\begin{pmatrix} A_m & B_{m\times n} \\ C_{n\times m} & D_n \end{pmatrix}=\begin{pmatrix} A_m & B_{m\times n} \\ 0_{n\times m} & -C_{n\times m}A_m^{-1}B_{m\times n}+D_n \end{pmatrix}.$$

$$\begin{pmatrix} A_m & B_{m\times n} \\ C_{n\times m} & D_n \end{pmatrix}\begin{pmatrix} I_m & -A_m^{-1}B_{m\times n} \\ 0_{n\times m} & I_n \end{pmatrix}=\begin{pmatrix} A_m & 0_{m\times n} \\ C_{n\times m} & -C_{n\times m}A_m^{-1}B_{m\times n}+D_n \end{pmatrix}.$$

$$\begin{pmatrix} I_m & 0_{m\times n} \\ -C_{n\times m}A_m^{-1} & I_n \end{pmatrix}\begin{pmatrix} A_m & B_{m\times n} \\ C_{n\times m} & D_n \end{pmatrix}\begin{pmatrix} I_m & -A_m^{-1}B_{m\times n} \\ 0_{n\times m} & I_n \end{pmatrix}=\begin{pmatrix} A_m & 0_{m\times n} \\ 0_{n\times m} & -C_{n\times m}A_m^{-1}B_{m\times n}+D_n \end{pmatrix}.$$

推论 2.4.1 设 A，B 为 $m\times n$ 矩阵. 则 A 与 B 等价的充要条件是存在可逆阵 P，Q，使得

$$PAQ=B.$$

证明 设 A 与 B 等价，则 A 经一系列初等变换可化为 B. 由定理 2.4.1 知，这等价于用一系列初等矩阵去左乘或右乘 A，即存在可逆阵 P，Q，使得 $PAQ=B$.

定理 2.4.2 域 E 上矩阵 $\boldsymbol{A}=(a_{ij})_{mn}$ 总可经过有限次初等行变换化为行最简形矩阵.

证明 用归纳法证明. 当 $m=1$ 时, $\boldsymbol{A}$ 已是行阶梯形矩阵, 只需用第一个非零元 a_{1j_0} 的 $a_{1j_0}^{-1}$ 去乘这一行即得行最简形矩阵.

假设当 $\boldsymbol{A}$ 为 k 行矩阵时定理结论成立. 则当 $m=k+1$ 行时, 可设 $\boldsymbol{A}\neq\boldsymbol{0}$, 否则结论已成立. 还可设第一列有非零元 a_{i1}, 否则只需去掉第一个非零列前面的所有列.

通过交换第一行与第 i 行, 可设 $a_{11}\neq 0$, 用 $-a_{11}^{-1}a_{i1}$ 乘以第一行再加到第 i 行, $i=2$, 3, $\cdots$, $k+1$, 再将第一行乘以 a_{11}^{-1} 得到如下矩阵:

$$\boldsymbol{A}_1=\begin{pmatrix}1 & a'_{12} & \cdots & a'_{1n}\\ 0 & a'_{22} & \cdots & a'_{2n}\\ \vdots & \vdots & & \vdots\\ 0 & a'_{(k+1)2} & \cdots & a'_{(k+1)n}\end{pmatrix}=\begin{pmatrix}1 & \boldsymbol{\alpha}\\ \boldsymbol{0} & \boldsymbol{B}\end{pmatrix},\qquad \boldsymbol{\alpha}=(a'_{12}\ \ a'_{13}\ \ \cdots\ \ a'_{1n})$$

矩阵 $\boldsymbol{B}$ 只有 k 行, 由归纳假设, $\boldsymbol{B}$ 经初等行变换可化为行最简形矩阵 $\boldsymbol{B}_1$. 最后将 $\boldsymbol{B}_1$ 中所有非零行的第一个非零元 1 乘以 1 所在列的第一行元素的负元加到第一行, 则该列的其他元素均为零, 因此 $\boldsymbol{A}$ 化为了行最简形矩阵.

因此定理结论成立.

例 2.4.2 用初等行变换化下面矩阵为行最简形矩阵:

解

$$\begin{pmatrix}1 & 1 & -1 & 0 & 2\\ 2 & 0 & 0 & 2 & -10\\ -1 & 1 & 3 & 2 & 2\\ 4 & 5 & -2 & 4 & 6\end{pmatrix}\xrightarrow{r_2-2r_1,\ r_3+r_1,\ r_4-4r_1}\begin{pmatrix}1 & 2 & -1 & 0 & 2\\ 0 & -2 & 2 & 2 & -14\\ 0 & 2 & 2 & 2 & 4\\ 0 & 1 & 2 & 4 & -2\end{pmatrix}$$

$$\xrightarrow[\frac{1}{2}r_3,\ r_4-r_3]{r_1-r_3,\ r_2+r_3}\begin{pmatrix}1 & 0 & -3 & -2 & -2\\ 0 & 0 & 4 & 4 & -10\\ 0 & 1 & 1 & 1 & 2\\ 0 & 0 & 1 & 3 & -4\end{pmatrix}\xrightarrow[r_2-4r_4]{r_3-r_4,\ r_1+3r_4}\begin{pmatrix}1 & 0 & 0 & 7 & -14\\ 0 & 0 & 0 & -8 & 6\\ 0 & 1 & 0 & -2 & 6\\ 0 & 0 & 1 & 3 & -4\end{pmatrix}$$

$$\xrightarrow{-\frac{1}{8}r_2}\begin{pmatrix}1 & 0 & 0 & 7 & -14\\ 0 & 0 & 0 & 1 & -3/4\\ 0 & 1 & 0 & -2 & 6\\ 0 & 0 & 1 & 3 & -4\end{pmatrix}\xrightarrow[r_4-3r_2]{r_1-7r_2,\ r_3+2r_2}\begin{pmatrix}1 & 0 & 0 & 0 & -35/4\\ 0 & 0 & 0 & 1 & -3/4\\ 0 & 1 & 0 & 0 & 9/2\\ 0 & 0 & 1 & 0 & -7/4\end{pmatrix}$$

$$\xrightarrow{r_2\leftrightarrow r_3,\ r_3\leftrightarrow r_4}\begin{pmatrix}1 & 0 & 0 & 0 & -35/4\\ 0 & 1 & 0 & 0 & 9/2\\ 0 & 0 & 1 & 0 & -7/4\\ 0 & 0 & 0 & 1 & -3/4\end{pmatrix}.$$

定理 2.4.3 域 E 上任一矩阵 $\boldsymbol{A}=(a_{ij})_{m\times n}$ 总可经过有限次初等变换化为如下矩阵:

$$\begin{pmatrix}\boldsymbol{I}_r & \boldsymbol{0}_{r\times(n-r)}\\ \boldsymbol{0}_{(m-r)\times r} & \boldsymbol{0}_{(m-r)\times(n-r)}\end{pmatrix},$$

称其为 A 的标准形.

证明 如$A=0$，则结论成立．因此可设$A\neq 0$，故a_{ij}中至少有一个元素不为0，不妨设$a_{11}\neq 0$(若$a_{11}=0$，可对矩阵A进行列互换使左上角元素不为0)．

将第一行乘以$-a_{i1}a_{11}^{-1}$加到第i行，$i=2, 3, \cdots, m$，再将第一列乘以$-a_{1j}a_{11}^{-1}$加到第j列，$j=2, 3, \cdots, n$，然后用a_{11}^{-1}乘第一行，于是A化为

$$A_1=\begin{pmatrix}1 & 0 & \cdots & 0\\ 0 & a'_{22} & \cdots & a'_{2n}\\ \vdots & \vdots & & \vdots\\ 0 & a'_{m2} & \cdots & a'_{mn}\end{pmatrix}=\begin{pmatrix}1 & \mathbf{0}\\ \mathbf{0} & B\end{pmatrix}$$

若$B=0$，则A已化为标准形；若$B\neq 0$，则对B重复进行上面的变换，最终可化为标准形．

推论2.4.2 设A，B为域E上$m\times n$矩阵，则A与B等价的充要条件是它们有相同的标准形．

2.5 方阵的确定元与性质

本节设E为交换环，$M_n(E)$表E上n阶方阵全体．对任一$A\in M_n(E)$，可以按照某一法则使得A与E中唯一一个元素对应，这个法则就是本节要介绍的方阵的确定元，当E为数域时称为方阵的确定值，也称为行列式．“行列式”这一称呼的缺陷是忽略了数表在行列式中所处的地位．

2.5.1 方阵的确定元

定义2.5.1 设E为一交换环，$M_n(E)$表E上n阶方阵全体，定义映射$\det: M_n(E)\to E$如下：

对任一

$$A=\begin{pmatrix}a_{11} & a_{12} & \cdots & a_{1n}\\ a_{21} & a_{22} & \cdots & a_{2n}\\ \vdots & \vdots & & \vdots\\ a_{n1} & a_{n2} & \cdots & a_{nn}\end{pmatrix}=(a_{ij})_{n\times n}\in M_n(E),$$

规定

$$\det A=\sum_{j_1j_2\cdots j_n}(-1)^{\tau(j_1j_2\cdots j_n)}a_{1j_1}a_{2j_2}\cdots a_{nj_n},$$

称为方阵A的确定元，当E为数域的子集时，称为方阵A的确定值，或方阵A的行列式．

注 $\det A$也被记为$|A|$，但这在数域情形容易与绝对值记号混淆，特别是$\|A\|$表示的是A的范数(范数概念会在以后相关课程中出现)还是$|A|$的绝对值，会产生混淆，故不建议使用记号$|A|$.

由定理1.7.2，容易证明，

$$\det \boldsymbol{A} = \sum_{(i_1j_1)(i_2j_2)\cdots(i_nj_n)} (-1)^{\tau(i_1i_2\cdots i_n)+\tau(j_1j_2\cdots j_n)} a_{i_1j_1}a_{i_2j_2}\cdots a_{i_nj_n},$$

即 $\boldsymbol{A}$ 的确定元是 $\boldsymbol{A}$ 的取自不同行不同列的元素与 -1 的这些元素所在的行排列与列排列的逆序数和的幂次方的乘积之和.

同理有
$$\det \boldsymbol{A} = \sum_{j_1j_2\cdots j_n} (-1)^{\tau(j_1j_2\cdots j_n)} a_{j_11}a_{j_22}\cdots a_{j_nn}.$$

例 2.5.1 设 $\boldsymbol{A} = \begin{pmatrix} a_{11} & a_{12} & \cdots & a_{1n} \\ 0 & a_{22} & \cdots & a_{2n} \\ \vdots & \vdots & & \vdots \\ 0 & 0 & \cdots & a_{nn} \end{pmatrix}$，则有

$$\det \boldsymbol{A} = (-1)^{\tau(12\cdots n)} a_{11}a_{22}\cdots a_{nn} = a_{11}a_{22}\cdots a_{nn}.$$

例 2.5.2 设 $\boldsymbol{B} = \begin{pmatrix} b_{11} & 0 & \cdots & 0 \\ b_{21} & b_{22} & \cdots & 0 \\ \vdots & \vdots & \ddots & \vdots \\ b_{n1} & b_{n2} & \cdots & b_{nn} \end{pmatrix}$，则有

$$\det \boldsymbol{B} = (-1)^{\tau(12\cdots n)} b_{11}b_{22}\cdots b_{nn} = b_{11}b_{22}\cdots b_{nn}.$$

例 2.5.3 设 $\boldsymbol{C} = \begin{pmatrix} 0 & \cdots & 0 & a_{1n} \\ 0 & \cdots & a_{2(n-1)} & a_{2n} \\ \vdots & ⋰ & \vdots & \vdots \\ a_{n1} & a_{n2} & \cdots & a_{nn} \end{pmatrix}$，则有

$$\det \boldsymbol{C} = (-1)^{\tau(n(n-1)\cdots 1)} a_{1n}a_{2(n-1)}\cdots a_{n1} = (-1)^{\frac{n(n-1)}{2}} a_{1n}a_{2(n-1)}\cdots a_{n1}.$$

例 2.5.4 设 n 阶方阵 $\boldsymbol{A}$ 满足 $\boldsymbol{A}^{\mathrm{T}} = -\boldsymbol{A}$，且 n 为奇数. 证明 $\det \boldsymbol{A} = 0$.

证明 由于

$$\det \boldsymbol{A} = \sum_{(i_1j_1)(i_2j_2)\cdots(i_nj_n)} (-1)^{\tau(i_1i_2\cdots i_n)+\tau(j_1j_2\cdots j_n)} a_{i_1j_1}a_{i_2j_2}\cdots a_{i_nj_n}$$

以及

$$a_{i_1j_1}a_{i_2j_2}\cdots a_{i_nj_n} = (-a_{j_1i_1})(-a_{j_2i_2})\cdots(-a_{j_ni_n}) = -a_{j_1i_1}a_{j_2i_2}\cdots a_{j_ni_n},$$

n 为奇数. 注意到 $\det \boldsymbol{A}$ 右端和式中

$$(-1)^{\tau(i_1i_2\cdots i_n)+\tau(j_1j_2\cdots j_n)} a_{i_1j_1}a_{i_2j_2}\cdots a_{i_nj_n} 与 (-1)^{\tau(j_1j_2\cdots j_n)+\tau(i_1i_2\cdots i_n)} a_{j_1i_1}a_{j_2i_2}\cdots a_{j_ni_n}$$

成对出现，但符号相反，因此有 $\det \boldsymbol{A} = 0$.

例 2.5.5 设 E 为域，$\chi(E) = p \geqslant 3$，$a \in E$，$e \in E$ 为乘法单位元. 求 $\det \boldsymbol{A}$，其中

$$\boldsymbol{A} = \begin{pmatrix} \frac{p+1}{2}a & 0 & -\frac{p-1}{2}a \\ 0 & 2e & 0 \\ \frac{p-1}{2}a & 0 & \frac{p-1}{2}a \end{pmatrix}.$$

解 由于$\chi(E)=p$，有 $pa=0$. 因此

$$\det \boldsymbol{A} = (p+1)a\frac{p-1}{2}a + (p-1)a\frac{(p-1)}{2}a = \frac{p-1}{2}a^2 - \frac{p-1}{2}a^2 = 0.$$

2.5.2 方阵的确定元的性质

方阵 $\boldsymbol{A}$ 的确定元有如下性质：

性质 2.5.1 方阵的转置方阵的确定元不变，即 $\det \boldsymbol{A}^{\mathrm{T}} = \det \boldsymbol{A}$.

证明 记 $\boldsymbol{A}=(a_{ij})$，$\boldsymbol{A}^{\mathrm{T}}=(b_{ij})$，其中 $b_{ij}=a_{ji}$. 按定义，

$$\begin{aligned}\det \boldsymbol{A}^{\mathrm{T}} &= \sum_{j_1j_2\cdots j_n}(-1)^{\tau(j_1j_2\cdots j_n)}b_{j_11}b_{j_22}\cdots b_{j_nn}\\ &= \sum_{j_1j_2\cdots j_n}(-1)^{\tau(j_1j_2\cdots j_n)}a_{1j_1}a_{2j_2}\cdots a_{nj_n} = \det \boldsymbol{A}.\end{aligned}$$

性质 2.5.2 方阵 $\boldsymbol{A}$ 的两行（或两列）交换所得方阵的确定元反号，即

$$\det(\boldsymbol{I}(r_i,r_k)\boldsymbol{A}) = -\det \boldsymbol{A}, \qquad 或 \qquad \det(\boldsymbol{A}\boldsymbol{I}(c_i,c_k)) = -\det \boldsymbol{A}.$$

证明 设

$$\boldsymbol{A} = \begin{pmatrix} a_{11} & a_{12} & \cdots & a_{1n}\\ \vdots & \vdots & & \vdots\\ a_{i1} & a_{i2} & \cdots & a_{in}\\ \vdots & \vdots & & \vdots\\ a_{k1} & a_{k2} & \cdots & a_{kn}\\ \vdots & \vdots & & \vdots\\ a_{n1} & a_{n2} & \cdots & a_{nn}\end{pmatrix}, \quad \boldsymbol{B} = (b_{ij}) = \begin{pmatrix} a_{11} & a_{12} & \cdots & a_{1n}\\ \vdots & \vdots & & \vdots\\ a_{k1} & a_{k2} & \cdots & a_{kn}\\ \vdots & \vdots & & \vdots\\ a_{i1} & a_{i2} & \cdots & a_{in}\\ \vdots & \vdots & & \vdots\\ a_{n1} & a_{n2} & \cdots & a_{nn}\end{pmatrix} = \boldsymbol{I}(r_i,r_k)\boldsymbol{A}.$$

由定义，

$$\begin{aligned}\det \boldsymbol{A} &= \sum_{j_1j_2\cdots j_i\cdots j_k\cdots j_n}(-1)^{\tau(j_1j_2\cdots j_i\cdots j_k\cdots j_n)}a_{1j_1}a_{2j_2}\cdots a_{ij_i}\cdots a_{kj_k}\cdots a_{nj_n}\\ &= \sum_{j_1j_2\cdots j_i\cdots j_k\cdots j_n}(-1)(-1)^{\tau(j_1j_2\cdots j_k\cdots j_i\cdots j_n)}a_{1j_1}a_{2j_2}\cdots a_{kj_k}\cdots a_{ij_i}\cdots a_{nj_n}\\ &= -\sum_{j_1j_2\cdots j_i\cdots j_k\cdots j_n}(-1)^{\tau(j_1j_2\cdots j_k\cdots j_i\cdots j_n)}b_{1j_1}b_{2j_2}\cdots b_{ij_k}\cdots b_{kj_i}\cdots b_{nj_n}.\end{aligned}$$

又 $$\det \boldsymbol{B} = \sum_{j_1j_2\cdots j_k\cdots j_i\cdots j_n}(-1)^{\tau(j_1j_2\cdots j_k\cdots j_i\cdots j_n)}b_{1j_1}b_{2j_2}\cdots b_{ij_k}\cdots b_{kj_i}\cdots b_{nj_n}.$$

由于上面两个和式均为 $n!$ 项求和，比较即得 $\det \boldsymbol{A} = -\det \boldsymbol{B}$.

性质 2.5.3 如果方阵 $\boldsymbol{A}$ 的两行（列）元素相同，则方阵的确定元为 0，即若方阵 $\boldsymbol{A}$ 的第 k 行（列）元素与第 i 行（列）元素相同，$\boldsymbol{I}(r_i, r_k)\boldsymbol{A}=\boldsymbol{A}$，或 $\boldsymbol{A}=\boldsymbol{A}\boldsymbol{I}(c_i, c_k)$，则有$\det\boldsymbol{A}=0$.

证明 注意到 $a_{ks}=a_{is}$，$s=1, 2, \cdots, n$. 由定义

$$\det\boldsymbol{A} = \sum_{j_1j_2\cdots j_n}(-1)^{\tau(j_1\cdots j_i\cdots j_k\cdots j_n)}a_{1j_1}\cdots a_{ij_i}\cdots a_{ij_k}\cdots a_{nj_n}.$$

由于排列 $j_1\cdots j_i\cdots j_k\cdots j_n$ 与 $j_1\cdots j_k\cdots j_i\cdots j_n$ 成对出现，上面和式中

$$(-1)^{\tau(j_1\cdots j_i\cdots j_k\cdots j_n)}a_{1j_1}\cdots a_{ij_i}\cdots a_{ij_k}\cdots a_{nj_n} \quad 与 \quad (-1)^{\tau(j_1\cdots j_k\cdots j_i\cdots j_n)}a_{1j_1}\cdots a_{ij_k}\cdots a_{ij_i}\cdots a_{nj_n}$$

也成对出现，但符号相反，故有 $\det\boldsymbol{A}=0$.

注 若对 E 中任一非零元素 a，有 $2a\neq 0$，则性质 2.5.3 的结论直接由性质 2.5.2 得出.

性质 2.5.4 设方阵 $\boldsymbol{A}$ 的第 i 行(列)元素是方阵 $\boldsymbol{B}$ 的第 i 行(或列)元素的 c 倍，$\boldsymbol{A}$ 与 $\boldsymbol{B}$ 的其余行(列)元素均相同，则有 $\det\boldsymbol{A}=c\det\boldsymbol{B}$，即 $\det(\boldsymbol{I}(cr_i)\boldsymbol{B})=c\det\boldsymbol{B}$.

证明 设

$$\boldsymbol{B}=\begin{pmatrix} a_{11} & a_{12} & \cdots & a_{1n} \\ \vdots & \vdots & & \vdots \\ a_{i1} & a_{i2} & \cdots & a_{in} \\ \vdots & \vdots & & \vdots \\ a_{n1} & a_{n2} & \cdots & a_{nn} \end{pmatrix},\quad \boldsymbol{A}=\boldsymbol{I}(cr_i)\boldsymbol{B}=\begin{pmatrix} a_{11} & a_{12} & \cdots & a_{1n} \\ \vdots & \vdots & & \vdots \\ ca_{i1} & ca_{i2} & \cdots & ca_{in} \\ \vdots & \vdots & & \vdots \\ a_{n1} & a_{n2} & \cdots & a_{nn} \end{pmatrix}.$$

由定义知

$$\begin{aligned}\det\boldsymbol{A} &= \sum_{j_1j_2\cdots j_i\cdots j_n}(-1)^{\tau(j_1j_2\cdots j_n)}a_{1j_1}a_{2j_2}\cdots(ca_{ij_i})\cdots a_{nj_n} \\ &= c\sum_{j_1j_2\cdots j_i\cdots j_n}(-1)^{\tau(j_1j_2\cdots j_n)}a_{1j_1}a_{2j_2}\cdots a_{ij_i}\cdots a_{nj_n} = c\det\boldsymbol{B}.\end{aligned}$$

性质 2.5.5 设 n 阶方阵 $\boldsymbol{A}$，$\boldsymbol{B}$，$\boldsymbol{C}$ 如下：

$$A=\begin{pmatrix} a_{11} & a_{12} & \cdots & a_{1n} \\ \vdots & \vdots & & \vdots \\ a_{i1} & a_{i2} & \cdots & a_{in} \\ \vdots & \vdots & & \vdots \\ a_{n1} & a_{n2} & \cdots & a_{nn} \end{pmatrix},$$

$$B=\begin{pmatrix} a_{11} & a_{12} & \cdots & a_{1n} \\ \vdots & \vdots & & \vdots \\ b_{i1} & b_{i2} & \cdots & b_{in} \\ \vdots & \vdots & & \vdots \\ a_{n1} & a_{n2} & \cdots & a_{nn} \end{pmatrix},$$

$$C=\begin{pmatrix} a_{11} & a_{12} & \cdots & a_{1n} \\ \vdots & \vdots & & \vdots \\ a_{i1}+b_{i1} & a_{i2}+b_{i2} & \cdots & a_{in}+b_{in} \\ \vdots & \vdots & & \vdots \\ a_{n1} & a_{n2} & \cdots & a_{nn} \end{pmatrix}.$$

则有

$$\det\boldsymbol{C}=\det\boldsymbol{A}+\det\boldsymbol{B}.$$

证明 由定义知

$$\det \boldsymbol{C} = \sum_{j_1j_2\cdots j_i\cdots j_n} (-1)^{\tau(j_1j_2\cdots j_n)} a_{1j_1}a_{2j_2}\cdots(a_{ij_i}+b_{ij_i})\cdots a_{nj_n}$$

$$= \sum_{j_1j_2\cdots j_i\cdots j_n} (-1)^{\tau(j_1j_2\cdots j_n)} a_{1j_1}a_{2j_2}\cdots a_{ij_i}\cdots a_{nj_n} + \sum_{j_1j_2\cdots j_i\cdots j_n} (-1)^{\tau(j_1j_2\cdots j_n)} a_{1j_1}a_{2j_2}\cdots b_{ij_i}\cdots a_{nj_n}$$

$$= \det \boldsymbol{A} + \det \boldsymbol{B}.$$

性质2.5.6 方阵$\boldsymbol{A}$的第i行(列)乘以某一元素d加到第k行(列)所得方阵的确定元不变，即

$$\det(\boldsymbol{I}(r_k+dr_i)\boldsymbol{A}) = \det \boldsymbol{A},$$

$$\det(\boldsymbol{A}\boldsymbol{I}(c_i+dc_k)) = \det \boldsymbol{A}.$$

证明 设

$$\boldsymbol{A} = \begin{pmatrix} a_{11} & a_{12} & \cdots & a_{1n} \\ \vdots & \vdots & & \vdots \\ a_{k1} & a_{k2} & \cdots & a_{kn} \\ \vdots & \vdots & & \vdots \\ a_{i1} & a_{i2} & \cdots & a_{in} \\ \vdots & \vdots & & \vdots \\ a_{n1} & a_{n2} & \cdots & a_{nn} \end{pmatrix}, \quad \boldsymbol{I}(r_k+dr_i)\boldsymbol{A} = \begin{pmatrix} a_{11} & a_{12} & \cdots & a_{1n} \\ \vdots & \vdots & & \vdots \\ a_{k1}+da_{i1} & a_{k2}+da_{i2} & \cdots & a_{kn}+da_{in} \\ \vdots & \vdots & & \vdots \\ a_{i1} & a_{i2} & \cdots & a_{in} \\ \vdots & \vdots & & \vdots \\ a_{n1} & a_{n2} & \cdots & a_{nn} \end{pmatrix}.$$

由性质2.5.5得

$$\det(\boldsymbol{I}(r_k+dr_i)\boldsymbol{A}) = \det\begin{pmatrix} a_{11} & a_{12} & \cdots & a_{1n} \\ \vdots & \vdots & & \vdots \\ a_{k1} & a_{k2} & \cdots & a_{kn} \\ \vdots & \vdots & & \vdots \\ a_{i1} & a_{i2} & \cdots & a_{in} \\ \vdots & \vdots & & \vdots \\ a_{n1} & a_{n2} & \cdots & a_{nn} \end{pmatrix} + \det\begin{pmatrix} a_{11} & a_{12} & \cdots & a_{1n} \\ \vdots & \vdots & & \vdots \\ da_{i1} & da_{i2} & \cdots & da_{in} \\ \vdots & \vdots & & \vdots \\ a_{i1} & a_{i2} & \cdots & a_{in} \\ \vdots & \vdots & & \vdots \\ a_{n1} & a_{n2} & \cdots & a_{nn} \end{pmatrix}$$

再由性质2.5.4与性质2.5.3得$\det(\boldsymbol{I}(r_k+dr_i)\boldsymbol{A}) = \det \boldsymbol{A}$.

例2.5.6 计算下面n阶矩阵$\boldsymbol{A}$的确定元：

$$\boldsymbol{A} = \begin{pmatrix} a & b & \cdots & b \\ b & a & \cdots & b \\ \vdots & \vdots & & \vdots \\ b & b & \cdots & a \end{pmatrix}.$$

解

$$\det \boldsymbol{A} = \det\begin{pmatrix} a & b & \cdots & b \\ b & a & \cdots & b \\ \vdots & \vdots & & \vdots \\ b & b & \cdots & a \end{pmatrix} \xlongequal{c_1 + c_i, i = 2,\cdots,n} \det\begin{pmatrix} a+(n-1)b & b & \cdots & b \\ a+(n-1)b & a & \cdots & b \\ \vdots & \vdots & & \vdots \\ a+(n-1)b & b & \cdots & a \end{pmatrix}$$

$$= [a+(n-1)b]\det\begin{pmatrix} 1 & b & \cdots & b \\ 1 & a & \cdots & b \\ \vdots & \vdots & & \vdots \\ 1 & b & \cdots & a \end{pmatrix}$$

$$\xlongequal{c_i - bc_1, i = 2,\cdots,n} [a+(n-1)b]\det\begin{pmatrix} 1 & 0 & \cdots & 0 \\ 1 & a-b & \cdots & 0 \\ \vdots & \vdots & & \vdots \\ 1 & 0 & \cdots & a-b \end{pmatrix}$$

$$= [a+(n-1)b](a-b)^{n-1}.$$

例 2.5.7 计算 $\det \boldsymbol{A}_n$，其中 $n \geqslant 2$，

$$\boldsymbol{A}_n = \begin{pmatrix} 1 & 2 & 2 & \cdots & 2 \\ 2 & 2 & 2 & \cdots & 2 \\ 2 & 2 & 3 & \cdots & 2 \\ \vdots & \vdots & \vdots & \ddots & \vdots \\ 2 & 2 & 2 & \cdots & n \end{pmatrix}.$$

解 由性质 2.5.5 与性质 2.5.3 知

$$\det \boldsymbol{A}_n = \det\begin{pmatrix} 2-1 & 2 & 2 & \cdots & 2 \\ 2 & 2 & 2 & \cdots & 2 \\ 2 & 2 & 3 & \cdots & 2 \\ \vdots & \vdots & \vdots & \ddots & \vdots \\ 2 & 2 & 2 & \cdots & n \end{pmatrix}$$

$$= \det\begin{pmatrix} 2 & 2 & 2 & \cdots & 2 \\ 2 & 2 & 2 & \cdots & 2 \\ 2 & 2 & 3 & \cdots & 2 \\ \vdots & \vdots & \vdots & \ddots & \vdots \\ 2 & 2 & 2 & \cdots & n \end{pmatrix} + \det\begin{pmatrix} -1 & 0 & 0 & \cdots & 0 \\ 2 & 2 & 2 & \cdots & 2 \\ 2 & 2 & 3 & \cdots & 2 \\ \vdots & \vdots & \vdots & \ddots & \vdots \\ 2 & 2 & 2 & \cdots & n \end{pmatrix}$$

$$= \det\begin{pmatrix} -1 & 0 & 0 & \cdots & 0 \\ 2 & 2 & 2 & \cdots & 2 \\ 2 & 2 & 3 & \cdots & 2 \\ \vdots & \vdots & \vdots & \ddots & \vdots \\ 2 & 2 & 2 & \cdots & n \end{pmatrix}.$$

又

$$\det\begin{pmatrix}-1&0&0&\cdots&0\\2&2&2&\cdots&2\\2&2&3&\cdots&2\\\vdots&\vdots&\vdots&\ddots&\vdots\\2&2&2&\cdots&n\end{pmatrix}\xlongequal[r_2+2r_1]{r_i-r_2,i=3,\cdots,n}\det\begin{pmatrix}-1&0&0&\cdots&0\\0&2&2&\cdots&2\\0&0&1&\cdots&0\\\vdots&\vdots&\vdots&\ddots&\vdots\\0&0&0&\cdots&n-2\end{pmatrix}=-2(n-2)!$$

因此有 $\det \boldsymbol{A}_n=-2(n-2)!$.

2.6 方阵的确定元按行列展开

本节介绍通过降低方阵阶数的方法来计算方阵的确定元．这种方法适合人工计算．通过计算机计算方阵确定元通常采用拉普拉斯定理结合分块矩阵计算．

定理 2.6.1 设 $\boldsymbol{A}$ 为 n 阶方阵，则有 $\det\boldsymbol{A}=\sum\limits_{j=1}^{n}(-1)^{i+j}a_{ij}\det \mathrm{Co}(a_{ij})$，$i=1,2,\cdots,n$.

证明 下面证明 $i=1$ 情形，$i\neq1$ 时，依次将第 i 行与第 $i-1$ 行互换，再与第 $i-2,\cdots,2,1$ 行互换，将其换到第一行即可．$i=1$ 时有

$$\boldsymbol{A}=\begin{pmatrix}a_{11}&a_{12}&\cdots&a_{1n}\\a_{21}&a_{22}&\cdots&a_{2n}\\\vdots&\vdots&&\vdots\\a_{n1}&a_{n2}&\cdots&a_{nn}\end{pmatrix}=\begin{pmatrix}a_{11}+0&0+a_{12}&\cdots&0+a_{1n}\\a_{21}&a_{22}&\cdots&a_{2n}\\\vdots&\vdots&&\vdots\\a_{n1}&a_{n2}&\cdots&a_{nn}\end{pmatrix},$$

由性质 2.5.5 得

$$\begin{aligned}\det\boldsymbol{A}&=\det\begin{pmatrix}a_{11}&0&\cdots&0\\a_{21}&a_{22}&\cdots&a_{2n}\\\vdots&\vdots&&\vdots\\a_{n1}&a_{n2}&\cdots&a_{nn}\end{pmatrix}+\det\begin{pmatrix}0&a_{12}&\cdots&a_{1n}\\a_{21}&a_{22}&\cdots&a_{2n}\\\vdots&\vdots&&\vdots\\a_{n1}&a_{n2}&\cdots&a_{nn}\end{pmatrix}\\&=a_{11}\det\mathrm{Co}(a_{11})+\det\begin{pmatrix}0&a_{12}&\cdots&0\\a_{21}&a_{22}&\cdots&a_{2n}\\\vdots&\vdots&&\vdots\\a_{n1}&a_{n2}&\cdots&a_{nn}\end{pmatrix}+\cdots+\det\begin{pmatrix}0&0&\cdots&a_{1n}\\a_{21}&a_{22}&\cdots&a_{2n}\\\vdots&\vdots&&\vdots\\a_{n1}&a_{n2}&\cdots&a_{nn}\end{pmatrix}\\&=(-1)^{1+1}a_{11}\det\mathrm{Co}(a_{11})+(-1)^{1+2}a_{12}\det\mathrm{Co}(a_{12})+\cdots+(-1)^{1+n}a_{1n}\det\mathrm{Co}(a_{1n}).\end{aligned}$$

推论 2.6.1 $\sum\limits_{j=1}^{n}(-1)^{k+j}a_{ij}\det\mathrm{Co}(a_{kj})=0, i\neq k.$

证明 令

$$A=\begin{pmatrix} a_{11} & a_{12} & \cdots & a_{1n} \\ \vdots & \vdots & & \vdots \\ a_{i1} & a_{i2} & \cdots & a_{in} \\ \vdots & \vdots & & \vdots \\ a_{i1} & a_{i2} & \cdots & a_{in} \\ \vdots & \vdots & & \vdots \\ a_{n1} & a_{n2} & \cdots & a_{nn} \end{pmatrix}.$$

取 A 之第 k 行与第 i 行元素相同，$k\neq i$，故有 $\det A=0$.

另一方面，由定理2.6.1按第 k 行展开，得

$$\det A=\sum_{j=1}^{n}(-1)^{k+j}a_{ij}\det \mathrm{Co}(a_{kj}).$$

同理，方阵按列展开，有下列结论：

定理2.6.2 设 A 为 n 阶方阵，则有

$$\det A=\sum_{i=1}^{n}(-1)^{i+j}a_{ij}\det \mathrm{Co}(a_{ij}),\ j=1,2,\cdots,n.$$

推论2.6.2 $\sum_{i=1}^{n}(-1)^{i+k}a_{ij}\det \mathrm{Co}(a_{ik})=0, j\neq k.$

命题2.6.1 设 A 为 n 阶方阵，

$$A^*=\begin{pmatrix} A_{11} & A_{21} & \cdots & A_{n1} \\ A_{12} & A_{22} & \cdots & A_{n2} \\ \vdots & \vdots & & \vdots \\ A_{1n} & A_{2n} & \cdots & A_{nn} \end{pmatrix}$$

称为 A 的伴随阵，其中 $A_{ij}=(-1)^{i+j}\det \mathrm{Co}(a_{ij}), i,j=1,2,\cdots,n$. 则有

$$AA^*=A^*A=\begin{pmatrix} \det A & 0 & \cdots & 0 \\ 0 & \det A & \cdots & 0 \\ \vdots & \vdots & & \vdots \\ 0 & 0 & \cdots & \det A \end{pmatrix}.$$

证明 设 $AA^*=(c_{il})$. 由此可知 $c_{ii}=\sum_{j=1}^{n}a_{ij}A_{ij}=\det A$，$c_{il}=\sum_{j=1}^{n}a_{ij}A_{lj}=0$，$l\neq i$.

同理，令 $A^*A=(d_{ij})$，则有 $d_{ii}=\sum_{j=1}^{n}A_{ji}a_{ji}=\det A$，$d_{il}=\sum_{j=1}^{n}A_{ji}a_{jl}=0$，$i\neq l$.

引理2.6.1 设 A 为 n 阶方阵，B 为 A 的一个 k 阶子矩阵，B 所在的行为 $i_1<i_2<\cdots<i_k$，$k\leqslant n$，列为 $j_1<j_2<\cdots<j_k$. 则 $(-1)^l\det B\det \mathrm{Co}(B)$ 中每一项均为 $\det A$ 中一项，其中 $l=i_1+i_2+\cdots+i_k+j_1+j_2+\cdots+j_k$.

证明 第一步，设 B 位于1，2，$\cdots$，k 行与1，2，$\cdots$，k 列，此时 $l=k(k+1)$，$(-1)^l=1$. 由定义

$$\det \boldsymbol{B} = \sum_{j_1 j_2 \cdots j_k} (-1)^{\tau(j_1 j_2 \cdots j_k)} a_{1j_1} a_{2j_2} \cdots a_{kj_k},$$

$j_1 j_2 \cdots j_k$ 为 1，2，…，k 的任一排列．注意 $\tau((s_1+k)(s_2+k)\cdots(s_t+k)) = \tau(s_1 s_2 \cdots s_t)$，$t$ 为任一正整数．

记 $\mathrm{Co}(\boldsymbol{B}) = (b_{ij})_{(n-k)\times(n-k)}$，$b_{ij} = a_{(k+i)(k+j)}$，则有

$$\begin{aligned}\det \mathrm{Co}(\boldsymbol{B}) &= \sum_{s_1 s_2 \cdots s_{n-k}} (-1)^{\tau(s_1 s_2 \cdots s_{n-k})} b_{1s_1} b_{2s_2} \cdots b_{(n-k)s_{n-k}} \\ &= \sum_{s_1 s_2 \cdots s_{n-k}} (-1)^{\tau(s_1 s_2 \cdots s_{n-k})} a_{(k+1)(k+s_1)} a_{(k+2)(k+s_2)} \cdots a_{n(k+s_{n-k})},\end{aligned}$$

其中 $s_1 s_2 \cdots s_{n_k}$ 为 1，2，…，$n-k$ 的任一排列．

显然有 $\tau((s_1+k)(s_2+k)\cdots(s_{n-k}+k)) = \tau(s_1 s_2 \cdots s_{n-k})$，故有

$$\det \mathrm{Co}(\boldsymbol{B}) = \sum_{(k+s_1)(k+s_2)\cdots(k+s_{n-k})} (-1)^{\tau((k+s_1)(k+s_2)\cdots(k+s_{n-k}))} a_{(k+1)(k+s_1)} a_{(k+2)(k+s_2)} \cdots a_{n(k+s_{n-k})}$$

因此有

$$\begin{aligned}\det \boldsymbol{B} \det \mathrm{Co}(\boldsymbol{B}) &= \sum_{j_1 \cdots j_k} \sum_{(k+s_1)\cdots(k+s_{n-k})} (-1)^{\tau(j_1 j_2 \cdots j_k)} (-1)^{\tau((k+s_1)(k+s_2)\cdots(k+s_{n-k}))} a_{1j_1} a_{2j_2} \cdots a_{kj_k} a_{(k+1)(k+s_1)} a_{(k+2)(k+s_2)} \cdots a_{n(k+s_{n-k})} \\ &= \sum_{j_1 \cdots j_k} \sum_{(k+s_1)\cdots(k+s_{n-k})} (-1)^{\tau(j_1 \cdots j_k (k+s_1)\cdots(k+s_{n-k}))} a_{1j_1} a_{2j_2} \cdots a_{kj_k} a_{(k+1)(k+s_1)} a_{(k+2)(k+s_2)} \cdots a_{n(k+s_{n-k})}.\end{aligned}$$

故 $\det \boldsymbol{B} \det \mathrm{Co}(\boldsymbol{B})$ 中每一项均为 $\det \boldsymbol{A}$ 中一项．

最后设 $\boldsymbol{B}$ 位于 $i_1 < i_2 < \cdots < i_k$ 行与 $j_1 < j_2 < \cdots < j_k$ 列．依次将第 i_1 行与第 i_1-1，i_1-2，…，2，1 行交换，这样经 i_1-1 次对换后将第 i_1 行换到第一行．同样道理，经 i_2-2 次对换将第 i_2 行换到第二行…如此类推，总共经

$$i_1 - 1 + i_2 - 2 + \cdots + i_k - k = i_1 + i_2 + \cdots + i_k - (1 + 2 + \cdots + k)$$

次对换后将第 i_1，i_2，…，i_k 行依次换到第 1，2，…，k 行．

同样道理，总共经

$$j_1 - 1 + j_2 - 2 + \cdots + j_k - k = j_1 + j_2 + \cdots + j_k - (1 + 2 + \cdots + k)$$

次对换后将第 j_1，j_2，…，k_k 列依次换到第 1，2，…，k 列．

将 $\boldsymbol{A}$ 经上述对换后得到的矩阵记为 $\boldsymbol{A}_1$，则有

$$\det \boldsymbol{A}_1 = (-1)^{i_1+\cdots+i_k+j_1+\cdots+j_k-2(1+2+\cdots+k)} \det \boldsymbol{A} = (-1)^l \det \boldsymbol{A}.$$

由第一步知 $\det \boldsymbol{B} \det \mathrm{Co}(\boldsymbol{B})$ 中每一项是 $\det \boldsymbol{A}_1$ 中一项，故有 $(-1)^t \det \boldsymbol{B} \det \mathrm{Co}(\boldsymbol{B})$ 中每一项是 $\det \boldsymbol{A}$ 中一项．

定理 2.6.3（拉普拉斯定理）　设 $\boldsymbol{A}$ 为 n 阶方阵，任取 $\boldsymbol{A}$ 的第 $i_1 < i_2 < \cdots < i_k$ 行，$k \leqslant n$，由这 k 行组成 $\boldsymbol{A}$ 的所有 k 阶子矩阵，记为 $\boldsymbol{A}_i$，$i=1$，2，…，m，$m = \mathrm{C}_n^k$，则有

$$\det \boldsymbol{A} = \sum_{i=1}^{m} (-1)^{t_i} \det \boldsymbol{A}_i \det \mathrm{Co}(\boldsymbol{A}_i),$$

其中 $t_i = i_1 + \cdots + i_k + j_1 \cdots + j_k$，$j_1 < j_2 < \cdots < j_k$，表 $\boldsymbol{A}_i$ 位于 $\boldsymbol{A}$ 中的第 j_1，j_2，…，j_k 列．

证明　易见 $(-1)^{t_i} \det \boldsymbol{A}_i \det \mathrm{Co}(\boldsymbol{A}_i)$ 中每一项与 $(-1)^{t_j} \det \boldsymbol{A}_j \det \mathrm{Co}(\boldsymbol{A}_j)$ 中每一项不同，$i \neq j$. 显然由取定 k 行构成 $\boldsymbol{A}$ 的 k 阶子矩阵共有 C_n^k 个．按定义计算 $\det \boldsymbol{A}_i$ 有 $k!$ 项，

det Co(A_i)有$(n-k)!$项，因此 $\sum_{i=1}^{m}(-1)^{t_i}\det A_i\det \mathrm{Co}(A_i)$共有 $C_n^k k!\ (n-k)!\ =n!$ 项.

由引理 2.6.1 知定理结论成立.

定理 2.6.4 设 A，B 为 n 阶方阵，则有

$$\det AB = \det A\det B.$$

证明 令 $C=\begin{pmatrix} A & 0 \\ I & B\end{pmatrix}$. 使用拉普拉斯定理按前 n 行展开得

$$\det C = \det A\det B.$$

另一方面，把 B 按行分块，记为 $B=\begin{pmatrix} B_1 \\ B_2 \\ \vdots \\ B_n\end{pmatrix}$，则有

$$AB = \begin{pmatrix} \sum_{i=1}^{n} a_{1i}B_i \\ \sum_{i=1}^{n} a_{2i}B_i \\ \vdots \\ \sum_{i=1}^{n} a_{ni}B_i \end{pmatrix}.$$

又由性质 2.5.6 知，把矩阵的某一行的倍元加到另一行，矩阵的确定元不变．故依次把 C 的第 $n+1$ 行的 $-a_{11}$倍，第 $n+2$ 行的 $-a_{12}$倍，…，第 $2n$ 行的 $-a_{1n}$倍都加到 C 的第 1 行，同理把 C 的第 $n+1$ 行的 $-a_{21}$倍，第 $n+2$ 行的 $-a_{22}$倍，…，第 $2n$ 行的 $-a_{2n}$倍都加到 C 的第 2 行…如此类推，最后把 C 的第 $n+1$ 行的 $-a_{n1}$倍，第 $n+2$ 行的 $-a_{n2}$倍，…，第 $2n$ 行的 $-a_{nn}$倍都加到 C 的第 n 行，于是有

$$\det C = \det\begin{pmatrix} 0 & -AB \\ I & B\end{pmatrix}.$$

上面等式右边按前 n 列展开，得

$$\det C = (-1)^{1+\cdots+n+(n+1)+\cdots+2n}\det(-AB) = \det AB.$$

因此有 $\det AB=\det A\det B$. 定理结论成立.

定理 2.6.5 域 E 上方阵 A 可逆的充要条件是 $\det A\neq 0$，此时有

$$A^{-1} = (\det A)^{-1}A^*,$$

其中

$$A^* = \begin{pmatrix} A_{11} & A_{21} & \cdots & A_{n1} \\ A_{12} & A_{22} & \cdots & A_{n2} \\ \vdots & \vdots & & \vdots \\ A_{1n} & A_{2n} & \cdots & A_{nn}\end{pmatrix},$$

$A_{ij}=(-1)^{i+j}\det \mathrm{Co}(a_{ij})$，$i$，$j=1$，2，…，$n$.

证明 必要性. 设 $\boldsymbol{A}$ 可逆，则有 $\boldsymbol{A}^{-1}$ 使得 $\boldsymbol{A}^{-1}\boldsymbol{A}=\boldsymbol{I}$，从而有 $\det\boldsymbol{A}^{-1}\det\boldsymbol{A}=\det\boldsymbol{I}=1$. 因此 $\det\boldsymbol{A}\neq 0$.

充分性. 设 $\det\boldsymbol{A}\neq 0$，由命题 2.6.1 知 $(\det\boldsymbol{A})^{-1}\boldsymbol{A}^*\boldsymbol{A}=\boldsymbol{A}(\det\boldsymbol{A})^{-1}\boldsymbol{A}^*=\boldsymbol{I}$. 故 $\boldsymbol{A}^{-1}=(\det\boldsymbol{A})^{-1}\boldsymbol{A}^*$.

例 2.6.1 计算 $R[\lambda]$ 上矩阵 $\boldsymbol{A}$ 的确定元.

$$\boldsymbol{A}=\begin{pmatrix}\lambda-1 & 1 & 0\\ 1 & \lambda & 2\\ -1 & 1 & \lambda+1\end{pmatrix}.$$

解

$$\det\boldsymbol{A}=\det\begin{pmatrix}\lambda-1 & 1 & 0\\ 1 & \lambda & 2\\ -1 & 1 & \lambda+1\end{pmatrix}\xlongequal[r_2+r_3]{r_1+(\lambda-1)r_3}\det\begin{pmatrix}0 & \lambda & \lambda^2-1\\ 0 & \lambda+1 & \lambda+3\\ -1 & 1 & \lambda+1\end{pmatrix}$$

$$\xlongequal{\text{按第一列展开}}(-1)\det\begin{pmatrix}\lambda & \lambda^2-1\\ \lambda+1 & \lambda+3\end{pmatrix}=\lambda^3-4\lambda-1.$$

例 2.6.2 计算 $\boldsymbol{D}_n=\det\begin{pmatrix}1 & 1 & 1 & \cdots & 1\\ x_1 & x_2 & x_3 & \cdots & x_n\\ x_1^2 & x_2^2 & x_3^2 & \cdots & x_n^2\\ \vdots & \vdots & \vdots & & \vdots\\ x_1^{n-1} & x_2^{n-1} & x_3^{n-1} & \cdots & x_n^{n-1}\end{pmatrix}$.

解 依次将第 $n-1$ 行的 $-x_1$ 倍加到第 n 行，第 $n-2$ 行的 $-x_1$ 倍加到第 $n-1$ 行，…，第 2 行的 $-x_1$ 倍加到第 3 行，第 1 行的 $-x_1$ 倍加到第 2 行，得

$$\boldsymbol{D}_n=\det\begin{pmatrix}1 & 1 & 1 & \cdots & 1\\ 0 & x_2-x_1 & x_3-x_1 & \cdots & x_n-x_1\\ 0 & x_2(x_2-x_1) & x_3(x_3-x_1) & \cdots & x_n(x_n-x_1)\\ \vdots & \vdots & \vdots & & \vdots\\ 0 & x_2^{n-2}(x_2-x_1) & x_3^{n-2}(x_3-x_1) & \cdots & x_n^{n-2}(x_n-x_1)\end{pmatrix}$$

$$\xlongequal{\text{第一列展开}}\det\begin{pmatrix}x_2-x_1 & x_3-x_1 & \cdots & x_n-x_1\\ x_2(x_2-x_1) & x_3(x_3-x_1) & \cdots & x_n(x_n-x_1)\\ \vdots & \vdots & & \vdots\\ x_2^{n-2}(x_2-x_1) & x_3^{n-2}(x_3-x_1) & \cdots & x_n^{n-2}(x_n-x_1)\end{pmatrix}$$

$$=\prod_{j=2}^{n}(x_j-x_1)\begin{pmatrix}1 & 1 & \cdots & 1\\ x_2 & x_3 & \cdots & x_n\\ \vdots & \vdots & & \vdots\\ x_2^{n-2} & x_3^{n-2} & \cdots & x_n^{n-2}\end{pmatrix}=\prod_{j=2}^{n}(x_j-x_1)\boldsymbol{D}_{n-1}$$

$$= \prod_{i=2}^{2}\prod_{j=i+1}^{n}(x_j - x_1)\boldsymbol{D}_{n-2}$$

$$= \prod_{i=1}^{n-2}\prod_{j=i+1}^{n}(x_j - x_i)\begin{pmatrix} 1 & 1 \\ x_{n-1} & x_1 \end{pmatrix} = \prod_{i=1}^{n-1}\prod_{j=i+1}^{n}(x_j - x_i).$$

例 2.6.3 计算 $\det \boldsymbol{A}_n$，其中

$$\boldsymbol{A}_n = \begin{pmatrix} a+b & ab & 0 & \cdots & 0 \\ 1 & a+b & ab & \cdots & 0 \\ 0 & 1 & a+b & \cdots & 0 \\ \vdots & \vdots & \vdots & \ddots & \vdots \\ 0 & 0 & 0 & \cdots & a+b \end{pmatrix}.$$

解 由定理2.6.1，按第一行展开计算得

$$\det \boldsymbol{A}_n = (a+b)\det \boldsymbol{A}_{n-1} - ab\det \begin{pmatrix} 1 & ab & 0 & \cdots & 0 \\ 0 & a+b & ab & \cdots & 0 \\ 0 & 1 & a+b & \cdots & 0 \\ \vdots & \vdots & \vdots & \ddots & \vdots \\ 0 & 0 & 0 & \cdots & a+b \end{pmatrix}_{n-1},$$

再按第一列展开

$$\det \boldsymbol{A} = (a+b)\det \boldsymbol{A}_{n-1} - ab\det \boldsymbol{A}_{n-2}.$$

由此可得

$$\begin{aligned} \det \boldsymbol{A}_n - a\det \boldsymbol{A}_{n-1} &= b(\det \boldsymbol{A}_{n-1} - a\det \boldsymbol{A}_{n-2}) \\ &\vdots \\ &= b^{n-2}(\det \boldsymbol{A}_2 - a\det \boldsymbol{A}_1) = b^n, \end{aligned} \tag{2.6.1}$$

$$\begin{aligned} \det \boldsymbol{A}_n - b\det \boldsymbol{A}_{n-1} &= a(\det \boldsymbol{A}_{n-1} - b\det \boldsymbol{A}_{n-2}) \\ &\vdots \\ &= a^{n-2}(\det \boldsymbol{A}_2 - b\det \boldsymbol{A}_1) = a^n. \end{aligned} \tag{2.6.2}$$

①如果 $a=b$，则有

$$\begin{aligned} \det \boldsymbol{A}_n &= a\det \boldsymbol{A}_{n-1} + a^n \\ &= a^2\det \boldsymbol{A}_{n-2} + 2a^n \\ &\vdots \\ &= a^{n-1}\det \boldsymbol{A}_1 + (n-1)a^n \\ &= (n+1)a^n. \end{aligned}$$

② $a\neq b$ 时，$b\times$(2.6.1)式 $-a\times$(2.6.2)式得

$$\det \boldsymbol{A}_n = \frac{b^{n+1} - a^{n+1}}{b-a}.$$

例 2.6.4 用拉普拉斯定理计算下面方阵的确定值：

$$A = \begin{pmatrix} 1 & 1 & -1 & 3 \\ -1 & 2 & 0 & 1 \\ 2 & 0 & 3 & -1 \\ 3 & 1 & 1 & 2 \end{pmatrix}.$$

解 取定 A 的第 2 行与第 3 行，得到 6 对二阶子矩阵与余子阵：

$$A_1 = \begin{pmatrix} -1 & 2 \\ 2 & 0 \end{pmatrix}, \mathrm{Co}(A_1) = \begin{pmatrix} -1 & 3 \\ 1 & 2 \end{pmatrix};$$

$$A_2 = \begin{pmatrix} -1 & 0 \\ 2 & 3 \end{pmatrix}, \mathrm{Co}(A_2) = \begin{pmatrix} 1 & 3 \\ 1 & 2 \end{pmatrix};$$

$$A_3 = \begin{pmatrix} -1 & 1 \\ 2 & -1 \end{pmatrix}, \mathrm{Co}(A_3) = \begin{pmatrix} 1 & -1 \\ 1 & 1 \end{pmatrix};$$

$$A_4 = \begin{pmatrix} 2 & 0 \\ 0 & 3 \end{pmatrix}, \mathrm{Co}(A_4) = \begin{pmatrix} 1 & 3 \\ 3 & 2 \end{pmatrix};$$

$$A_5 = \begin{pmatrix} 2 & 1 \\ 0 & -1 \end{pmatrix}, \mathrm{Co}(A_5) = \begin{pmatrix} 1 & -1 \\ 3 & 1 \end{pmatrix};$$

$$A_6 = \begin{pmatrix} 0 & 1 \\ 3 & -1 \end{pmatrix}, \mathrm{Co}(A_6) = \begin{pmatrix} 1 & 1 \\ 3 & 1 \end{pmatrix}.$$

$$\det A_1 = -4, \det \mathrm{Co}(A_1) = -5;$$

$$\det A_2 = -3, \det \mathrm{Co}(A_2) = -1;$$

$$\det A_3 = -1, \det \mathrm{Co}(A_3) = 2;$$

$$\det A_4 = 6, \det \mathrm{Co}(A_4) = -7;$$

$$\det A_5 = -2, \det \mathrm{Co}(A_5) = 4;$$

$$\det A_6 = -3, \det \mathrm{Co}(A_6) = -2.$$

于是由拉普拉斯定理得

$$\begin{aligned}
\det A &= (-1)^{2+3+1+2}\det A_1 \det\mathrm{Co}(A_1) + (-1)^{2+3+1+3}\det A_2 \det \mathrm{Co}(A_2) \\
&+ (-1)^{2+3+1+4}\det A_3 \det \mathrm{Co}(A_3) + (-1)^{2+3+2+3}\det A_4 \det \mathrm{Co}(A_4) \\
&+ (-1)^{2+3+2+4}\det A_5 \det \mathrm{Co}(A_5) + (-1)^{2+3+3+4}\det A_6 \det \mathrm{Co}(A_6) \\
&= (-1)^8(-4) \times (-5) + (-1)^9(-3) \times (-1) + (-1)^{10}(-1) \times 2 \\
&+ (-1)^{10} 6 \times (-7) + (-1)^{11}(-2) \times 4 + (-1)^{12}(-3) \times (-2) \\
&= 20 - 3 - 2 - 42 + 8 + 6 = -13.
\end{aligned}$$

例 2.6.5 证明 $\det A_{2n} = (a^2 - b^2)^n$，其中

$$A_{2n}=\begin{pmatrix} a & & & & & b \\ & \ddots & & & \iddots & \\ & & a & b & & \\ & & b & a & & \\ & \iddots & & & \ddots & \\ b & & & & & a \end{pmatrix}.$$

证明 显然有 $\det A_2=a^2-b^2$. 假设 $n=k>1$ 时，$\det A_{2k}=(a^2-b^2)^k$ 成立. 则当 $n=k+1$ 时，使用拉普拉斯定理按第 $k+1$，$k+2$ 行展开，得

$$\det A_{2(k+1)}=(-1)^{k+1+k+2+k+1+k+2}(a^2-b^2)\det A_{2k}=(a^2-b^2)\det A_{2k}.$$

由归纳假设即得 $\det A_{2(k+1)}=(a^2-b^2)^{k+1}$. 因此结论成立.

2.7 矩阵的秩

本节介绍矩阵理论中一个非常重要的概念——矩阵的秩. 它是矩阵在初等变换下的一个不变量，在非齐次线性方程组解的存在性判定中起到关键作用.

定义 2.7.1 设 $A=(a_{ij})_{m\times n}$，B 为 A 的一个 r 阶子矩阵. 如果 $\det B\neq 0$，且对 A 的任一 $r+1$ 阶子矩阵(如存在)C，有 $\det C=0$，则称 A 的秩是 r，记为 $r(A)=r$.

注 (1)由定义易知 $r(A)\leqslant\min\{m, n\}$.

(2)对 A 的任何子矩阵 C，有 $r(C)\leqslant r(A)$.

例 2.7.1 设 $A=\begin{pmatrix}3&1&0&1\\0&1&3&1\\3&2&3&2\end{pmatrix}$，则有

$$\det\begin{pmatrix}3&1\\0&1\end{pmatrix}=3,\quad \det\begin{pmatrix}3&1&0\\0&1&3\\3&2&3\end{pmatrix}=0,\quad \det\begin{pmatrix}3&1&1\\0&1&1\\3&2&2\end{pmatrix}=0,$$

$$\det\begin{pmatrix}3&0&1\\0&3&1\\3&3&2\end{pmatrix}=0,\quad \det\begin{pmatrix}1&0&1\\1&3&1\\2&3&2\end{pmatrix}=0.$$

故 $r(A)=2$.

由定义知下面结论成立:

命题 2.7.1 $r(A)=r(A^{\mathrm{T}})$.

定理 2.7.1 矩阵的初等变换不会改变矩阵的秩.

证明 设 $A=(a_{ij})_{n\times n}$，$r(A)=k$. 显然交换矩阵 A 的两行(或列)，或用非零元乘以矩阵 A 的某行(或列)，矩阵的秩不变.

假设用 c 乘以 A 的第 i 行加到 A 的第 j 行后得到矩阵 A_1(同理证明列的情形). 下面证明 $r(A_1)=r(A)$.

首先证明存在A_1的一个k阶子矩阵C，使得$\det C\neq0$.

设B为A的k阶子矩阵，且$\det B\neq0$.

①若B不含有A的j行元素，则B为A_1的子矩阵，令$C=B$，则$\det C\neq0$.

②若B有两行分别取自A的i行与j行元素，设其为B的第s行与第t行，则用c乘以B的第s行加到B的第t行后得到的矩阵C为A_1的子矩阵，且有$\det C=\det B\neq0$.

③若B含有A的j行元素但不含A的i行元素，设

$$B=\begin{pmatrix} a_{i_1j_1} & a_{i_1j_2} & \cdots & a_{i_1j_k} \\ \vdots & \vdots & & \vdots \\ a_{jj_1} & a_{jj_2} & \cdots & a_{jj_k} \\ \vdots & \vdots & & \vdots \\ a_{i_{k-1}j_1} & a_{i_{k-1}j_2} & \cdots & a_{i_{k-1}j_k} \end{pmatrix},$$

则

$$B_1=\begin{pmatrix} a_{i_1j_1} & a_{i_1j_2} & \cdots & a_{i_1j_k} \\ \vdots & \vdots & & \vdots \\ a_{jj_1}+ca_{ij_1} & a_{jj_2}+ca_{ij_2} & \cdots & a_{jj_k}+ca_{ij_k} \\ \vdots & \vdots & & \vdots \\ a_{i_{k-1}j_1} & a_{i_{k-1}j_2} & \cdots & a_{i_{k-1}j_k} \end{pmatrix},$$

为A_1的子矩阵．若$\det B_1\neq0$ ，则取$C=B_1$；若$\det B_1=0$，记

$$B_2=\begin{pmatrix} a_{i_1j_1} & a_{i_1j_2} & \cdots & a_{i_1j_k} \\ \vdots & \vdots & & \vdots \\ a_{ij_1} & a_{ij_2} & \cdots & a_{ij_k} \\ \vdots & \vdots & & \vdots \\ a_{i_{k-1}j_1} & a_{i_{k-1}j_2} & \cdots & a_{i_{k-1}j_k} \end{pmatrix}.$$

由性质2.5.6知$\det B_1=\det B+c\det B_2$，因为$\det B\neq0$，因此有$\det B_2\neq0$.

注意B不含A的第i行元素，现在需将B_2中元素a_{ij_s}，$s=1, 2, \cdots, k$所在行与其他行逐一互换，一直换到正确的行顺序即可，所得矩阵C即为A_1的k阶子矩阵，且$\det C$与$\det B_2$最多差一负号，所以$\det C\neq0$.

综上①②③知，存在A_1的一个k阶子矩阵C，使得$\det C\neq0$.

最后证明A_1的任一$k+1$阶子矩阵C，有$\det C=0$.

若A的第j行不出现在C中，则C为A的$k+1$阶子矩阵，$\det C=0$；若A的第j行出现在C中，对C应用性质2.5.5得$\det C=0$. 即A_1的任一$k+1$阶子矩阵C，$\det C=0$.

因此有$r(A_1)=r(A)=k$.

推论2.7.1 设域E上矩阵$A_{m\times n}$的秩为r，则其行最简形的非零行数等于r .

证明 由定理2.4.2知，A经初等行变换可化为行最简形矩阵，其秩显然等于其非零行数．又由定理2.7.1知初等变换不改变矩阵的秩，故推论成立．

推论 2.7.2 设域 E 上矩阵 $\boldsymbol{A}_{m\times n}$ 的秩为 r，则其标准形为

$$\begin{pmatrix} \boldsymbol{I}_r & \boldsymbol{0}_{r\times(n-r)} \\ \boldsymbol{0}_{(m-r)\times r} & \boldsymbol{0}_{(m-r)\times(n-r)} \end{pmatrix}.$$

推论 2.7.3 设域 E 上矩阵 $\boldsymbol{A}_{m\times n}$ 的秩为 r，则存在一系列 m 阶可逆矩阵 $\boldsymbol{P}_i$，$i=1$，2，…，k，以及 n 阶可逆阵 $\boldsymbol{Q}_j$，$j=1$，2，…，t，使得

$$\boldsymbol{P}_k\cdots\boldsymbol{P}_1\boldsymbol{A}\boldsymbol{Q}_1\cdots\boldsymbol{Q}_t = \begin{pmatrix} \boldsymbol{I}_r & \boldsymbol{0}_{r\times(n-r)} \\ \boldsymbol{0}_{(m-r)\times r} & \boldsymbol{0}_{(m-r)\times(n-r)} \end{pmatrix}.$$

证明 由定理 2.4.3、定理 2.4.1 及推论 2.7.2 知结论成立.

定理 2.7.2 设 $\boldsymbol{A}$ 是域 E 上 n 阶可逆矩阵，则存在一系列 n 阶行初等矩阵 $\boldsymbol{P}_i$，$i=1$，2，…，k，使得 $\boldsymbol{P}_k\cdots\boldsymbol{P}_1\boldsymbol{A}=\boldsymbol{I}$.

证明 因为 $\boldsymbol{A}$ 可逆，所以有 $r(\boldsymbol{A})=n$.

由定理 2.4.2 知，经一系列初等行变换可将 $\boldsymbol{A}$ 化为行最简形矩阵 $\boldsymbol{B}$，其非零行数等于 n，因此 $\boldsymbol{B}=\boldsymbol{I}$.

再由定理 2.4.1 知，存在一系列 n 阶行初等矩阵 $\boldsymbol{P}_i(i=1, 2, \cdots, k)$，使得

$$\boldsymbol{P}_k\cdots\boldsymbol{P}_1\boldsymbol{A} = \boldsymbol{I}.$$

同理可证

定理 2.7.3 设 $\boldsymbol{A}$ 是域 E 上 n 阶可逆矩阵，则存在一系列 n 阶列初等矩阵 $\boldsymbol{Q}_j(j=1$，2，…，$t)$，使得 $\boldsymbol{A}\boldsymbol{Q}_1\cdots\boldsymbol{Q}_t=\boldsymbol{I}$.

推论 2.7.4 域 E 上矩阵 $\boldsymbol{A}$ 可逆的充要条件是 $\boldsymbol{A}=\boldsymbol{A}_1\boldsymbol{A}_2\cdots\boldsymbol{A}_s$，其中 $\boldsymbol{A}_i(i=1$，2，…，$s)$ 为初等矩阵.

推论 2.7.5 设 $\boldsymbol{A}$ 是域 E 上 n 阶可逆矩阵，则有 $r(\boldsymbol{AB})=r(\boldsymbol{B})$.

证明 由推论 2.7.4，定理 2.4.1 以及定理 2.7.1 即得结论.

同理有

推论 2.7.6 设 $\boldsymbol{A}$ 是域 E 上 n 阶可逆矩阵，则有 $r(\boldsymbol{BA})=r(\boldsymbol{B})$.

例 2.7.2 设 $\boldsymbol{A}_{m\times n}$，$\boldsymbol{B}_{s\times t}$ 为域 E 上矩阵，$r(\boldsymbol{A}_{m\times n})=r_1$，$r(\boldsymbol{B}_{s\times t})=r_2$，$\boldsymbol{C}=\begin{pmatrix} \boldsymbol{A}_{m\times n} & \boldsymbol{0}_{m\times t} \\ \boldsymbol{0}_{s\times n} & \boldsymbol{B}_{s\times t} \end{pmatrix}$，则有 $r(\boldsymbol{C})=r_1+r_2$.

证明 由推论 2.7.3 知，存在可逆矩阵 $\boldsymbol{P}_i$，$\boldsymbol{Q}_i(i=1, 2)$，使得

$$\boldsymbol{P}_1\boldsymbol{A}\boldsymbol{Q}_1 = \begin{pmatrix} \boldsymbol{I}_{r_1} & \boldsymbol{0}_{r_1\times(n-r_1)} \\ \boldsymbol{0}_{(m-r_1)\times r_1} & \boldsymbol{0}_{(m-r_1)\times(n-r_1)} \end{pmatrix}, \tag{2.7.1}$$

$$\boldsymbol{P}_2\boldsymbol{B}\boldsymbol{Q}_2 = \begin{pmatrix} \boldsymbol{I}_{r_2} & \boldsymbol{0}_{r_2\times(t-r_2)} \\ \boldsymbol{0}_{(s-r_2)\times r_2} & \boldsymbol{0}_{(s-r_2)\times(t-r_2)} \end{pmatrix}. \tag{2.7.2}$$

于是有

$$\begin{pmatrix} \boldsymbol{P}_1 & \boldsymbol{0}_{m\times s} \\ \boldsymbol{0}_{s\times m} & \boldsymbol{P}_2 \end{pmatrix}\begin{pmatrix} \boldsymbol{A}_{m\times n} & \boldsymbol{0}_{m\times t} \\ \boldsymbol{0}_{s\times n} & \boldsymbol{B}_{s\times t} \end{pmatrix}\begin{pmatrix} \boldsymbol{Q}_1 & \boldsymbol{0}_{n\times t} \\ \boldsymbol{0}_{t\times n} & \boldsymbol{Q}_2 \end{pmatrix} = \begin{pmatrix} \boldsymbol{P}_1\boldsymbol{A}\boldsymbol{Q}_1 & \boldsymbol{0}_{m\times t} \\ \boldsymbol{0}_{s\times n} & \boldsymbol{P}_2\boldsymbol{B}\boldsymbol{Q}_2 \end{pmatrix}.$$

由式(2.7.1)、式(2.7.2)可得

$$r\left(\begin{pmatrix} P_1AQ_1 & 0_{m\times t} \\ 0_{s\times n} & P_2BQ_2 \end{pmatrix}\right) = r_1 + r_2,$$

$\begin{pmatrix} P_1 & 0_{m\times s} \\ 0_{s\times m} & P_2 \end{pmatrix}$，$\begin{pmatrix} Q_1 & 0_{n\times t} \\ 0_{t\times n} & Q_2 \end{pmatrix}$为可逆矩阵．于是由推论2.7.5、推论2.7.6可得

$$r(C) = r_1 + r_2.$$

例2.7.3 设A，B为域E上$m\times n$矩阵．证明$r(A+B)\leqslant r(A)+r(B)$．

证明 依次将下面矩阵

$$C = \begin{pmatrix} A & 0_{m\times n} \\ 0_{m\times n} & B \end{pmatrix}$$

的第i行加到第$m+i$行($i=1, 2, \cdots, m$)，将C的第$n+j$列加到第j列($j=1, 2, \cdots, n$)，得

$$D = \begin{pmatrix} A & 0_{m\times n} \\ A+B & B \end{pmatrix}.$$

显然有$r(A+B)\leqslant r(D)$．再由定理2.7.1以及例2.7.2知$r(D)=r(C)=r(A)+r(B)$，于是有$r(A+B)\leqslant r(A)+r(B)$成立．

例2.7.4 已知域E上矩阵$A=(a_{ij})_{m\times n}$，$B=(b_{ij})_{n\times k}$．证明$r(AB)\geqslant r(A)+r(B)-n$．

证明 容易验证

$$\begin{pmatrix} 0_{m\times k} & A_{m\times n} \\ -B_{n\times k} & I_n \end{pmatrix}\begin{pmatrix} I_k & 0_{k\times n} \\ B_{n\times k} & I_n \end{pmatrix} = \begin{pmatrix} AB & A \\ 0_{n\times k} & I_n \end{pmatrix}.$$

依次将$\begin{pmatrix} AB & A \\ 0_{n\times k} & I_n \end{pmatrix}$的第$m+i$行乘以$-a_{ki}$加到第$k$行，$k=1, 2\cdots, m, i=1, 2, \cdots, n$，由定理2.7.1知

$$r\left(\begin{pmatrix} AB & A \\ 0_{n\times k} & I_n \end{pmatrix}\right) = r\left(\begin{pmatrix} AB & 0_{m\times n} \\ 0_{n\times k} & I_n \end{pmatrix}\right) = r(AB) + n.$$

又$\begin{pmatrix} I_k & 0_{k\times n} \\ B_{n\times k} & I_n \end{pmatrix}$可逆，故有

$$r\left(\begin{pmatrix} 0_{m\times k} & A_{m\times n} \\ -B_{n\times k} & I_n \end{pmatrix}\right) = r\left(\begin{pmatrix} AB & A \\ 0_{n\times k} & I_n \end{pmatrix}\right).$$

显然有

$$r\left(\begin{pmatrix} 0_{m\times k} & A_{m\times n} \\ -B_{n\times k} & I_n \end{pmatrix}\right) \geqslant r(A) + r(B),$$

于是
$$r(\boldsymbol{AB}) \geqslant r(\boldsymbol{A}) + r(\boldsymbol{B}) - n.$$

定理 2.7.2 与定理 2.7.3 给出了用初等行变换或列变换求逆矩阵的方法．下面给出用初等行变换求逆矩阵示例．

例 2.7.4　求实数域上矩阵 $\boldsymbol{A} = \begin{pmatrix} 1 & 0 & 3 \\ 2 & 1 & 4 \\ -1 & 1 & 6 \end{pmatrix}$ 的逆矩阵．

解　对下面 3×6 矩阵作初等行变换

$$(\boldsymbol{A} \mid \boldsymbol{I}) = \left(\begin{array}{ccc:ccc} 1 & 0 & 3 & 1 & 0 & 0 \\ 2 & 1 & 4 & 0 & 1 & 0 \\ -1 & 1 & 1 & 0 & 0 & 1 \end{array}\right) \xrightarrow[r_3 + r_1]{r_2 - 2r_1} \left(\begin{array}{ccc:ccc} 1 & 0 & 3 & 1 & 0 & 0 \\ 0 & 1 & -2 & -2 & 1 & 0 \\ 0 & 1 & 4 & 1 & 0 & 1 \end{array}\right)$$

$$\xrightarrow[\frac{1}{6}r_3]{r_3 - r_2} \left(\begin{array}{ccc:ccc} 1 & 0 & 3 & 1 & 0 & 0 \\ 0 & 1 & -2 & -2 & 1 & 0 \\ 0 & 0 & 1 & 1/2 & -1/6 & 1/6 \end{array}\right)$$

$$\xrightarrow[r_2 + 2r_3]{r_1 - 3r_3} \left(\begin{array}{ccc:ccc} 1 & 0 & 0 & -1/2 & 1/2 & -1/2 \\ 0 & 1 & 0 & -1 & 2/3 & 1/3 \\ 0 & 0 & 1 & 1/2 & -1/6 & 1/6 \end{array}\right).$$

于是有
$$\boldsymbol{A}^{-1} = \begin{pmatrix} -1/2 & 1/2 & -1/2 \\ -1 & 2/3 & 1/3 \\ 1/2 & -1/6 & 1/6 \end{pmatrix}.$$

类似可以作一 6×3 矩阵 $\begin{pmatrix} \boldsymbol{A} \\ \hdashline \boldsymbol{I} \end{pmatrix}$，然后用初等列变换的方法求出 $\boldsymbol{A}^{-1}$．这里留给读者练习．

例 2.7.6　求矩阵 $\boldsymbol{X}$，使得 $\boldsymbol{XA} = \boldsymbol{B}$，其中，

$$\boldsymbol{A} = \begin{pmatrix} 1 & 0 & -1 \\ -1 & -1 & 1 \\ 2 & 3 & 4 \end{pmatrix}, \qquad B = \begin{pmatrix} 2 & 0 & 1 \\ 1 & 2 & 0 \end{pmatrix}.$$

解　对下面矩阵作初等列变换

$$\begin{pmatrix} \boldsymbol{A} \\ \hdashline \boldsymbol{I} \end{pmatrix} = \left(\begin{array}{ccc} 1 & 0 & -1 \\ -1 & -1 & 1 \\ 2 & 3 & -4 \\ \hdashline 2 & 0 & 1 \\ 1 & 2 & 0 \end{array}\right) \xrightarrow[c_1 - c_2]{c_3 + c_1} \left(\begin{array}{ccc} 1 & 0 & 0 \\ 0 & -1 & 0 \\ -1 & 3 & -2 \\ \hdashline 2 & 0 & 3 \\ -1 & 2 & 1 \end{array}\right)$$

$$\xrightarrow[c_2+\frac{3}{2}c_3]{c_1-\frac{1}{2}c_3}\begin{pmatrix} 1 & 0 & 0 \\ 0 & -1 & 0 \\ 0 & 0 & -2 \\ \hdashline \frac{1}{2} & \frac{9}{2} & 3 \\ -\frac{3}{2} & \frac{7}{2} & 1 \end{pmatrix}\xrightarrow[-\frac{1}{2}c_3]{-c_2}\begin{pmatrix} 1 & 0 & 0 \\ 0 & 1 & 0 \\ 0 & 0 & 1 \\ \hdashline \frac{1}{2} & \frac{-9}{2} & \frac{-3}{2} \\ -\frac{3}{2} & \frac{-7}{2} & \frac{-1}{2} \end{pmatrix},$$

于是有

$$\boldsymbol{X}=\begin{pmatrix} \frac{1}{2} & \frac{-9}{2} & \frac{-3}{2} \\ -\frac{3}{2} & \frac{-7}{2} & \frac{-1}{2} \end{pmatrix}.$$

2.8 线性方程组

本节设 E 为域，$a_{ij}\in E(i=1,2,\cdots,m;\ j=1,2,\cdots,n)$. 下面介绍如何利用前面的矩阵理论来求解线性方程组

$$\begin{cases} a_{11}x_1+a_{12}x_2+\cdots+a_{1n}x_n=b_1, \\ a_{21}x_1+a_{22}x_2+\cdots+a_{2n}x_n=b_2, \\ \qquad\vdots \\ a_{m1}x_1+a_{m2}x_2+\cdots+a_{mn}x_n=b_m. \end{cases} \tag{2.8.1}$$

当 $b_i(i=1,2,\cdots,m)$ 不全为零时，称方程组(2.8.1)为非齐次线性方程组；当 $b_1=b_2=\cdots=b_m=0$ 时，称

$$\begin{cases} a_{11}x_1+a_{12}x_2+\cdots+a_{1n}x_n=0, \\ a_{21}x_1+a_{22}x_2+\cdots+a_{2n}x_n=0, \\ \qquad\vdots \\ a_{m1}x_1+a_{m2}x_2+\cdots+a_{mn}x_n=0, \end{cases} \tag{2.8.2}$$

为齐次线性方程组.

由矩阵乘积运算，方程组(2.8.1)变为

$$\begin{pmatrix} a_{11} & a_{12} & \cdots & a_{1n} \\ a_{21} & a_{22} & \cdots & a_{2n} \\ \vdots & \vdots & & \vdots \\ a_{m1} & a_{m2} & \cdots & a_{mn} \end{pmatrix}\begin{pmatrix} x_1 \\ x_2 \\ \vdots \\ x_n \end{pmatrix}=\begin{pmatrix} b_1 \\ b_2 \\ \vdots \\ b_m \end{pmatrix}.$$

$$\boldsymbol{A}=\begin{pmatrix} a_{11} & a_{12} & \cdots & a_{1n} \\ a_{21} & a_{22} & \cdots & a_{2n} \\ \vdots & \vdots & & \vdots \\ a_{m1} & a_{m2} & \cdots & a_{mn} \end{pmatrix},$$

称为线性方程组(2.8.1)的系数矩阵,

$$\overline{A}=\begin{pmatrix} a_{11} & a_{21} & \cdots & a_{n1} & \vdots & b_1 \\ a_{21} & a_{22} & \cdots & a_{2n} & \vdots & b_2 \\ \vdots & \vdots & & \vdots & \vdots & \vdots \\ a_{m1} & a_{m2} & \cdots & a_{mn} & \vdots & b_m \end{pmatrix},$$

称为线性方程组(2.8.1)的增广矩阵.

定理 2.8.1 线性方程组(2.8.1)有解的充要条件是$r(\overline{A})=r(A)$.

证明 必要性. 设线性方程组(2.8.1)有解x_1, x_2, $\cdots$, x_n, 对$\overline{A}$作如下初等列变换, 依次将$\overline{A}$的第j列乘以$-x_j$加到$n+1$列($j=1$, 2, $\cdots$, n), 得

$$\overline{A}_1=\begin{pmatrix} a_{11} & a_{21} & \cdots & a_{n1} & \vdots & 0 \\ a_{21} & a_{22} & \cdots & a_{2n} & \vdots & 0 \\ \vdots & \vdots & & \vdots & \vdots & \vdots \\ a_{m1} & a_{m2} & \cdots & a_{mn} & \vdots & 0 \end{pmatrix}.$$

由定理2.7.1知$r(\overline{A})=r(\overline{A}_1)$. 显然有$r(\overline{A}_1)=r(A)$, 因此$r(\overline{A})=r(A)$.

充分性. 设$r(\overline{A})=r(A)=r$. 由定理2.3.2知对$\overline{A}$作初等行变换可化为行最简矩阵, 可能需要经过一些列交换(比如交换了i列与j列, 则相应地交换未知数x_i与x_j的位置, 见例2.8.1), 总可假设行最简矩阵具有下面形式:

$$\begin{pmatrix} 1 & 0 & \cdots & 0 & b_{1r+1} & \cdots & b_{1n} & \vdots & b'_1 \\ 0 & 1 & \cdots & 0 & b_{2r+1} & \cdots & b_{2n} & \vdots & b'_2 \\ \vdots & \vdots & & \vdots & \vdots & & \vdots & \vdots & \vdots \\ 0 & 0 & \cdots & 1 & b_{rr+1} & \cdots & b_{rn} & \vdots & b'_r \\ 0 & 0 & \cdots & 0 & 0 & \cdots & 0 & \vdots & 0 \\ \vdots & \vdots & & \vdots & \vdots & & \vdots & \vdots & \vdots \\ 0 & 0 & \cdots & 0 & 0 & \cdots & 0 & \vdots & 0 \end{pmatrix}, \tag{2.8.3}$$

即线性方程组(2.8.1)经消元法化为下面等价线性方程组:

$$\begin{cases} x_1+0x_2+\cdots+0x_r+b_{1r+1}x_{r+1}+\cdots+b_{1n}x_n=b'_1, \\ 0x_1+x_2+\cdots+0x_r+b_{2r+1}x_{r+1}+\cdots+b_{2n}x_n=b'_2, \\ \qquad\vdots \\ 0x_1+0x_2+\cdots+x_r+b_{rr+1}x_{r+1}+\cdots+b_{rn}x_n=b'_r. \end{cases} \tag{2.8.4}$$

方程组(2.8.4)显然有解

$$\begin{cases} x_1=b'_1-b_{1r+1}x_{r+1}-\cdots-b_{1n}x_n, \\ x_2=b'_2-b_{2r+1}x_{r+1}-\cdots-b_{2n}x_n, \\ \qquad\vdots \\ x_r=b'_r-b_{rr+1}x_{r+1}-\cdots-b_{rn}x_n. \end{cases} \tag{2.8.5}$$

其中 $x_i \in E$ 为任意元，$i=r+1$，$r+2$，$\cdots$，n.

也就是线性方程组(2.8.1)有解，解为(2.8.5).

例 2.8.1 求解线性方程组

$$\begin{cases} x_1 + 3x_3 + x_4 = 2, \\ -x_1 + 3x_2 - x_4 = 1, \\ 2x_1 + x_2 + 7x_3 + 2x_4 = 5, \\ 4x_1 + 2x_2 + 14x_3 = 6. \end{cases}$$

解 对线性方程组的系数增广矩阵作如下初等行变换：

$$\overline{A} = \left(\begin{array}{cccc:c} 1 & 0 & 3 & 1 & 2 \\ -1 & 3 & 0 & -1 & 1 \\ 2 & 1 & 7 & 2 & 5 \\ 4 & 2 & 14 & 0 & 6 \end{array}\right) \xrightarrow[r_3 - 2r_1]{r_2 + r_1, r_4 - 2r_3} \left(\begin{array}{cccc:c} 1 & 0 & 3 & 1 & 2 \\ 0 & 3 & 3 & 0 & 3 \\ 0 & 1 & 1 & 0 & 1 \\ 0 & 0 & 0 & -4 & -4 \end{array}\right)$$

$$\xrightarrow[r_1 + \frac{1}{4}r_4]{r_2 - 3r_3,\ -\frac{1}{4}r_4} \left(\begin{array}{cccc:c} 1 & 0 & 3 & 0 & 1 \\ 0 & 0 & 0 & 0 & 0 \\ 0 & 1 & 1 & 0 & 1 \\ 0 & 0 & 0 & 1 & 1 \end{array}\right) \xrightarrow[r_3 \leftrightarrow r_4]{r_2 \leftrightarrow r_3} \left(\begin{array}{cccc:c} 1 & 0 & 3 & 0 & 1 \\ 0 & 1 & 1 & 0 & 1 \\ 0 & 0 & 0 & 1 & 1 \\ 0 & 0 & 0 & 0 & 0 \end{array}\right)$$

$$\xrightarrow{c_3 \leftrightarrow c_4} \left(\begin{array}{cccc:c} 1 & 0 & 0 & 3 & 1 \\ 0 & 1 & 0 & 1 & 1 \\ 0 & 0 & 1 & 0 & 1 \\ 0 & 0 & 0 & 0 & 0 \end{array}\right).$$

$r(\overline{A}) = r(A) = 3$，方程组有解.

原方程组等价于方程组

$$\begin{cases} x_1 + 3x_3 = 1, \\ x_2 + x_3 = 1, \\ x_4 = 1. \end{cases}$$

这里要注意，因为上面矩阵的初等变换交换了第 3 列与第 4 列，因此要相应交换 x_3 与 x_4 的顺序. 其解为

$$\begin{cases} x_1 = 1 - 3k, \\ x_2 = 1 - k, \\ x_3 = k, \\ x_4 = 1, \end{cases} \quad k \in \mathbf{R}.$$

推论 2.8.1 $r(A) = n$ 的充要条件是齐次线性方程组(2.8.2)只有零解.

证明 因齐次线性方程组(2.8.2)等价于如下向量组的线性表示：

$$x_1\begin{pmatrix}a_{11}\\a_{21}\\\vdots\\a_{m1}\end{pmatrix}+x_2\begin{pmatrix}a_{12}\\a_{22}\\\vdots\\a_{m2}\end{pmatrix}+\cdots+x_n\begin{pmatrix}a_{1n}\\a_{2n}\\\vdots\\a_{mn}\end{pmatrix}=\begin{pmatrix}0\\0\\\vdots\\0\end{pmatrix},$$

因此，$r(\boldsymbol{A})=n\Leftrightarrow\boldsymbol{A}$ 的列向量组线性无关$\Leftrightarrow x_1=x_2=\cdots=x_n=0$.

推论2.8.2 设 $r(\boldsymbol{A})<n$，则齐次线性方程组(2.8.2)有解

$$\begin{cases}x_1=-b_{1r+1}x_{r+1}-\cdots-b_{1n}x_n,\\x_2=-b_{2r+1}x_{r+1}-\cdots-b_{2n}x_n,\\\qquad\vdots\\x_r=-b_{rr+1}x_{r+1}-\cdots-b_{rn}x_n.\end{cases}\tag{2.8.6}$$

把方程组的解组成的向量记为 $\boldsymbol{x}=\begin{pmatrix}x_1\\x_2\\\vdots\\x_n\end{pmatrix}$，称为解向量.

在(2.8.6)中依次取 $x_{r+1}=1$，$x_{r+2}=\cdots=x_n=0$，得

$$x_1=-b_{1r+1},x_2=-b_{2r+1},\cdots,x_r=-b_{rr+1}.$$

取 $x_{r+1}=0$，$x_{r+2}=1$，$x_{r+3}=\cdots=x_n=0$，得

$$x_1=-b_{1r+2},x_2=-b_{2r+2},\cdots,x_r=-b_{rr+2}.$$

一般地，取 $x_i=1$，$x_j=0$，$j\neq i$，$r+1\leqslant i$，$j\leqslant n$，得

$$x_1=-b_{1i},x_2=-b_{2i},\cdots,x_r=-b_{ri}.$$

因此得到 $n-r$ 个解向量：

$$\boldsymbol{\xi}_1=\begin{pmatrix}-b_{1r+1}\\\vdots\\-b_{rr+1}\\1\\0\\\vdots\\0\end{pmatrix},\quad\boldsymbol{\xi}_2=\begin{pmatrix}-b_{1r+2}\\\vdots\\-b_{rr+2}\\0\\1\\\vdots\\0\end{pmatrix},\quad\cdots\quad\boldsymbol{\xi}_{n-r}=\begin{pmatrix}-b_{1n}\\\vdots\\-b_{rn}\\0\\0\\\vdots\\1\end{pmatrix}.$$

因为 E^{n-r}中 $n-r$ 个向量

$$\boldsymbol{e}_1=\begin{pmatrix}1\\0\\\vdots\\0\end{pmatrix},\quad\boldsymbol{e}_2=\begin{pmatrix}0\\1\\\vdots\\0\end{pmatrix},\quad\cdots,\quad\boldsymbol{e}_{n-r}=\begin{pmatrix}0\\0\\\vdots\\1\end{pmatrix}$$

线性无关，所以 $\boldsymbol{\xi}_1$，$\boldsymbol{\xi}_2$，…，$\boldsymbol{\xi}_{n-r}$线性无关．否则，有 k_1，k_2，…，k_{n-r}不全为零，使得

$\sum_{i=1}^{n-r} k_i\boldsymbol{\xi}_i = 0$，则有 $k_1 = k_2 = \cdots = k_{n-r} = 0$，矛盾．

注意到(2.8.6)的向量形式为

$$\begin{pmatrix} x_1 \\ x_2 \\ \vdots \\ x_r \end{pmatrix} = x_{r+1}\begin{pmatrix} -b_{1r+1} \\ -b_{2r+1} \\ \vdots \\ -b_{rr+1} \end{pmatrix} + x_{r+2}\begin{pmatrix} -b_{1r+2} \\ -b_{2r+2} \\ \vdots \\ -b_{rr+2} \end{pmatrix} + \cdots + x_n\begin{pmatrix} -b_{1n} \\ -b_{2n} \\ \vdots \\ -b_{rn} \end{pmatrix}.$$

因此(2.8.2)的任一解向量 $\boldsymbol{x} = c_1\boldsymbol{\xi}_1 + c_2\boldsymbol{\xi}_2 + \cdots + c_{n-r}\boldsymbol{\xi}_{n-r}$，$c_1$，$c_2$，$\cdots$，$c_{n-r} \in E$.

把齐次线性方程组(2.8.2)的 $n-r$ 个线性无关的解向量 $\boldsymbol{\xi}_1$，$\boldsymbol{\xi}_2$，$\cdots$，$\boldsymbol{\xi}_{n-r}$称为该方程组的一组基础解系．

根据前述讨论，有：

定理 2.8.2 设齐次线性方程组(2.8.2)的系数矩阵的秩 $r<n$，则存在一组基础解系 $\boldsymbol{\xi}_1$，$\boldsymbol{\xi}_2$，$\cdots$，$\boldsymbol{\xi}_{n-r}$，任一解向量 x 均可由 $\boldsymbol{\xi}_1$，$\boldsymbol{\xi}_2$，$\cdots$，$\boldsymbol{\xi}_{n-r}$线性表示．

引理 2.8.1 设 $\boldsymbol{\xi}_0$，$\boldsymbol{\xi}$ 为非齐次线性方程组(2.8.1)的两个解，则 $\boldsymbol{\xi}-\boldsymbol{\xi}_0$ 为齐次线性方程组(2.8.2)的一个解．

证明 因为 $\boldsymbol{A\xi} = b$，$\boldsymbol{A\xi}_0 = b$，所以 $\boldsymbol{A}(\boldsymbol{\xi}-\boldsymbol{\xi}_0) = 0$. 引理结论成立．

于是由定理 2.8.2 与引理 2.8.1 得：

定理 2.8.3 设 $r(\overline{\boldsymbol{A}}) = r(\boldsymbol{A})$，则非齐次线性方程组(2.8.1)的任一个解 $\boldsymbol{x} = \boldsymbol{\xi}_0 + \sum_{i=1}^{n-r} c_i\boldsymbol{\xi}_i$，称为(2.8.1)的通解，其中 $\boldsymbol{\xi}_1$，$\boldsymbol{\xi}_2$，$\cdots$，$\boldsymbol{\xi}_{n-r}$为(2.8.2)的基础解系，$\boldsymbol{\xi}_0$ 为(2.8.1)的一个特解．

例 2.8.2 将下面线性方程组的解用基础解系与特解表示：

$$\begin{cases} x_1 + x_2 - x_3 + 2x_4 = -1, \\ x_1 - x_2 + 4x_3 - 2x_4 = -3, \\ 3x_1 + x_2 - 4x_3 + 8x_4 = 1. \end{cases} \tag{2.8.7}$$

解 对系数增广矩阵作如下初等行变换：

$$\left(\begin{array}{cccc:c} 1 & 1 & -1 & 2 & -1 \\ 1 & -1 & 4 & -2 & -3 \\ 3 & 1 & -4 & 8 & 1 \end{array}\right) \xrightarrow[r_3 - 3r_1]{r_2 - r_1} \left(\begin{array}{cccc:c} 1 & 1 & -1 & 2 & -1 \\ 0 & -2 & 5 & -4 & -2 \\ 0 & -2 & -1 & 2 & 4 \end{array}\right) \xrightarrow{r_3 - r_2} \left(\begin{array}{cccc:c} 1 & 1 & -1 & 2 & -1 \\ 0 & -2 & 5 & -4 & -2 \\ 0 & 0 & -6 & 6 & 6 \end{array}\right)$$

$$\xrightarrow{-\frac{1}{6}r_3} \left(\begin{array}{cccc:c} 1 & 1 & -1 & 2 & -1 \\ 0 & -2 & 5 & -4 & -2 \\ 0 & 0 & 0 & 1 & -1 \end{array}\right) \xrightarrow[r_2 - 5r_3]{r_1 + r_3} \left(\begin{array}{cccc:c} 1 & 1 & 0 & 1 & -2 \\ 0 & -2 & 0 & 1 & 3 \\ 0 & 0 & 1 & -1 & -1 \end{array}\right)$$

$$\xrightarrow[-\frac{1}{2}r_2]{r_1 + \frac{1}{2}r_2} \left(\begin{array}{cccc:c} 1 & 0 & 0 & \frac{3}{2} & -\frac{1}{2} \\ 0 & 1 & 0 & -\frac{1}{2} & -\frac{3}{2} \\ 0 & 0 & 1 & -1 & -1 \end{array}\right).$$

故有 $r(\overline{A})=r(A)=3$,

$$\begin{cases} x_1=-\dfrac{3}{2}x_4-\dfrac{1}{2}, \\ x_2=\dfrac{1}{2}x_4-\dfrac{3}{2}, \\ x_3=x_4-1. \end{cases}$$

令 $x_4=0$，得方程组(2.8.6)的一个特解

$$\boldsymbol{\xi}_0^{\mathrm{T}}=\left(-\frac{1}{2},-\frac{3}{2},-1,0\right).$$

方程组(2.8.7)对应的齐次方程组的基础解系 $\boldsymbol{\xi}^{\mathrm{T}}=\left(-\dfrac{3}{2},\dfrac{1}{2},1,1\right)$.

方程组(2.8.7)的任一解 $\boldsymbol{x}^{\mathrm{T}}=c\boldsymbol{\xi}^{\mathrm{T}}+\boldsymbol{\xi}_0^{\mathrm{T}}$，$c\in\mathbf{R}$.

例 2.8.3　求下面同余方程组的整数解：

$$\begin{cases} 3x+2y+z\equiv 1(\mathrm{mod}\ 11), \\ 4x-y-z\equiv 2(\mathrm{mod}\ 11), \\ 2x+5y+2z\equiv 5(\mathrm{mod}\ 11). \end{cases} \tag{2.8.8}$$

解　取域 $E=Z_{11}=Z/(11)$. 对增广矩阵作下述初等行变换：

$$\left(\begin{array}{ccc|c} 3 & 2 & 1 & 1 \\ 4 & -1 & -1 & 2 \\ 2 & 5 & 2 & 5 \end{array}\right) \xrightarrow{4r_1} \left(\begin{array}{ccc|c} 1 & 8 & 4 & 4 \\ 4 & -1 & -1 & 2 \\ 2 & 5 & 2 & 5 \end{array}\right) \xrightarrow[r_3-2r_1]{r_2-4r_1} \left(\begin{array}{ccc|c} 1 & 8 & 4 & 4 \\ 0 & 0 & 5 & 8 \\ 0 & 0 & 5 & 8 \end{array}\right)$$

$$\xrightarrow[9r_2]{r_3-r_2} \left(\begin{array}{ccc|c} 1 & 8 & 4 & 4 \\ 0 & 0 & 1 & 6 \\ 0 & 0 & 0 & 0 \end{array}\right) \xrightarrow{r_1-4r_2} \left(\begin{array}{ccc|c} 1 & 8 & 0 & 2 \\ 0 & 0 & 1 & 6 \\ 0 & 0 & 0 & 0 \end{array}\right).$$

故有 $r(\overline{A})=r(A)=2$. 方程组(2.8.8)的一个特解为 $\boldsymbol{V}^{\mathrm{T}}=(5,1,6)$.

齐次同余方程组

$$\begin{cases} 3x+2y+z\equiv 0(\mathrm{mod}\ 11), \\ 4x-y-z\equiv 0(\mathrm{mod}\ 11), \\ 2x+5y+2z\equiv 0(\mathrm{mod}\ 11) \end{cases}$$

的一个基础解系为 $\boldsymbol{U}^{\mathrm{T}}=(3,1,0)$.

方程组(2.8.8)之通解为

$$(x,y,z)\equiv k\boldsymbol{U}^{\mathrm{T}}+\boldsymbol{V}^{\mathrm{T}}(\mathrm{mod}\ 11), k=0,1,\cdots,10.$$

本节最后介绍方阵的确定元在求解线性方程组中的应用. 考虑如下线性方程组：

$$\begin{cases} a_{11}x_1+a_{12}x_2+\cdots+a_{1n}x_n=b_1, \\ a_{21}x_1+a_{22}x_2+\cdots+a_{2n}x_n=b_2, \\ \cdots\cdots \\ a_{n1}x_1+a_{n2}x_2+\cdots+a_{nn}x_n=b_n. \end{cases} \tag{2.8.9}$$

定理 2.8.4(克莱姆法则)　设方程组(2.8.9)的系数矩阵 $\boldsymbol{A}$ 的确定元 $\det\boldsymbol{A}\neq 0$，则方

程组(2.8.9)有唯一解 $x_i=(\det \boldsymbol{A})^{-1}\det \boldsymbol{A}_i$，$i=1,2,\cdots,n$，其中

$$\boldsymbol{A}_1=\begin{pmatrix} b_1 & a_{12} & \cdots & a_{1n} \\ b_2 & a_{22} & \cdots & a_{2n} \\ \vdots & \vdots & & \vdots \\ b_n & a_{n2} & \cdots & a_{nn} \end{pmatrix},\ \boldsymbol{A}_2=\begin{pmatrix} a_{11} & b_1 & \cdots & a_{1n} \\ a_{21} & b_2 & \cdots & a_{2n} \\ \vdots & \vdots & & \vdots \\ a_{n1} & b_n & \cdots & a_{nn} \end{pmatrix},\cdots,\ \boldsymbol{A}_n=\begin{pmatrix} a_{11} & a_{12} & \cdots & b_1 \\ a_{21} & a_{22} & \cdots & b_2 \\ \vdots & \vdots & & \vdots \\ a_{n1} & a_{n2} & \cdots & b_n \end{pmatrix}.$$

证明 唯一性显然，所以只需验证 $x_i=(\det \boldsymbol{A})^{-1}\det \boldsymbol{A}_i\ (i=1,2,\cdots,n)$ 满足方程组(2.8.9).

因为 $\det \boldsymbol{A}_i=\sum\limits_{k=1}^{n}(-1)^{k+i}b_k\det\mathrm{Co}(a_{ki})$，所以

$$\sum_{i=1}^{n}a_{ji}\det \boldsymbol{A}_i=\sum_{i=1}^{n}a_{ji}\sum_{k=1}^{n}(-1)^{k+i}b_k\det\mathrm{Co}(a_{ki}).$$

由定理2.6.1、推论2.6.1知

$$\sum_{i=1}^{n}a_{ji}\sum_{k=1}^{n}(-1)^{k+i}b_k\det\mathrm{Co}(a_{ki})=b_j\sum_{i=1}^{n}(-1)^{j+i}a_{ji}\det\mathrm{Co}(a_{ji})$$
$$=b_j\det \boldsymbol{A}.$$

于是有 $\sum\limits_{i=1}^{n}a_{ji}(\det \boldsymbol{A})^{-1}\det \boldsymbol{A}_i=b_j,\ j=1,2,\cdots,n$.

因此定理结论成立.

例 2.8.4 用克莱姆法则求解下面线性方程组:

$$\begin{cases} x_1+2x_2+3x_3=1, \\ 2x_1+2x_2+x_3=0, \\ 3x_1+4x_2+2x_3=3. \end{cases}$$

解 系数矩阵 $\boldsymbol{A}=\begin{pmatrix} 1 & 2 & 3 \\ 2 & 2 & 1 \\ 3 & 4 & 2 \end{pmatrix}$,

$$\det \boldsymbol{A}=\det\begin{pmatrix} 1 & 2 & 3 \\ 2 & 2 & 1 \\ 0 & 0 & -2 \end{pmatrix}=\det\begin{pmatrix} 1 & 2 & 3 \\ 0 & -2 & -5 \\ 0 & 0 & -2 \end{pmatrix}=4,$$

方程组有唯一解.

$$\boldsymbol{A}_1=\begin{pmatrix} 1 & 2 & 3 \\ 0 & 2 & 1 \\ 3 & 4 & 2 \end{pmatrix},\quad \boldsymbol{A}_2=\begin{pmatrix} 1 & 1 & 3 \\ 2 & 0 & 1 \\ 3 & 3 & 2 \end{pmatrix},\quad A_3=\begin{pmatrix} 1 & 2 & 1 \\ 2 & 2 & 0 \\ 3 & 4 & 3 \end{pmatrix}.$$

$$\det \boldsymbol{A}_1=\det\begin{pmatrix} 1 & 2 & 3 \\ 0 & 2 & 1 \\ 3 & 4 & 2 \end{pmatrix}=\det\begin{pmatrix} 1 & 2 & 3 \\ 0 & 2 & 1 \\ 0 & -2 & -7 \end{pmatrix}=-12,\quad x_1=\frac{\det \boldsymbol{A}_1}{\det \boldsymbol{A}}=-3;$$

$$\det \boldsymbol{A}_2 = \det\begin{pmatrix}1 & 1 & 3\\ 2 & 0 & 1\\ 0 & 0 & -7\end{pmatrix} = \det\begin{pmatrix}1 & 1 & 3\\ 0 & -2 & -5\\ 0 & 0 & -7\end{pmatrix} = 14,\quad x_2 = \frac{\det \boldsymbol{A}_2}{\det \boldsymbol{A}} = \frac{7}{2};$$

$$\det \boldsymbol{A}_3 = \det\begin{pmatrix}1 & 2 & 1\\ 0 & -2 & -2\\ 0 & -2 & 0\end{pmatrix} = \det\begin{pmatrix}1 & 2 & 1\\ 0 & -2 & -2\\ 0 & 0 & 2\end{pmatrix} = -4,\quad x_3 = \frac{\det \boldsymbol{A}_3}{\det \boldsymbol{A}} = -1.$$

习 题 2

1. 计算 $\boldsymbol{AB}-\boldsymbol{BA}$:

(1) $\boldsymbol{A}=\begin{pmatrix}1 & 0 & 2\\ 2 & -1 & 0\\ 0 & 1 & 1\end{pmatrix}$, $\boldsymbol{B}=\begin{pmatrix}-1 & 0 & -2\\ 2 & 1 & 1\\ 0 & 1 & 0\end{pmatrix}$;

(2) $\boldsymbol{A}=\begin{pmatrix}3 & 2 & 0\\ 2 & 4 & 0\\ 0 & 0 & -1\end{pmatrix}$, $\boldsymbol{B}=\begin{pmatrix}0 & 2 & -2\\ 2 & 1 & 1\\ 0 & 3 & -1\end{pmatrix}$.

2. 计算 $\boldsymbol{A}^n$:

(1) $\boldsymbol{A}=\begin{pmatrix}1 & 0\\ 1 & 1\end{pmatrix}$;

(2) $\boldsymbol{A}=\begin{pmatrix}1 & -1\\ 0 & -1\end{pmatrix}$;

(3) $\boldsymbol{A}=\begin{pmatrix}\cos\theta & -\sin\theta\\ \sin\theta & \cos\theta\end{pmatrix}$.

3. 设 $\boldsymbol{A}=\begin{pmatrix}1 & 0\\ -1 & 1\end{pmatrix}$. 求矩阵 $\boldsymbol{X}$, 使得 $\boldsymbol{AX}=\boldsymbol{XA}$.

4. 求解下面矩阵方程:

(1) $\begin{pmatrix}\cos\theta & -\sin\theta\\ \sin\theta & \cos\theta\end{pmatrix}\boldsymbol{X}=\begin{pmatrix}\cos\theta & \sin\theta\\ -\sin\theta & \cos\theta\end{pmatrix}$;

(2) $\boldsymbol{X}\begin{pmatrix}1 & 1 & -1\\ 0 & 3 & -2\\ 1 & -1 & 1\end{pmatrix}=\begin{pmatrix}1 & 1 & 1\\ 0 & 1 & -1\\ 1 & -1 & 0\end{pmatrix}$;

(3) $\begin{pmatrix}1 & 1 & -1\\ 0 & 2 & -2\\ 1 & -1 & 2\end{pmatrix}\boldsymbol{X}=\begin{pmatrix}2 & 1 & 1\\ 0 & 2 & -1\\ 1 & -1 & 0\end{pmatrix}$.

5. 求解下面方程：

$$\begin{pmatrix} a & b \\ c & d \end{pmatrix} = x_1\boldsymbol{I} + x_2\boldsymbol{E}_1 + x_3\boldsymbol{E}_2 + x_4\boldsymbol{E}_3,$$

其中 $a, b, c, d \in C$,

$$\boldsymbol{I} = \begin{pmatrix} 1 & 0 \\ 0 & 1 \end{pmatrix}, \quad \boldsymbol{E}_1 = \begin{pmatrix} \mathrm{i} & 0 \\ 0 & -\mathrm{i} \end{pmatrix}, \quad \boldsymbol{E}_2 = \begin{pmatrix} 0 & 1 \\ -1 & 0 \end{pmatrix}, \quad \boldsymbol{E}_3 = \begin{pmatrix} 0 & \mathrm{i} \\ \mathrm{i} & 0 \end{pmatrix}.$$

6. 设 $\boldsymbol{A} = \frac{1}{2}(\boldsymbol{I} + \boldsymbol{B})$，且有 $\boldsymbol{A}^2 = \boldsymbol{A}$．证明 $\boldsymbol{B}$ 可逆．

7. 设 $\boldsymbol{A}^n = \boldsymbol{0}$，$n \geqslant 2$．证明 $\boldsymbol{I} - \boldsymbol{A}$ 可逆．

8. 设 $\boldsymbol{A}_n$，$\boldsymbol{B}_m$ 可逆．证明 $\boldsymbol{D} = \begin{pmatrix} \boldsymbol{0} & \boldsymbol{A}_n \\ \boldsymbol{B}_m & \boldsymbol{C}_{m\times n} \end{pmatrix}$可逆并求 $\boldsymbol{D}^{-1}$.

9. 设 $\boldsymbol{W}$ 为复数域上 $2n$ 阶矩阵，满足 $\boldsymbol{W}\boldsymbol{K}\boldsymbol{W}^{\mathrm{T}} = \boldsymbol{K}$，则 $\boldsymbol{W}$ 称为辛矩阵，其中 $\boldsymbol{K}$ 为如下 $2n$ 阶分块矩阵：

$$\boldsymbol{K} = \begin{pmatrix} \boldsymbol{E}_2 & 0 & \cdots & 0 \\ 0 & \boldsymbol{E}_2 & \cdots & 0 \\ \vdots & \vdots & & \vdots \\ 0 & 0 & \cdots & \boldsymbol{E}_2 \end{pmatrix}, \quad \boldsymbol{E}_2 = \begin{pmatrix} 0 & 1 \\ -1 & 0 \end{pmatrix}.$$

证明下面结论成立：

（1）$\boldsymbol{K}$ 可逆，$\boldsymbol{W}$ 可逆，并求 $\boldsymbol{K}^{-1}$；

（2）物理学中的时间反演变换 $\boldsymbol{W}^R = \boldsymbol{K}\boldsymbol{W}^{\mathrm{T}}\boldsymbol{K}^{-1}$满足 $\boldsymbol{W}^R = \boldsymbol{W}^{-1}$.

10. 按定义计算 $\det \boldsymbol{A}$：

（1）$\boldsymbol{A} = \begin{pmatrix} 0 & a_1 & 0 & \cdots & 0 \\ 0 & 0 & a_2 & \cdots & 0 \\ \vdots & \vdots & \vdots & \ddots & \vdots \\ 0 & 0 & 0 & \cdots & a_{n-1} \\ a_n & 0 & 0 & \cdots & 0 \end{pmatrix}$；

（2）$\boldsymbol{A} = \begin{pmatrix} 0 & \cdots & 0 & a_1 & 0 \\ 0 & \cdots & a_2 & 0 & 0 \\ \vdots & \iddots & \vdots & \vdots & \vdots \\ a_{n-1} & \cdots & 0 & 0 & 0 \\ 0 & \cdots & 0 & 0 & a_n \end{pmatrix}$.

11. 计算 $\det \boldsymbol{A}$：

（1）$\boldsymbol{A} = \begin{pmatrix} a & b & a+b \\ b & a+b & a \\ a+b & a & b \end{pmatrix}$；

(2) $A=\begin{pmatrix}1&2&3&4\\2&3&4&1\\3&4&1&2\\4&1&2&3\end{pmatrix}$;

(3) $A=\begin{pmatrix}1+a&1&1&1\\1&1-a&1&1\\1&1&1+b&1\\1&1&1&1-b\end{pmatrix}$;

(4) $A=\begin{pmatrix}a^2&(1+a)^2&(2+a)^2&(3+a)^2\\b^2&(1+b)^2&(2+b)^2&(3+b)^2\\c^2&(1+c)^2&(2+c)^2&(3+c)^2\\d^2&(1+d)^2&(2+d)^2&(3+d)^2\end{pmatrix}$.

12. 计算 $\det A$，其中 A 为域 Z_7 上矩阵：

(1) $A=\begin{pmatrix}1&2&3&4\\2&3&4&1\\3&4&1&2\\4&1&2&3\end{pmatrix}$;

(2) $A=\begin{pmatrix}1&2&3&5\\2&3&1&3\\3&4&4&3\\1&1&2&3\end{pmatrix}$.

13. 计算 $\det A$：

(1) $A=\begin{pmatrix}a_1-b_1&a_1-b_2&\cdots&a_1-b_n\\a_2-b_1&a_2-b_2&\cdots&a_2-b_n\\\vdots&\vdots&&\vdots\\a_n-b_1&a_n-b_2&\cdots&a_n-b_n\end{pmatrix}$;

(2) $A=\begin{pmatrix}a_1&b&\cdots&b\\b&a_2&\cdots&b\\\vdots&\vdots&\ddots&\vdots\\b&b&\cdots&a_n\end{pmatrix}$;

(3) $A=\begin{pmatrix}a_1&b&b&\cdots&b\\b&a_2&b&\cdots&b\\b&b&a_3&\cdots&b\\\vdots&\vdots&\vdots&\ddots&\vdots\\b&b&b&\cdots&a_n\end{pmatrix}$;

(4) $\boldsymbol{A}=\begin{pmatrix} 2 & 1 & 1 & \cdots & 1 \\ 1 & 3 & 1 & \cdots & 1 \\ 1 & 1 & 4 & \cdots & 1 \\ \vdots & \vdots & \vdots & \ddots & \vdots \\ 1 & 1 & 1 & \cdots & n+1 \end{pmatrix}$;

(5) $\boldsymbol{A}=\begin{pmatrix} x & 0 & 0 & \cdots & 0 & a_0 \\ -1 & x & 0 & \cdots & 0 & a_1 \\ 0 & -1 & x & \cdots & 0 & a_2 \\ \vdots & \vdots & \vdots & \ddots & \vdots & \vdots \\ 0 & 0 & 0 & \cdots & x & a_{n-1} \\ 0 & 0 & 0 & \cdots & -1 & x \end{pmatrix}$;

(6) $\boldsymbol{A}=\begin{pmatrix} a_1b_1 & a_1b_2 & a_1b_3 & \cdots & a_1b_n \\ a_1b_2 & a_2b_2 & a_2b_3 & \cdots & a_2b_n \\ a_1b_3 & a_2b_3 & a_3b_3 & \cdots & a_3b_n \\ \vdots & \vdots & \vdots & & \vdots \\ a_1b_n & a_2b_n & a_3b_n & \cdots & a_nb_n \end{pmatrix}$;

(7) $\boldsymbol{A}=\begin{pmatrix} a_1 & a & a & \cdots & a \\ b & a_2 & a & \cdots & a \\ b & b & a_3 & \cdots & a \\ \vdots & \vdots & \vdots & & \vdots \\ b & b & b & \cdots & a_n \end{pmatrix}$;

(8) $\boldsymbol{A}=\begin{pmatrix} 1+a_1b_1 & 1+a_1b_2 & \cdots & 1+a_1b_n \\ 1+a_2b_1 & 1+a_2b_2 & \cdots & 1+a_2b_n \\ \vdots & \vdots & \ddots & \vdots \\ 1+a_nb_1 & 1+a_nb_2 & \cdots & 1+a_nb_n \end{pmatrix}$;

(9) $\boldsymbol{A}=\begin{pmatrix} (x-a_1)^2 & a_2^2 & a_3^2 & \cdots & a_n^2 \\ a_1^2 & (x-a_2)^2 & a_3^2 & \cdots & a_n^2 \\ a_1^2 & a_2^2 & (x-a_3)^2 & \cdots & a_n^2 \\ \vdots & \vdots & \vdots & \ddots & \vdots \\ a_1^2 & a_2^2 & a_3^2 & \cdots & (x-a_n)^2 \end{pmatrix}$.

14. 设 $\boldsymbol{A}\neq\boldsymbol{0}$ 为实数域上 n 阶矩阵，且有 $\boldsymbol{A}^*=\boldsymbol{A}^{\mathrm{T}}$. 证明 $r(\boldsymbol{A})=n$.

15. 计算下列矩阵的秩：

(1) $A=\begin{pmatrix}-1 & -1 & 4 & 4\\ 2 & 3 & 0 & 0\\ 0 & 0 & 1 & 1\\ 1 & 1 & 0 & 0\end{pmatrix}$;

(2) $A=\begin{pmatrix}1 & -1 & 4 & 4 & 1\\ 2 & 3 & 0 & 0 & 1\\ 0 & 0 & 1 & 1 & 0\\ 1 & 1 & 0 & 0 & 0\end{pmatrix}$.

16. 设$\boldsymbol{A}$，$\boldsymbol{B}$为n阶矩阵，$\boldsymbol{AB}=\boldsymbol{0}$. 证明$r(\boldsymbol{A})+r(\boldsymbol{B})\leqslant n$.

17. 设$\boldsymbol{A}$为n阶矩阵. 证明

$$r(\boldsymbol{A}^*)=\begin{cases}n, & r(\boldsymbol{A})=n,\\ 1, & r(\boldsymbol{A})=n-1,\\ 0, & r(\boldsymbol{A})<n-1.\end{cases}$$

18. 设$\boldsymbol{A}$为n阶矩阵. 证明下列结论:

(1)若$\boldsymbol{A}^2=\boldsymbol{I}$，则有$r(\boldsymbol{A}+\boldsymbol{I})+r(\boldsymbol{I}-\boldsymbol{A})=n$;

(2)若$\boldsymbol{A}^2=\boldsymbol{A}$，则有$r(\boldsymbol{A})+r(\boldsymbol{A}-\boldsymbol{I})=n$.

19*. 证明 $\det\begin{pmatrix}\boldsymbol{I}_n & \boldsymbol{B}_{n\times m}\\ \boldsymbol{A}_{m\times n} & \boldsymbol{I}_m\end{pmatrix}=\det(\boldsymbol{I}_m-\boldsymbol{AB})=\det(\boldsymbol{I}_n-\boldsymbol{BA})$.

20*. 设$\boldsymbol{A}$为n阶矩阵，$\boldsymbol{X}^{\mathrm{T}}=(x_1, x_2, \cdots x_n)$，$\boldsymbol{Y}^{\mathrm{T}}=(y_1, y_2, \cdots, y_n)$. 证明下列结论:

(1) $\det\begin{pmatrix}\boldsymbol{A} & \boldsymbol{Y}\\ \boldsymbol{X}^{\mathrm{T}} & 0\end{pmatrix}=-\boldsymbol{X}^{\mathrm{T}}\boldsymbol{A}^*\boldsymbol{Y}$;

(2) $\det\begin{pmatrix}\boldsymbol{A} & \boldsymbol{Y}\\ \boldsymbol{X}^{\mathrm{T}} & a\end{pmatrix}=a\det\boldsymbol{A}-\boldsymbol{X}^{\mathrm{T}}\boldsymbol{A}^*\boldsymbol{Y}$.

21. 求解下列线性方程组:

(1) $\begin{cases}x_1+x_2-3x_3-x_4=1,\\ 3x_1-x_2-3x_3+4x_4=4,\\ 2x_1+6x_2-12x_3-9x_4=1;\end{cases}$

(2) $\begin{cases}2x_1+7x_2+3x_3+x_4=6,\\ 3x_1+5x_2+2x_3+2x_4=4,\\ 9x_1+4x_2+x_3+7x_4=2.\end{cases}$

22. 求下列方程组的整数解:

(1) $\begin{cases}x_1+x_2-3x_3\equiv 1\pmod 5,\\ 3x_1+2x_2-2x_3\equiv 3\pmod 5,\\ 2x_1+x_2+x_3\equiv 2\pmod 5;\end{cases}$

(2) $\begin{cases} 2x_1+x_2+3x_3\equiv 1(\mathrm{mod}\ 13), \\ x_1+2x_2-2x_3\equiv 2(\mathrm{mod}\ 13), \\ 3x_1+3x_2+x_3\equiv 3(\mathrm{mod}\ 13). \end{cases}$

23. 问 a，b 取何值时，线性方程组

$$\begin{cases} x_1+x_2+x_3+x_4+x_5=1, \\ x_2+2x_3+2x_4+4x_5=3, \\ 3x_1+2x_2+x_3+x_4-2x_5=a, \\ 4x_1+3x_2+2x_3+2x_4-x_5=b \end{cases}$$

有解，并求其解.

24. 问 λ 取何值时，下列线性方程组有解，并求其解：

(1) $\begin{cases} -2x_1+x_2+x_3=-2, \\ x_1-2x_2+x_3=\lambda, \\ x_1+x_2-2x_3=\lambda^2; \end{cases}$

(2) $\begin{cases} \lambda x_1+x_2+x_3=1, \\ x_1+\lambda x_2+x_3=\lambda, \\ x_1+x_2+\lambda x_3=\lambda^2. \end{cases}$

25. 设 $\boldsymbol{A}$ 为实数域上矩阵. 证明 $r(\boldsymbol{A}^{\mathrm{T}}\boldsymbol{A})=r(\boldsymbol{A})$.

26. 设 $r(\boldsymbol{A}_{n\times k})=k$，$\boldsymbol{AB}=\boldsymbol{A}$. 证明 $\boldsymbol{B}=\boldsymbol{I}_k$ 为 k 阶单位阵.

27. 设 $\boldsymbol{A}$ 为整数环 $\mathbf{Z}$ 上 n 阶矩阵，则 $\boldsymbol{A}x=b$ 对任意 $b\in\mathbf{Z}^n$ 有解，$x\in\mathbf{Z}^n$ 的充要条件是 $\det\boldsymbol{A}=\pm 1$.

3 向量空间

域 E 上 n 维向量空间 E^n 已在第二章中作了简单介绍．本章介绍更为一般的向量空间，它是 E^n 的抽象推广．向量空间中定义了元素的加法与数乘运算，进而有向量组的线性相关性与线性无关性、向量的线性表示、向量组的极大无关组与秩等概念．进一步介绍向量空间的基与基坐标变换以及向量子空间的维数定理与直和分解．最后一节首先介绍内积与内积空间，内积满足柯西－施瓦茨(Cauchy-Schwarz)不等式，然后介绍正交向量以及将一组线性无关向量组化为正交向量组的格拉姆－施密特(Gram-Schmidt)方法．

3.1 向量空间概念

本节介绍抽象向量空间，它是2.1节中由交换环 E 上元素组成的 n 维向量空间 E^n 的推广，也是今后介绍线性映射的基础框架．

定义 3.1.1 设 V 为一非空集合，E 为有单位元的交换环，如果定义了 $V\times V\to V$ 的加法运算、$E\times V\to V$ 的乘法运算，且满足如下条件：

(1) $\boldsymbol{\alpha}+\boldsymbol{\beta}=\boldsymbol{\beta}+\boldsymbol{\alpha}$，$\boldsymbol{\alpha}$，$\boldsymbol{\beta}\in V$；

(2) $(\boldsymbol{\alpha}+\boldsymbol{\beta})+\boldsymbol{\gamma}=\boldsymbol{\alpha}+(\boldsymbol{\beta}+\boldsymbol{\gamma})$，$\boldsymbol{\alpha}$，$\boldsymbol{\beta}$，$\boldsymbol{\gamma}\in V$；

(3) V 中有零元 $\mathbf{0}$，满足 $\mathbf{0}+\boldsymbol{\alpha}=\boldsymbol{\alpha}$，$\forall\boldsymbol{\alpha}\in V$；

(4)任一 $\boldsymbol{\alpha}\in V$，存在 $\boldsymbol{\beta}\in V$，满足 $\boldsymbol{\alpha}+\boldsymbol{\beta}=\mathbf{0}$，记为 $\boldsymbol{\beta}=-\boldsymbol{\alpha}$；

(5) $1\boldsymbol{\alpha}=\boldsymbol{\alpha}$，$1\in E$ 为单位元，$\forall\boldsymbol{\alpha}\in V$；

(6) $a(b\boldsymbol{\alpha})=(ab)\boldsymbol{\alpha}$，$a$，$b\in E$，$\boldsymbol{\alpha}\in V$；

(7) $(a+b)\boldsymbol{\alpha}=a\boldsymbol{\alpha}+b\boldsymbol{\alpha}$，$a$，$b\in E$，$\boldsymbol{\alpha}\in V$；

(8) $a(\boldsymbol{\alpha}+\boldsymbol{\beta})=a\boldsymbol{\alpha}+a\boldsymbol{\beta}$，$a\in E$，$\boldsymbol{\alpha}$，$\boldsymbol{\beta}\in V$，

则称 V 为域 E 上的向量空间或线性空间．

例 3.1.1 设 E 为域．则 E 按 E 中加法与乘法为域 E 上的向量空间，如 $\mathbf{Q}$，$\mathbf{R}$，$\mathbf{C}$，F_2 均为自身上的向量空间．

例 3.1.2 设 E 为有单位元的交换环，$E^n=\{(a_1, a_2, \cdots, a_n): a_i\in E, i=1, 2, \cdots, n\}$，在 E^n 上定义加法如下：

$$(a_1,a_2,\cdots,a_n)+(b_1,b_2,\cdots,b_n)=(a_1+b_1,a_2+b_2,\cdots,a_n+b_n),$$
$$\forall(a_1,a_2,\cdots,a_n),(b_1,b_2,\cdots,b_n)\in E^n;$$

定义 E 中元与 E^n 中元的乘法如下：

$$\lambda(a_1,a_2,\cdots,a_n) = (\lambda a_1,\lambda a_2,\cdots,\lambda a_n),\ \lambda \in E,(a_1,a_2,\cdots,a_n) \in E^n,$$

则容易验证 E^n 为域上的向量空间.

特别，$\mathbf{R}^n$，$\mathbf{C}^n$ 分别为 $\mathbf{R}$ 与 $\mathbf{C}$ 上的向量空间.

例 3.1.3 设 $\boldsymbol{c}_0$ 为收敛于 0 的实数列全体，即 $\boldsymbol{c}_0=\{(a_i):\ a_i\in\mathbf{R},\ \lim\limits_{i\to\infty}a_i=0\}$，在 $\boldsymbol{c}_0\times\boldsymbol{c}_0$ 上定义

$$(a_1,a_2,\cdots) + (b_1,b_2,\cdots) = (a_1+b_1,a_2+b_2,\cdots),\ (a_i),(b_i) \in \boldsymbol{c}_0;$$

在 $\mathbf{R}\times\boldsymbol{c}_0$ 上定义

$$k(a_1,a_2,\cdots) = (ka_1,ka_2,\cdots),\ k \in \mathbf{R},(a_i) \in \boldsymbol{c}_0,$$ 则 $\boldsymbol{c}_0$ 为 $\mathbf{R}$ 上的向量空间.

例 3.1.4 设 S 为实数列全体，即 $S=\{(a_n):\ a_n\in\mathbf{R},\ n=1,\ 2,\ \cdots\}$，在 $S\times S$ 上定义

$$(a_1,a_2,\cdots) + (b_1,b_2,\cdots) = (a_1+b_1,a_2+b_2,\cdots),(a_n),(b_n) \in S.$$

在 $\mathbf{R}\times S$ 上定义

$$k(a_1,a_2,\cdots) = (ka_1,ka_2,\cdots),k \in \mathbf{R},(a_i) \in S,$$ 则 S 为 $\mathbf{R}$ 上的向量空间.

例 3.1.5 斐波那契(Fibonacci)数列空间 $S_{\mathrm{F}}=\{(a_n):\ a_1,\ a_2\in\mathbf{R},\ a_n=a_{n-2}+a_{n-1},\ n=3,\ 4\}$，在 $S_{\mathrm{F}}\times S_{\mathrm{F}}$ 上定义

$$(a_1,a_2,\cdots) + (b_1,b_2,\cdots) = (a_1+b_1,a_2+b_2,\cdots),(a_n),(b_n) \in S_{\mathrm{F}};$$

在 $\mathbf{R}\times S_{\mathrm{F}}$ 上定义

$$k(a_1,a_2,\cdots) = (ka_1,ka_2,\cdots),k \in \mathbf{R},(a_n) \in S_{\mathrm{F}},$$ 则 S_{F} 为 $\mathbf{R}$ 上的向量空间.

例 3.1.6 $C[0,\ 1]$表闭区间$[0,\ 1]$上连续函数全体，则 $C[0,\ 1]$按函数加法与数乘成为一个向量空间.

例 3.1.7 设 E 为域，E 上 $m\times n$ 矩阵全体记为 $M_{m\times n}(E)$，按矩阵加法与 E 中元素与矩阵乘法成为向量空间.

例 3.1.8 设 $\boldsymbol{A}_{m\times n}$为域 E 上矩阵，$r(\boldsymbol{A})<n$．则 $\boldsymbol{Ax}=\mathbf{0}$ 的全体解向量是一向量空间.

性质 3.1.1 设 V 是域 E 上向量空间，则下列结论成立：

(1) V 中零元素唯一；

(2) V 中任一元素 $\boldsymbol{a}$ 的负元唯一；

(3) $0\boldsymbol{a}=\mathbf{0}$，$\mathbf{0}$ 表 E 中零元素；

(4) $(-1)\boldsymbol{a}=-\boldsymbol{a}$.

证明 (1) 设 $\mathbf{0}_1$，$\mathbf{0}_2$ 为 V 中零元素，则有

$$\mathbf{0}_1 = \mathbf{0}_1 + \mathbf{0}_2 = \mathbf{0}_2,$$

即 V 中零元素唯一.

(2)设 $\boldsymbol{b}$，$\boldsymbol{c}$ 皆为 $\boldsymbol{a}$ 的负元，则有 $\boldsymbol{a}+\boldsymbol{b}=\boldsymbol{a}+\boldsymbol{c}=\mathbf{0}$. 于是有

$$\boldsymbol{b} = \boldsymbol{b} + (\boldsymbol{a} + \boldsymbol{c}) = (\boldsymbol{b} + \boldsymbol{a}) + \boldsymbol{c} = \mathbf{0} + \boldsymbol{c} = \boldsymbol{c},$$

即元素 $\boldsymbol{a}$ 的负元唯一.

(3)因为 $\boldsymbol{a}=1\boldsymbol{a}=(1+0)\boldsymbol{a}=\boldsymbol{a}+0\boldsymbol{a}$，所以有

$$\boldsymbol{0}=-\boldsymbol{a}+\boldsymbol{a}=-\boldsymbol{a}+\boldsymbol{a}+0\boldsymbol{a}=0\boldsymbol{a}.$$

(4)因 $\boldsymbol{0}=0\boldsymbol{a}=(-1+1)\boldsymbol{a}=(-1)\boldsymbol{a}+1\boldsymbol{a}$，

故有 $(-1)\boldsymbol{a}=-\boldsymbol{a}$.

3.2　向量组的线性相关与线性无关性

由于本节大部分讨论需要用到逆元，因此以下均假设 E 为域.

定义 3.2.1　设 V 为域 E 上向量空间，$\boldsymbol{\alpha}_1$，$\boldsymbol{\alpha}_2$，…，$\boldsymbol{\alpha}_k$，$\boldsymbol{\alpha}\in V$. 如存在 E 中元素 a_i，$i=1,2$，…，k，使得 $\boldsymbol{\alpha}=\sum\limits_{i=1}^{k}a_i\boldsymbol{\alpha}_i$，则称向量 $\boldsymbol{\alpha}$ 可由向量 $\boldsymbol{\alpha}_1$，$\boldsymbol{\alpha}_2$，…，$\boldsymbol{\alpha}_k$ 线性表示.

定义 3.2.2　设 V 为域 E 上向量空间，$\boldsymbol{\alpha}_1$，$\boldsymbol{\alpha}_2$，…，$\boldsymbol{\alpha}_s\in V$. 若存在不全为零的元素 k_1，k_2，…，$k_s\in E$，使得 $k_1\boldsymbol{\alpha}_1+k_2\boldsymbol{\alpha}_2+\cdots+k_s\boldsymbol{\alpha}_s=\boldsymbol{0}$，则称向量组 $\boldsymbol{\alpha}_1$，$\boldsymbol{\alpha}_2$，…，$\boldsymbol{\alpha}_s$ 线性相关；否则称向量组 $\boldsymbol{\alpha}_1$，$\boldsymbol{\alpha}_2$，…，$\boldsymbol{\alpha}_s$ 线性无关.

定理 3.2.1　向量组 $\boldsymbol{\alpha}_1$，$\boldsymbol{\alpha}_2$，…，$\boldsymbol{\alpha}_n$ 线性相关的充要条件是至少存在一个向量 $\boldsymbol{\alpha}_i$ 可由其余向量线性表示.

证明　必要性. 设向量组 $\boldsymbol{\alpha}_1$，$\boldsymbol{\alpha}_2$，…，$\boldsymbol{\alpha}_n$ 线性相关，则存在一组不全为零的元素 $k_i\in E$，$i=1$，2，…，n，使得 $\sum\limits_{i=1}^{n}k_1\boldsymbol{\alpha}=\boldsymbol{0}$.

不妨设 $k_{i_0}\neq0$，于是有 $\boldsymbol{\alpha}_{i_0}=-k_{i_0}^{-1}\sum\limits_{i\neq i_0}k_i\boldsymbol{\alpha}_i$.

充分性. 设 $\boldsymbol{\alpha}_i=\sum\limits_{j\neq i}k_j\boldsymbol{\alpha}_j$，则有 $\boldsymbol{\alpha}_i-\sum\limits_{j\neq i}k_j\boldsymbol{\alpha}_j=\boldsymbol{0}$. 因此向量组 $\boldsymbol{\alpha}_1$，$\boldsymbol{\alpha}_2$，…，$\boldsymbol{\alpha}_n$ 线性相关.

定理 3.2.2　设 $\boldsymbol{\alpha}$，$\boldsymbol{\alpha}_i\in E^n$，$i=1$，2，…，$s$，则 $\boldsymbol{\alpha}$ 可由向量组 $\boldsymbol{\alpha}_1$，$\boldsymbol{\alpha}_2$，…，$\boldsymbol{\alpha}_s$ 线性表示的充要条件是矩阵 $\boldsymbol{A}=(\boldsymbol{\alpha}_1\ \ \boldsymbol{\alpha}_2\ \ \cdots\ \ \boldsymbol{\alpha}_s)$ 的秩等于矩阵 $\boldsymbol{B}=(\boldsymbol{\alpha}_1\ \ \boldsymbol{\alpha}_2\ \ \cdots\ \ \boldsymbol{\alpha}_s\ \ \boldsymbol{\alpha})$ 的秩，即 $r(\boldsymbol{A})=r(\boldsymbol{B})$.

证明　$\boldsymbol{\alpha}$ 可由向量组 $\boldsymbol{\alpha}_1$，$\boldsymbol{\alpha}_2$，…，$\boldsymbol{\alpha}_s$ 线性表示的充要条件是

$$x_1\boldsymbol{\alpha}_1+x_2\boldsymbol{\alpha}_2+\cdots+x_s\boldsymbol{\alpha}_s=\boldsymbol{\alpha}\tag{3.2.1}$$

有解，式(3.2.1)有解的充要条件是 $r(\boldsymbol{A})=r(\boldsymbol{B})$.

设域 E 上向量空间 V 中有两个向量组 $\boldsymbol{A}$：$\boldsymbol{\alpha}_1$，$\boldsymbol{\alpha}_2$，…，$\boldsymbol{\alpha}_m$ 和 $\boldsymbol{B}$：$\boldsymbol{\beta}_1$，$\boldsymbol{\beta}_2$，…，$\boldsymbol{\beta}_n$. 若向量组 $\boldsymbol{B}$ 中的每一个向量均能由向量组 $\boldsymbol{A}$ 线性表示，则称向量组 $\boldsymbol{B}$ 能由向量组 $\boldsymbol{A}$ 线性表示.

对于 V 中两个向量组 $\boldsymbol{A}$，$\boldsymbol{B}$，若向量组 $\boldsymbol{A}$ 与向量组 $\boldsymbol{B}$ 可以相互线性表示，则称向量组 $\boldsymbol{A}$ 与向量组 $\boldsymbol{B}$ 等价.

定义 3.2.3　在向量组 $\boldsymbol{A}$：$\boldsymbol{\alpha}_1$，$\boldsymbol{\alpha}_2$，…，$\boldsymbol{\alpha}_m$ 中，若 $\boldsymbol{\alpha}_{i_1}$，$\boldsymbol{\alpha}_{i_2}$，…，$\boldsymbol{\alpha}_{i_r}$ 线性无关，且任一向量 $\boldsymbol{\alpha}_j$ 均可由向量组 $\boldsymbol{\alpha}_{i_1}$，$\boldsymbol{\alpha}_{i_2}$，…，$\boldsymbol{\alpha}_{i_r}$ 线性表示，$j=1$，2，…，m，则称 $\boldsymbol{\alpha}_{i_1}$，$\boldsymbol{\alpha}_{i_2}$，…，$\boldsymbol{\alpha}_{i_r}$ 为向量组 $\boldsymbol{A}$ 的一个极大线性无关组，简称为极大无关组. 极大无关组所含向量的个数 r 称

为向量组 $\boldsymbol{A}$ 的秩，记为 $r(\boldsymbol{\alpha}_1, \boldsymbol{\alpha}_2, \cdots, \boldsymbol{\alpha}_m) = r$.

当 $\boldsymbol{\alpha}_i \in E^n$ 时，$i=1, 2, \cdots, s$，下面用 $r(\boldsymbol{A})$ 表由 $\boldsymbol{\alpha}_1, \boldsymbol{\alpha}_2, \cdots, \boldsymbol{\alpha}_s$ 构成的矩阵 $\boldsymbol{A}$ 的秩.

定理 3.2.3 设 $\boldsymbol{\alpha}_i \in E^n$，$i=1, 2, \cdots, s$，$r \leqslant s$，则向量组 $\boldsymbol{A}$：$\boldsymbol{\alpha}_1, \boldsymbol{\alpha}_2, \cdots, \boldsymbol{\alpha}_r$ 是向量组 $\boldsymbol{B}$：$\boldsymbol{\alpha}_1, \boldsymbol{\alpha}_2, \cdots, \boldsymbol{\alpha}_s$ 的极大无关组的充要条件是 $r(\boldsymbol{B}) = r(\boldsymbol{A}) = r$.

证明 必要性. 因为 $\boldsymbol{\alpha}_1, \boldsymbol{\alpha}_2, \cdots, \boldsymbol{\alpha}_r$ 为极大无关组，$\sum\limits_{i=1}^{r} x_i\boldsymbol{\alpha}_i = \boldsymbol{0}$ 只有零解，所以 $r(\boldsymbol{A}) = r$，且有

$$k_{1j}\boldsymbol{\alpha}_1 + k_{2j}\boldsymbol{\alpha}_2 + \cdots + k_{rj}\boldsymbol{\alpha}_r = \boldsymbol{\alpha}_j,$$
$$k_{ij} \in E,\ i = 1,2,\cdots,r,\ j = r+1, r+2,\cdots,s.$$

即 $\boldsymbol{B}$ 的后 $s-r$ 列都是前 r 列的线性组合，依次把前 r 列的相应线性组合的 -1 倍加到 $r+1$，$r+2, \cdots, s$ 列得到 $s-r$ 列全为零向量列，因此 $r(\boldsymbol{B}) = r(\boldsymbol{A})$.

充分性. 由 $r(\boldsymbol{A}) = r$ 知 $\sum\limits_{i=1}^{r} x_i\boldsymbol{\alpha}_i = \boldsymbol{0}$ 只有零解，因此 $\boldsymbol{\alpha}_1, \boldsymbol{\alpha}_2, \cdots, \boldsymbol{\alpha}_r$ 线性无关.

又因为 $r(\boldsymbol{A}) \leqslant r(\boldsymbol{\alpha}_1\ \boldsymbol{\alpha}_2 \cdots \boldsymbol{\alpha}_r\ \boldsymbol{\alpha}_i) \leqslant r(\boldsymbol{B}) = r$，$i = r+1, r+2, \cdots, s$，所以 $r(\boldsymbol{\alpha}_1\ \boldsymbol{\alpha}_2 \cdots \boldsymbol{\alpha}_r\ \boldsymbol{\alpha}_i) = r$，$i = r+1, r+2, \cdots, s$.

因此 $x_1\boldsymbol{\alpha}_1 + x_2\boldsymbol{\alpha}_2 + \cdots + x_r\boldsymbol{\alpha}_r = \boldsymbol{\alpha}_i$ 有解，$i = r+1, r+2, \cdots, s$. 即向量组 $\boldsymbol{B}$ 可由向量组 $\boldsymbol{A}$ 线性表示，$\boldsymbol{A}$：$\boldsymbol{\alpha}_1, \boldsymbol{\alpha}_2, \cdots, \boldsymbol{\alpha}_r$ 为极大无关组.

由定理 3.2.3 马上得到下面结论：

推论 3.2.1 设 $\boldsymbol{\alpha}_i \in E^n$，$i=1, 2, \cdots, s$，则矩阵 $\boldsymbol{A} = (\boldsymbol{\alpha}_1\ \boldsymbol{\alpha}_2 \cdots \boldsymbol{\alpha}_s)$ 的秩等于其列向量组 $\boldsymbol{\alpha}_1, \boldsymbol{\alpha}_2, \cdots, \boldsymbol{\alpha}_s$ 的秩.

推论 3.2.2 矩阵 $\boldsymbol{A}$ 的秩等于其行向量组的秩.

证明 由推论 3.2.1 知，$r(\boldsymbol{A}^{\mathrm{T}})$ 等于 $\boldsymbol{A}^{\mathrm{T}}$ 的列向量组的秩，也等于 $\boldsymbol{A}$ 的行向量组的秩. 又 $r(\boldsymbol{A}^{\mathrm{T}}) = r(\boldsymbol{A})$，推论 3.2.2 结论成立.

定理 3.2.4 设 E 为域，$\boldsymbol{A}$，$\boldsymbol{B}$ 为 E^n 中两组向量组，则向量组 $\boldsymbol{A}$ 与向量组 $\boldsymbol{B}$ 等价的充要条件是 $r(\boldsymbol{A}) = r(\boldsymbol{B}) = r(\boldsymbol{A}, \boldsymbol{B})$.

可参照定理 3.2.3 证明，细节留给读者.

例 3.2.1 设向量组 $\boldsymbol{\alpha}_1 = (1,-1,2,4)^{\mathrm{T}}, \boldsymbol{\alpha}_2 = (0,3,1,2)^{\mathrm{T}}, \boldsymbol{\alpha}_3 = (3,0,7,14)^{\mathrm{T}}, \boldsymbol{\alpha}_4 = (1,-1,2,0)^{\mathrm{T}}, \boldsymbol{\alpha}_5 = (2,1,5,6)^{\mathrm{T}}$. 求向量组的秩及其一个极大线性无关组，并将其余向量用这个极大线性无关组线性表示.

解 将下面矩阵作初等行变换化为行最简矩阵：

$$\boldsymbol{A} = (\boldsymbol{\alpha}_1, \boldsymbol{\alpha}_2, \boldsymbol{\alpha}_3, \boldsymbol{\alpha}_4, \boldsymbol{\alpha}_5) = \begin{pmatrix} 1 & 0 & 3 & 1 & 2 \\ -1 & 3 & 0 & -1 & 1 \\ 2 & 1 & 7 & 2 & 5 \\ 4 & 2 & 14 & 0 & 6 \end{pmatrix}$$

$$\xrightarrow[r_3 - 2r_1]{r_2 + r_1, r_4 - 2r_3} \begin{pmatrix} 1 & 0 & 3 & 1 & 2 \\ 0 & 3 & 3 & 0 & 3 \\ 0 & 1 & 1 & 0 & 1 \\ 0 & 0 & 0 & -4 & -4 \end{pmatrix}$$

$$\xrightarrow[r_1-r_4,r_2\leftrightarrow r_3,r_3\leftrightarrow r_4]{r_2-3r_3,\ -\frac{1}{4}r_4}\begin{pmatrix}1&0&3&0&1\\0&1&1&0&1\\0&0&0&1&1\\0&0&0&0&0\end{pmatrix}.$$

因此有 $r(\boldsymbol{A})=3$，$\boldsymbol{\alpha}_1$，$\boldsymbol{\alpha}_2$，$\boldsymbol{\alpha}_4$ 为一极大无关组，$\boldsymbol{\alpha}_3=3\boldsymbol{\alpha}_1+\boldsymbol{\alpha}_2$，$\boldsymbol{\alpha}_5=\boldsymbol{\alpha}_1+\boldsymbol{\alpha}_2+\boldsymbol{\alpha}_4$.

为方便书写，作如下规定：

假设 V 为域 E 上向量空间，$\boldsymbol{\alpha}_i\in V$，$i=1,2,\cdots,n$；$\boldsymbol{\beta}_j\in V$，$j=1,2,\cdots,m$；$\boldsymbol{A}=(a_{ij})_{n\times m}$为 E 上矩阵，满足

$$\begin{cases}\boldsymbol{\beta}_1=a_{11}\boldsymbol{\alpha}_1+a_{21}\boldsymbol{\alpha}_2+\cdots a_{n1}\boldsymbol{\alpha}_n,\\ \boldsymbol{\beta}_2=a_{12}\boldsymbol{\alpha}_1+a_{22}\boldsymbol{\alpha}_2+\cdots a_{n2}\boldsymbol{\alpha}_n,\\ \quad\vdots\\ \boldsymbol{\beta}_m=a_{1m}\boldsymbol{\alpha}_1+a_{2m}\boldsymbol{\alpha}_2+\cdots a_{nm}\boldsymbol{\alpha}_n,\end{cases}$$

则规定

$$\boldsymbol{\beta}_j=(\boldsymbol{\alpha}_1,\boldsymbol{\alpha}_2,\cdots,\boldsymbol{\alpha}_n)(a_{1j}\ a_{2j}\cdots\ a_{nj})^{\mathrm{T}},j=1,2,\cdots,m,$$
$$(\boldsymbol{\beta}_1,\boldsymbol{\beta}_2,\cdots,\boldsymbol{\beta}_m)=(\boldsymbol{\alpha}_1,\boldsymbol{\alpha}_2,\cdots,\boldsymbol{\alpha}_n)\boldsymbol{A}.$$

定理3.2.5 设 V 为域 E 上向量空间，V 中向量组 $\boldsymbol{A}$：$\boldsymbol{\alpha}_1$，$\boldsymbol{\alpha}_2$，$\cdots$，$\boldsymbol{\alpha}_n$，$\boldsymbol{B}$：$\boldsymbol{\beta}_1$，$\boldsymbol{\beta}_2$，$\cdots$，$\boldsymbol{\beta}_n$ 满足$(\boldsymbol{\beta}_1,\boldsymbol{\beta}_2,\cdots,\boldsymbol{\beta}_n)=(\boldsymbol{\alpha}_1,\boldsymbol{\alpha}_2,\cdots,\boldsymbol{\alpha}_n)\boldsymbol{M}$，其中 $\det\boldsymbol{M}\neq0$，则 $\boldsymbol{\alpha}_1$，$\boldsymbol{\alpha}_2$，$\cdots$，$\boldsymbol{\alpha}_n$ 线性无关的充要条件是$\boldsymbol{\beta}_1$，$\boldsymbol{\beta}_2$，$\cdots$，$\boldsymbol{\beta}_n$ 线性无关.

证明 必要性. 设$\boldsymbol{\alpha}_1$，$\boldsymbol{\alpha}_2$，$\cdots$，$\boldsymbol{\alpha}_n$ 线性无关，$\boldsymbol{M}=(m_{ij})$，$\boldsymbol{\beta}_1$，$\boldsymbol{\beta}_2$，$\cdots$，$\boldsymbol{\beta}_n$ 线性相关. 则存在t_i，$i=1,2,\cdots,n$ 不全为零，使得$t_1\boldsymbol{\beta}_1+t_2\boldsymbol{\beta}_2+\cdots+t_n\boldsymbol{\beta}_n=\boldsymbol{0}$，即$\sum\limits_{i=1}^{n}t_i\left(\sum\limits_{j=1}^{n}m_{ji}\boldsymbol{\alpha}_j\right)=\boldsymbol{0}$，故有$\sum\limits_{j=1}^{n}\left(\sum\limits_{i=1}^{n}t_im_{ji}\right)\boldsymbol{\alpha}_j=\boldsymbol{0}$.

又$\boldsymbol{\alpha}_1,\boldsymbol{\alpha}_2,\cdots,\boldsymbol{\alpha}_n$ 线性无关，所以$\sum\limits_{i=1}^{n}t_im_{ji}=0$，$j=1,2,\cdots,n$. 由条件 $\det\boldsymbol{M}\neq0$ 知 $t_i=0$，$i=1,2,\cdots,n$，矛盾. 因此$\boldsymbol{\beta}_1$，$\boldsymbol{\beta}_2$，$\cdots$，$\boldsymbol{\beta}_n$ 线性无关.

充分性. 假设$\boldsymbol{\beta}_1$，$\boldsymbol{\beta}_2$，$\cdots$，$\boldsymbol{\beta}_n$ 线性无关，但$\boldsymbol{\alpha}_1$，$\boldsymbol{\alpha}_2$，$\cdots$，$\boldsymbol{\alpha}_n$ 线性相关，则有 s_1，s_2，$\cdots$，s_n 不全为零，满足

$$s_1\boldsymbol{\alpha}_1+s_2\boldsymbol{\alpha}_2+\cdots+s_n\boldsymbol{\alpha}_n=\boldsymbol{0}.$$

由$\boldsymbol{M}$可逆，令$(t_1,t_2,\cdots,t_n)^{\mathrm{T}}=\boldsymbol{M}^{-1}(s_1,s_2,\cdots,s_n)^{\mathrm{T}}$，则 t_1，t_2，$\cdots$，t_n 不全为零，于是有

$$t_1\boldsymbol{\beta}_1+t_2\boldsymbol{\beta}_2+\cdots+t_n\boldsymbol{\beta}_n=s_1\boldsymbol{\alpha}_1+s_2\boldsymbol{\alpha}_2+\cdots+s_n\boldsymbol{\alpha}_n=\boldsymbol{0},$$

矛盾.

因此有$\boldsymbol{\alpha}_1$，$\boldsymbol{\alpha}_2$，$\cdots$，$\boldsymbol{\alpha}_n$ 线性无关.

例 3.2.2 设 V 为域 E 上向量空间，$\boldsymbol{\alpha}_1$，$\boldsymbol{\alpha}_2$，$\cdots$，$\boldsymbol{\alpha}_k\in V$ 线性无关，$\boldsymbol{\beta}_1=\boldsymbol{\alpha}_1-2\boldsymbol{\alpha}_2$，$\boldsymbol{\beta}_2=2\boldsymbol{\alpha}_2-3\boldsymbol{\alpha}_3$，$\cdots$，$\boldsymbol{\beta}_i=i\boldsymbol{\alpha}_i-(i+1)\boldsymbol{\alpha}_{i+1}$，$\cdots$，$\boldsymbol{\beta}_{k-1}=(k-1)\boldsymbol{\alpha}_{k-1}-k\boldsymbol{\alpha}_k$，$\boldsymbol{\beta}_k=k\boldsymbol{\alpha}_k-(k+1)\boldsymbol{\alpha}_1$.

证明 $\boldsymbol{\beta}_1$，$\boldsymbol{\beta}_2$，…，$\boldsymbol{\beta}_k$ 线性无关．

证明 容易知道

$$(\boldsymbol{\beta}_1\ \ \boldsymbol{\beta}_2\ \ \cdots\ \ \boldsymbol{\beta}_k) = (\boldsymbol{\alpha}_1\ \ \boldsymbol{\alpha}_2\ \ \cdots\ \ \boldsymbol{\alpha}_k)\begin{pmatrix} 1 & 0 & \cdots & 0 & -(k+1) \\ -2 & 2 & \cdots & 0 & 0 \\ 0 & -3 & \cdots & 0 & 0 \\ \vdots & \vdots & & \vdots & \vdots \\ 0 & 0 & \cdots & -k & k \end{pmatrix},$$

$$\det\begin{pmatrix} 1 & 0 & \cdots & 0 & -(k+1) \\ -2 & 2 & \cdots & 0 & 0 \\ 0 & -3 & \cdots & 0 & 0 \\ \vdots & \vdots & & \vdots & \vdots \\ 0 & 0 & \cdots & -k & k \end{pmatrix} = \det\begin{pmatrix} 2 & 0 & \cdots & 0 \\ -3 & 3 & \cdots & 0 \\ \vdots & \vdots & \ddots & \vdots \\ 0 & 0 & -k & k \end{pmatrix}$$

$$+(-1)^{2+k}(k+1)\det\begin{pmatrix} -2 & 2 & \cdots & 0 \\ 0 & -3 & 3 & 0 \\ \vdots & \vdots & \ddots & \vdots \\ 0 & 0 & \cdots & -k \end{pmatrix} = k! - (k+1)! = -k\cdot k!.$$

由定理 3.2.5 知 $\boldsymbol{\beta}_1$，$\boldsymbol{\beta}_2$，…，$\boldsymbol{\beta}_k$ 线性无关．

3.3 向量空间的基与基坐标变换

定义 3.3.1 设域 E 上向量空间 V 的一组向量 $\boldsymbol{\alpha}_1$，$\boldsymbol{\alpha}_2$，…，$\boldsymbol{\alpha}_n$ 线性无关，且 V 中任一元素 $\boldsymbol{\alpha}$ 总可由 $\boldsymbol{\alpha}_1$，$\boldsymbol{\alpha}_2$，…，$\boldsymbol{\alpha}_n$ 线性表示，即

$$\boldsymbol{\alpha} = k_1\boldsymbol{\alpha}_1 + k_2\boldsymbol{\alpha}_2 + \cdots + k_n\boldsymbol{\alpha}_n, k_1, k_2, \cdots, k_n \in E,$$

则称 $\boldsymbol{\alpha}_1$，$\boldsymbol{\alpha}_2$，…，$\boldsymbol{\alpha}_n$ 为向量空间 V 的一组基，其中向量 $\boldsymbol{\alpha}_1$，$\boldsymbol{\alpha}_2$，…，$\boldsymbol{\alpha}_n$ 称为基向量，系数 k_1，k_2，…，k_n 称为向量 $\boldsymbol{\alpha}$ 在这组基下的坐标．基向量的个数称为向量空间 V 的维数，记为 $\dim V$. 若 V 中任意有限个线性无关的向量组都不是 V 的基，则称 V 为无穷维向量空间，其维数 $\dim V = +\infty$.

例 3.3.1 E^n 中向量组 $\boldsymbol{e}_i = (0, 0, \cdots, 1, \cdots, 0)$ 表第 i 个元素是 1，其余元素均为 0 的向量，$i=1, 2, \cdots, n$. 容易验证 $\boldsymbol{e}_1$，$\boldsymbol{e}_2$，…，$\boldsymbol{e}_n$ 为 E^n 的一组基，$\dim E^n = n$.

例 3.3.2 考虑 $\mathbf{R}$ 上 $m\times n$ 矩阵全体 $\boldsymbol{M}_{m\times n}$，$\boldsymbol{E}_{ij}$ 表第 i 行，第 j 列数为 1，其他位置数均为 0 的 $m\times n$ 矩阵，$i=1, 2, \cdots, m$，$j=1, 2, \cdots, n$.

解 假设 $c_{ij}\in\mathbf{R}$，$i=1, 2, \cdots, m$，$j=1, 2, \cdots, n$，使得 $\sum\limits_{i,j} c_{ij}\boldsymbol{E}_{ij} = (c_{ij})_{m\times n} = \mathbf{0}_{m\times n}$. 则有 $c_{ij}=0$，$i=1, 2, \cdots, m$，$j=1, 2, \cdots, n$，因此 $\{\boldsymbol{E}_{ij}, i=1, 2, \cdots, m, j=1, 2, \cdots, n\}$ 线性无关．

易见对任一 $\boldsymbol{A} = (a_{ij})_{mn}\in\boldsymbol{M}_{mn}$，有 $\boldsymbol{A} = \sum\limits_{ij} a_{ij}\boldsymbol{E}_{ij}$. 于是得到 $\boldsymbol{E}_{ij}, i=1,2,\cdots,m, j=1,2,\cdots,$

n 为 $\boldsymbol{M}_{m\times n}$ 的一组基，

$$\dim \boldsymbol{M}_{m\times n} = mn .$$

例 3.3.3　考虑 $\mathbf{R}$ 上向量空间 c_0，$\boldsymbol{e}_i=(0, \cdots, 1, 0, \cdots)$ 表第 i 个数为 1，其他数均为 0 的数列．易见 $\boldsymbol{e}_1$，$\boldsymbol{e}_2$，…，$\boldsymbol{e}_n$，$n=1, 2, \cdots$，线性无关．所以 $\dim c_0=+\infty$.

例 3.3.4　考虑复数域上如下形式 2×2 矩阵全体

$$V_{\mathrm{q}} = \left\{\begin{pmatrix} a+b\mathrm{i} & c+d\mathrm{i} \\ -c+d\mathrm{i} & a-b\mathrm{i}\end{pmatrix}, a,b,c,d \in \mathbf{R}\right\}.$$

容易验证 V_{q} 按矩阵加法与数乘矩阵成为实数域上的向量空间．

解　令 $\boldsymbol{I}_2=\begin{pmatrix}1 & 0\\ 0 & 1\end{pmatrix}$，$\boldsymbol{E}_1=\begin{pmatrix}\mathrm{i} & 0\\ 0 & -\mathrm{i}\end{pmatrix}$，$\boldsymbol{E}_2=\begin{pmatrix}0 & 1\\ -1 & 0\end{pmatrix}$，$\boldsymbol{E}_3=\begin{pmatrix}0 & \mathrm{i}\\ \mathrm{i} & 0\end{pmatrix}$，

则易见 $\boldsymbol{I}_2$，$\boldsymbol{E}_1$，$\boldsymbol{E}_2$，$\boldsymbol{E}_3$ 线性无关，且有

$$\boldsymbol{Q} = \begin{pmatrix} a+b\mathrm{i} & c+d\mathrm{i} \\ -c+d\mathrm{i} & a-b\mathrm{i}\end{pmatrix} = a\boldsymbol{I}_2 + b\boldsymbol{E}_1 + c\boldsymbol{E}_2 + d\boldsymbol{E}_3,$$

$\forall Q\in V_{\mathrm{q}}$.

因此 V_{q} 为 4 维向量空间，是量子力学中的 4 元素空间．

例 3.3.5　考虑例 3.1.5 中斐波那契数列空间 S_{F}. 取 $\boldsymbol{e}_1=(1, 0, 1, 1, \cdots)\in S_{\mathrm{F}}$，$\boldsymbol{e}_2=(0, 1, 1, 2, \cdots)\in S_{\mathrm{F}}$，易见 $\boldsymbol{e}_1$，$\boldsymbol{e}_2$ 线性无关．

容易验证，对任一 $\boldsymbol{a}=(a_1, a_2, \cdots)\in S_{\mathrm{F}}$，有 $\boldsymbol{a}=a_1\boldsymbol{e}_1+a_2\boldsymbol{e}_2$.

因此 $\dim S_{\mathrm{F}}=2$，斐波那契数列空间 S_F 是 2 维向量空间．

例 3.3.6　求斐波那契数列 $a_1=1$，$a_2=1$，$a_3=2$，…，$a_n=a_{n-2}+a_{n-1}$，$n\geqslant 3$ 的通项公式．

解　要求 a_n 的通项公式，需找到 S_{F} 的一组基向量，使得这组基向量的一般项有通项公式．一个自然的想法是 S_{F} 中是否有非零向量$(q_1, q_2, \cdots, q_n, \cdots)$满足

$$q_n = q^{n-1}, n = 1,2,$$

且

$$q_n=q_{n-2}+q_{n-1},\ n=3, 4, \cdots.$$

求解 $q^n=q^{n-2}+q^{n-1}$得到 $q_1=\dfrac{1+\sqrt{5}}{2}$，$q_2=\dfrac{1-\sqrt{5}}{2}$.

易见(q_1^{n-1})，$(q_2^{n-1})\in S_{\mathrm{F}}$ 线性无关，由例 3.3.5 知它们是 S_{F} 的一组基向量．令

$$(a_n) = \lambda_1(q_1^{n-1}) + \lambda_2(q_2^{n-1}),$$

解得

$$\lambda_1 = \frac{1+\sqrt{5}}{2\sqrt{5}},\ \lambda_2 = \frac{-1+\sqrt{5}}{2\sqrt{5}}.$$

于是得

$$a_n = \frac{1+\sqrt{5}}{2\sqrt{5}}\left(\frac{1+\sqrt{5}}{2}\right)^{n-1} + \frac{-1+\sqrt{5}}{2\sqrt{5}}\left(\frac{1-\sqrt{5}}{2}\right)^{n-1}$$

$$=\frac{\sqrt{5}}{5}\left[\left(\frac{1+\sqrt{5}}{2}\right)^{n} - \left(\frac{1-\sqrt{5}}{2}\right)^{n}\right].$$

向量空间的基不是唯一的．假设 V 为域 E 上的 n 维向量空间，$\boldsymbol{\varepsilon}_1$，$\boldsymbol{\varepsilon}_2$，…，$\boldsymbol{\varepsilon}_n$，$\boldsymbol{\eta}_1$，$\boldsymbol{\eta}_2$，…，$\boldsymbol{\eta}_n$ 为 V 的两组基，它们之间关系为

$$(\boldsymbol{\eta}_1,\boldsymbol{\eta}_2,\cdots,\boldsymbol{\eta}_n) = (\boldsymbol{\varepsilon}_1,\boldsymbol{\varepsilon}_2,\cdots,\boldsymbol{\varepsilon}_n)A.$$

则 $\boldsymbol{A}$ 一定是可逆的，称为由基 $\boldsymbol{\varepsilon}_1$，$\boldsymbol{\varepsilon}_2$，…，$\boldsymbol{\varepsilon}_n$ 到基 $\boldsymbol{\eta}_1$，$\boldsymbol{\eta}_2$，…，$\boldsymbol{\eta}_n$ 的过渡矩阵．

这时，对任一 $\boldsymbol{\xi}\in V$，有

$$\boldsymbol{\xi} = \sum_{i=1}^{n} x_i\boldsymbol{\varepsilon}_i = \sum_{i=1}^{n} y_i\boldsymbol{\eta}_i.$$

令 $\boldsymbol{x}^{\mathrm{T}}=(x_1, x_2, \cdots, x_n)$，$\boldsymbol{y}^{\mathrm{T}}=(y_1, y_2, \cdots, y_n)$．得

$$\boldsymbol{\xi} = (\boldsymbol{\eta}_1,\boldsymbol{\eta}_2,\cdots,\boldsymbol{\eta}_n)\boldsymbol{y} = (\boldsymbol{\varepsilon}_1,\boldsymbol{\varepsilon}_2,\cdots,\boldsymbol{\varepsilon}_n)\boldsymbol{A}\boldsymbol{y} = (\boldsymbol{\varepsilon}_1,\boldsymbol{\varepsilon}_2,\cdots,\boldsymbol{\varepsilon}_n)\boldsymbol{x}.$$

因此有 $\boldsymbol{x}=\boldsymbol{A}\boldsymbol{y}$，或 $\boldsymbol{y}=\boldsymbol{A}^{-1}\boldsymbol{x}$，称为基变换 $(\boldsymbol{\eta}_1, \boldsymbol{\eta}_2, \cdots, \boldsymbol{\eta}_n)=(\boldsymbol{\varepsilon}_1, \boldsymbol{\varepsilon}_2, \cdots, \boldsymbol{\varepsilon}_n)\boldsymbol{A}$ 下向量的坐标变换公式．

例 3.3.7　设 V 为域 E 上 n 维向量空间，$\boldsymbol{\alpha}_1$，$\boldsymbol{\alpha}_2$，…，$\boldsymbol{\alpha}_n\in V$ 为 V 的一组基，$\boldsymbol{\beta}_1=\boldsymbol{\alpha}_1-2\boldsymbol{\alpha}_2$，$\boldsymbol{\beta}_2=2\boldsymbol{\alpha}_2-3\boldsymbol{\alpha}_3$，…，$\boldsymbol{\beta}_i=i\boldsymbol{\alpha}_i-(i+1)\boldsymbol{\alpha}_{i+1}$，…，$\boldsymbol{\beta}_{n-1}=(n-1)\boldsymbol{\alpha}_{n-1}-n\boldsymbol{\alpha}_n$，$\boldsymbol{\beta}_n=n\boldsymbol{\alpha}_n-(n+1)\boldsymbol{\alpha}_1$．则由例 3.2.2 知 $\boldsymbol{\beta}_1$，$\boldsymbol{\beta}_2$，…，$\boldsymbol{\beta}_n$ 也是 V 的一组基，由 $\boldsymbol{\alpha}_1$，$\boldsymbol{\alpha}_2$，…，$\boldsymbol{\alpha}_n$ 到 $\boldsymbol{\beta}_1$，$\boldsymbol{\beta}_2$，…，$\boldsymbol{\beta}_n$ 的过渡矩阵为

$$\boldsymbol{A} = \begin{pmatrix} 1 & 0 & \cdots & 0 & -(n+1) \\ -2 & 2 & \cdots & 0 & 0 \\ 0 & -3 & \cdots & 0 & 0 \\ \vdots & \vdots & & \vdots & \vdots \\ 0 & 0 & \cdots & -n & n \end{pmatrix}.$$

例 3.3.8　设 $\boldsymbol{\varepsilon}_1=(1, 0, 0, 0)^{\mathrm{T}}$，$\boldsymbol{\varepsilon}_2=(0, 1, 0, 0)^{\mathrm{T}}$，$\boldsymbol{\varepsilon}_3=(0, 0, 1, 0)^{\mathrm{T}}$，$\boldsymbol{\varepsilon}_4=(0, 0, 0, 1)^{\mathrm{T}}$，$\boldsymbol{\eta}_1$，$\boldsymbol{\eta}_2$，$\boldsymbol{\eta}_3$，$\boldsymbol{\eta}_4\in\mathbf{R}^4$ 满足 $(\boldsymbol{\eta}_1, \boldsymbol{\eta}_2, \boldsymbol{\eta}_3, \boldsymbol{\eta}_4)=(\boldsymbol{\varepsilon}_1, \boldsymbol{\varepsilon}_2, \boldsymbol{\varepsilon}_3, \boldsymbol{\varepsilon}_4)\boldsymbol{A}$，其中，

$$\boldsymbol{A} = \begin{pmatrix} \boldsymbol{A}_1 & \boldsymbol{0} \\ \boldsymbol{0} & \boldsymbol{A}_2 \end{pmatrix},\quad \boldsymbol{A}_1 = \begin{pmatrix} 1 & 0 \\ 2 & 1 \end{pmatrix},\quad \boldsymbol{A}_2 = \begin{pmatrix} 0 & 1 \\ 1 & -1 \end{pmatrix}.$$

求 $\boldsymbol{\xi}=(2, 1, -1, 2)^{\mathrm{T}}$ 在基 $\boldsymbol{\eta}_1$，$\boldsymbol{\eta}_2$，$\boldsymbol{\eta}_3$，$\boldsymbol{\eta}_4$ 下的坐标．

解　$\boldsymbol{\xi}=2\boldsymbol{\varepsilon}_1+\boldsymbol{\varepsilon}_2-\boldsymbol{\varepsilon}_3+2\boldsymbol{\varepsilon}_4$.

$$\boldsymbol{A}^{-1} = \begin{pmatrix} \boldsymbol{A}_1^{-1} & \boldsymbol{0} \\ \boldsymbol{0} & \boldsymbol{A}_2^{-1} \end{pmatrix},\quad \boldsymbol{A}_1^{-1} = \begin{pmatrix} 1 & 0 \\ -2 & 1 \end{pmatrix},\quad \boldsymbol{A}_2^{-1} = \begin{pmatrix} 1 & 1 \\ 1 & 0 \end{pmatrix}.$$

故 $\boldsymbol{\xi}$ 在 $\boldsymbol{\eta}_1$，$\boldsymbol{\eta}_2$，$\boldsymbol{\eta}_3$，$\boldsymbol{\eta}_4$ 下的坐标为

$$\begin{pmatrix} y_1 \\ y_2 \\ y_3 \\ y_4 \end{pmatrix} = \begin{pmatrix} 1 & 0 & 0 & 0 \\ -2 & 1 & 0 & 0 \\ 0 & 0 & 1 & 1 \\ 0 & 0 & 1 & 0 \end{pmatrix}\begin{pmatrix} 2 \\ 1 \\ -1 \\ 2 \end{pmatrix} = \begin{pmatrix} 2 \\ -3 \\ 1 \\ -1 \end{pmatrix}.$$

3.4　向量子空间与直和

定义 3.4.1　设 V 为域 E 上向量空间，$U\subseteq V$ 为一非空子集．如果 U 对于 V 上加法与域 E 与 V 的乘法也成为一向量空间，则称 U 为 V 的一个子空间．

由定义容易直接验证下面命题成立．

命题 3.4.1　设 V 为域 E 上向量空间，$U\subseteq V$ 为一非空子集．则 U 为 V 的子空间的充要条件是(1)$\boldsymbol{\alpha}+\boldsymbol{\beta}\in U$，$\forall\boldsymbol{\alpha}$，$\boldsymbol{\beta}\in U$ 与 (2) $\lambda\boldsymbol{\alpha}\in U$，$\forall\lambda\in E$，$\boldsymbol{\alpha}\in U$ 成立．

由上命题知下列结论成立：

推论 3.4.1　设 V 为域 E 上向量空间，U，W 均为 V 的子空间．则

(1) $U\cap W$ 为 V 的子空间；

(2) $U+W=\{\boldsymbol{u}+\boldsymbol{w}:\ \boldsymbol{u}\in U,\ \boldsymbol{w}\in W\}$ 为 V 的子空间，称为 U 与 W 的和子空间．

例 3.4.1　E 上次数不超过 n 的多项式全体，记为 $E[x]_n$，是 $E[x]$ 的一个子空间．

例 3.4.2　$P[0,1]$表$[0,1]$上的多项式函数全体，则 $P[0,1]$是 $C[0,1]$的一个子空间．

例 3.4.3　例 3.1.3 中的 $\boldsymbol{c}_0$ 以及例 3.1.5 中 S_F 均是例 3.1.4 中 S 的子空间．

例 3.4.4　设 S_{I}，S_{II} 分别为如下齐次线性方程组(Ⅰ)与(Ⅱ)的解向量空间

$$\begin{cases}a_{11}x_1+a_{12}x_2+\cdots+a_{1n}x_n=0,\\ a_{21}x_1+a_{22}x_2+\cdots+a_{2n}x_n=0,\\ \qquad\vdots\\ a_{s1}x_1+a_{s2}x_2+\cdots+a_{sn}x_n=0.\end{cases}\qquad(\mathrm{I})$$

$$\begin{cases}a_{s+11}x_1+a_{s+12}x_2+\cdots+a_{s+1n}x_n=0,\\ a_{s+21}x_1+a_{s+22}x_2+\cdots+a_{s+2n}x_n=0,\\ \qquad\vdots\\ a_{s+k1}x_1+a_{s+k2}x_2+\cdots+a_{s+kn}x_n=0.\end{cases}\qquad(\mathrm{II})$$

则 $S_{\mathrm{I}}\cap S_{\mathrm{II}}$ 为齐次线性方程组

$$\begin{cases}a_{11}\ x_1+a_{12}\ x_2+\cdots+a_{1n}\ x_n=0,\\ a_{21}\ x_1+a_{22}\ x_2+\cdots+a_{2n}\ x_n=0,\\ \qquad\vdots\\ a_{s+k1}x_1+a_{s+k2}x_2+\cdots+a_{s+kn}x_n=0.\end{cases}$$

的解向量空间．

设 V 为域 E 上向量空间，$\boldsymbol{\alpha}_1$，$\boldsymbol{\alpha}_2$，…，$\boldsymbol{\alpha}_k\in V$. 记

$$\mathrm{Span}\{\boldsymbol{\alpha}_i,1\leqslant i\leqslant k\}=\left\{\sum_{i=1}^{k}c_i\boldsymbol{\alpha}_i:\ c_i\in E,1\leqslant i\leqslant k\right\}.$$

容易验证，$\mathrm{Span}\{\boldsymbol{\alpha}_i,\ 1\leqslant i\leqslant k\}$ 是 V 的子空间，称为由 $\boldsymbol{\alpha}_1$，$\boldsymbol{\alpha}_2$，…，$\boldsymbol{\alpha}_k$ 生成的子空间．

例 3.4.5 设 V 为域 E 上向量空间，$\boldsymbol{\alpha}_1$，$\boldsymbol{\alpha}_2$，…，$\boldsymbol{\alpha}_s \in V$，$\boldsymbol{\beta}_1$，$\boldsymbol{\beta}_2$，…，$\boldsymbol{\beta}_t \in V$，则有 $\mathrm{Span}\{\boldsymbol{\alpha}_i, 1 \leqslant i \leqslant s\} + \mathrm{Span}\{\boldsymbol{\beta}_i, 1 \leqslant i \leqslant t\} = \mathrm{Span}\{\boldsymbol{\alpha}_i, \boldsymbol{\beta}_j, 1 \leqslant i \leqslant s, 1 \leqslant j \leqslant t\}$.

定理 3.4.1（维数定理） 设 V 为域 E 上向量空间，U，W 均为 V 的子空间．则有

$$\dim(U+W)+\dim(U\cap W)=\dim U+\dim W.$$

证明 若 $\dim U=+\infty$ 或 $\dim W=+\infty$，则定理结论显然成立．

设 $\dim U=n$，$\dim W=m$．

①若 $U\cap W=\{0\}$，则 $\dim(U\cap W)=0$. 分别取 U 的一组基 $\boldsymbol{\varepsilon}_i$，$i=1,2,\cdots,n$，$W$ 的一组基 $\boldsymbol{\eta}_j$，$j=1,2,\cdots,m$. 则有

$$U=\mathrm{Span}\{\boldsymbol{\varepsilon}_i, 1 \leqslant i \leqslant n\},$$

$$W=\mathrm{Span}\{\boldsymbol{\eta}_j, 1 \leqslant j \leqslant m\}.$$

由例 3.4.5 知

$$U+W=\mathrm{Span}\{\boldsymbol{\varepsilon}_i, \boldsymbol{\eta}_j, 1 \leqslant i \leqslant n, 1 \leqslant j \leqslant m\}.$$

于是定理结论成立．

②设 $U\cap W\neq\{0\}$，$\boldsymbol{\alpha}_1$，$\boldsymbol{\alpha}_2$，…，$\boldsymbol{\alpha}_k$ 为 $U\cap W$ 的一组基，将其扩充成 U 的一组基 $\boldsymbol{\alpha}_1$，$\boldsymbol{\alpha}_2$，…，$\boldsymbol{\alpha}_k$，$\boldsymbol{\beta}_1$，$\boldsymbol{\beta}_2$，…，$\boldsymbol{\beta}_{n-k}$，也将其扩充成 W 的一组基 $\boldsymbol{\alpha}_1$，$\boldsymbol{\alpha}_2$，…，$\boldsymbol{\alpha}_k$，$\boldsymbol{\gamma}_1$，$\boldsymbol{\gamma}_2$，…，$\boldsymbol{\gamma}_{m-k}$. 下面证 $\boldsymbol{\alpha}_1$，$\boldsymbol{\alpha}_2$，…，$\boldsymbol{\alpha}_k$，$\boldsymbol{\beta}_1$，$\boldsymbol{\beta}_2$，…，$\boldsymbol{\beta}_{n-k}$，$\boldsymbol{\gamma}_1$，$\boldsymbol{\gamma}_2$，…，$\boldsymbol{\gamma}_{m-k}$ 线性无关．

假设有 b_i，c_j，$d_s\in V$，$1\leqslant i\leqslant k$，$1\leqslant j\leqslant n-k$，$1\leqslant s\leqslant m-k$，使得

$$b_1\boldsymbol{\alpha}_1+\cdots+b_k\boldsymbol{\alpha}_k+c_1\boldsymbol{\beta}_1+\cdots+c_{n-k}\boldsymbol{\beta}_{n-k}+d_1\boldsymbol{\gamma}_1+\cdots+d_{m-k}\boldsymbol{\gamma}_{m-k}=\mathbf{0}.$$

则有
$$b_1\boldsymbol{\alpha}_1+\cdots+b_k\boldsymbol{\alpha}_k+c_1\boldsymbol{\beta}_1+\cdots+c_{n-k}\boldsymbol{\beta}_{n-k}=-d_1\boldsymbol{\gamma}_1-\cdots-d_{m-k}\boldsymbol{\gamma}_{m-k}.$$

上式左端元素属于 U，右端元素属于 W，因此都属于 $U\cap W$，从而有 $a_i\in E$，$1\leqslant i\leqslant k$，使得

$$a_1\boldsymbol{\alpha}_1+\cdots+a_k\boldsymbol{\alpha}_k=-d_1\boldsymbol{\gamma}_1-\cdots-d_{m-k}\boldsymbol{\gamma}_{m-k}.$$

由 $\boldsymbol{\alpha}_1$，$\boldsymbol{\alpha}_2$，…，$\boldsymbol{\alpha}_k$，$\boldsymbol{\gamma}_1$，$\boldsymbol{\gamma}_2$，…，$\boldsymbol{\gamma}_{m-k}$ 线性无关知 $d_s=0$，$1\leqslant s\leqslant m-k$. 因此有

$$b_1\boldsymbol{\alpha}_1+\cdots+b_k\boldsymbol{\alpha}_k+c_1\boldsymbol{\beta}_1+\cdots c_{n-k}\boldsymbol{\beta}_{n-k}=\mathbf{0}.$$

再由 $\boldsymbol{\alpha}_1$，$\boldsymbol{\alpha}_2$，…，$\boldsymbol{\alpha}_k$，$\boldsymbol{\beta}_1$，$\boldsymbol{\beta}_2$，…，$\boldsymbol{\beta}_{n-k}$ 线性无关知 $b_i=0$，$c_j=0$，$1\leqslant i\leqslant k$，$1\leqslant j\leqslant n-k$．

因此 $\boldsymbol{\alpha}_1$，$\boldsymbol{\alpha}_2$，…，$\boldsymbol{\alpha}_k$，$\boldsymbol{\beta}_1$，$\boldsymbol{\beta}_2$，…，$\boldsymbol{\beta}_{n-k}$，$\boldsymbol{\gamma}_1$，$\boldsymbol{\gamma}_2$，…，$\boldsymbol{\gamma}_{m-k}$ 线性无关．

由 $U=\mathrm{Span}\{\boldsymbol{\alpha}_1,\boldsymbol{\alpha}_2,\cdots,\boldsymbol{\alpha}_k,\boldsymbol{\beta}_1,\boldsymbol{\beta}_2,\cdots,\boldsymbol{\beta}_{n-k}\}$，$W=\mathrm{Span}\{\boldsymbol{\alpha}_1,\boldsymbol{\alpha}_2,\cdots,\boldsymbol{\alpha}_k,\boldsymbol{\gamma}_1,\boldsymbol{\gamma}_2,\cdots,\boldsymbol{\gamma}_{m-k}\}$，得

$$U+W=\mathrm{Span}\{\boldsymbol{\alpha}_1,\boldsymbol{\alpha}_2,\cdots,\boldsymbol{\alpha}_k,\boldsymbol{\beta}_1,\boldsymbol{\beta}_2,\cdots,\boldsymbol{\beta}_{n-k},\boldsymbol{\gamma}_1,\boldsymbol{\gamma}_2,\cdots,\boldsymbol{\gamma}_{m-k}\}.$$

故有
$$\dim(U+W)+\dim(U\cap W)=\dim U+\dim W.$$

定义 3.4.2 设 V_1，V_2 均为向量空间 V 的子空间，V_1+V_2 的元均可表为 $\boldsymbol{\alpha}+\boldsymbol{\beta}$，$\boldsymbol{\alpha}\in V_1$，$\boldsymbol{\beta}\in V_2$．如果该表示是唯一的，这个和就称为直和，记为 $V_1\oplus V_2$.

命题 3.4.2 V_1+V_2 是直和的充要条件是：如果 $\boldsymbol{\alpha}+\boldsymbol{\beta}=\mathbf{0}$，$\boldsymbol{\alpha}\in V_1$，$\boldsymbol{\beta}\in V_2$，则有

$$\boldsymbol{\alpha}=\mathbf{0}, \boldsymbol{\beta}=\mathbf{0}.$$

证明 必要性．设 V_1+V_2 是直和，$\boldsymbol{\alpha}+\boldsymbol{\beta}=\mathbf{0}$，$\boldsymbol{\alpha}\in V_1$，$\boldsymbol{\beta}\in V_2$．显然 $\mathbf{0}+\mathbf{0}=\mathbf{0}$，因此有

$\boldsymbol{\alpha}=\mathbf{0}$，$\boldsymbol{\beta}=\mathbf{0}$.

充分性．设 $\boldsymbol{\alpha}_1+\boldsymbol{\beta}_1=\boldsymbol{\alpha}_2+\boldsymbol{\beta}_2$，$\boldsymbol{\alpha}_i\in V_1$，$\boldsymbol{\beta}_i\in V_2$，$i=1$，2. 则有

$$(\boldsymbol{\alpha}_1-\boldsymbol{\alpha}_2)+(\boldsymbol{\beta}_1-\boldsymbol{\beta}_2)=\mathbf{0}.$$

由此得 $\boldsymbol{\alpha}_1-\boldsymbol{\alpha}_2=\mathbf{0}$，$\boldsymbol{\beta}_1-\boldsymbol{\beta}_2=\mathbf{0}$，从而表示唯一．

推论 3.4.2　V_1+V_2 是直和的充要条件是 $V_1\cap V_2=\{0\}$.

推论 3.4.3　设 $\dim V_i<+\infty$，$i=1$，2，则 V_1+V_2 是直和的充要条件是

$$\dim(V_1+V_2)=\dim V_1+\dim V_2.$$

例 3.4.5　考虑实数域 $\mathbf{R}$ 上的 6×6 矩阵全体 $M_{6\times6}$，由例 3.2.3 知 $M_{6\times6}$ 是向量空间．令 $V_1=\mathrm{Span}\{E_{ij},\ i=1,\ 2,\ 3,\ j=1,\ 2,\ 3\}$，$V_2=\mathrm{Span}\{E_{ij},\ i=4,\ 5,\ 6,\ j=4,\ 5,\ 6\}$，其中 E_{ij} 表第 i 行第 j 列数为 1，其他位置数为 0 的 6×6 矩阵．则 $V_1\cap V_2=\{\mathbf{0}_{6\times6}\}$．因此 V_1+V_2 是直和，且有

$$V_1+V_2=\left\{\begin{pmatrix}\boldsymbol{A}&\mathbf{0}\\\mathbf{0}&\boldsymbol{B}\end{pmatrix},\ \forall\boldsymbol{A},\boldsymbol{B}\in M_{3\times3}\right\}.$$

例 3.4.6　设 S 为例 3.1.4 中实数列全体组成的向量空间，S_1，$S_2\subset S$ 满足

$$S_1=\{(a_n)\in S:a_{2k-1}=0,k=1,2,\cdots\},$$

$$S_2=\{(a_n)\in S:a_{2k}=0,k=1,2,\cdots\}.$$

则 S_1，S_2 为 S 的子空间，且有 $S=S_1\oplus S_2$.

3.5　内积空间

定义 3.5.1　设 V 为数域 P 上向量空间，定义了二元函数 $(\boldsymbol{x},\boldsymbol{y})$：$V\times V\to P$，满足以下条件：

(1) $(\boldsymbol{x},\boldsymbol{y})=\overline{(\boldsymbol{y},\boldsymbol{x})}$，$\boldsymbol{x}$，$\boldsymbol{y}\in V$；

(2) $(c\boldsymbol{x},\boldsymbol{y})=c(\boldsymbol{x},\boldsymbol{y})$，$c\in P$，$\boldsymbol{x}$，$\boldsymbol{y}\in V$；

(3) $(\boldsymbol{x}+\boldsymbol{y},\boldsymbol{z})=(\boldsymbol{x},\boldsymbol{z})+(\boldsymbol{y},\boldsymbol{z})$，$\boldsymbol{x}$，$\boldsymbol{y}$，$\boldsymbol{z}\in V$；

(4) $(\boldsymbol{x},\boldsymbol{x})\geqslant0$，$\forall x\in V$，$(\boldsymbol{x},\boldsymbol{x})=0$，则 $\boldsymbol{x}=\mathbf{0}$，

则称 $(\boldsymbol{x},\boldsymbol{y})$ 为 V 上的一个内积，此时称 V 为数域 P 上的内积空间．

注　当 V 为实数域 $\mathbf{R}$ 上向量空间，且存在实内积 $(\boldsymbol{x},\boldsymbol{y})$：$V\times V\to\mathbf{R}$，$V$ 称为欧几里得 (Euclid) 空间．当 V 为复数域 $\mathbf{C}$ 上向量空间，且存在复内积 $(\boldsymbol{x},\boldsymbol{y})$：$V\times V\to\mathbf{C}$，$V$ 称为酉空间．

例 3.5.1　对 $\forall\boldsymbol{x}=(x_1,x_2,\cdots,x_n)$，$\boldsymbol{y}=(y_1,y_2,\cdots,y_n)\in\mathbf{R}^n$，定义 $(\boldsymbol{x},\boldsymbol{y})=\sum\limits_{i=1}^{n}x_iy_i$．易见 $(\boldsymbol{x},\boldsymbol{y})$ 为 $\mathbf{R}^n$ 上的内积，$\mathbf{R}^n$ 为欧几里得空间．

例 3.5.2　对 $\forall\boldsymbol{x}=(x_1,x_2,\cdots,x_n)$，$\boldsymbol{y}=(y_1,y_2,\cdots,y_n)\in\mathbf{C}^n$，定义 $(\boldsymbol{x},\boldsymbol{y})=\sum\limits_{i=1}^{n}x_i\overline{y_i}$．

易见$(\boldsymbol{x},\boldsymbol{y})$ 为 $\mathbf{C}^n$ 上的内积,$\mathbf{C}^n$ 为酉空间.

例 3.5.3 在 $C[0,1]$ 上定义$(f(t),g(t)) = \int_0^1 f(t)g(t)\mathrm{d}t$, $(f(t),\ g(t))$为 $C[0,\ 1]$ 上的内积.

例 3.5.4 令 $l^2=\{(x_i):\ x_i\in\mathbf{R},\ 1\leqslant i\leqslant+\infty,\ \sum_{i=1}^{\infty}x_i^2<+\infty\}$, 在 l^2 上定义

$$\boldsymbol{x}+\boldsymbol{y}=(x_i+y_i),$$
$$\boldsymbol{x}=(x_i),\boldsymbol{y}=(y_i)\in l^2,$$
$$c\boldsymbol{x}=(cx_i),c\in\mathbf{R}.$$

则 l^2 是 $\mathbf{R}$ 上的向量空间.

定义 $(\boldsymbol{x},\boldsymbol{y})=\sum_{i=1}^{\infty}x_iy_i$, $\boldsymbol{x}=(x_i)$, $\boldsymbol{y}=(y_i)\in l^2$, 容易验证$(\boldsymbol{x},\ \boldsymbol{y})$是 l^2 上的内积.

定义 3.5.2 设 V 为数域 P 上内积空间, 令$\|\boldsymbol{x}\|=\sqrt{(\boldsymbol{x},\ \boldsymbol{x})}$, $\boldsymbol{x}\in V$, $\|\boldsymbol{x}\|$称为向量 $\boldsymbol{x}$ 的长度(或范数).

引理 3.5.1(柯西－施瓦茨不等式) $|(\boldsymbol{x},\ \boldsymbol{y})|\leqslant\|\boldsymbol{x}\|\|\boldsymbol{y}\|$, $\forall\boldsymbol{x},\ \boldsymbol{y}\in V$.

证明 若 $\boldsymbol{x}=\mathbf{0}$ 或 $\boldsymbol{y}=\mathbf{0}$, 则结论成立.

可设 $\boldsymbol{x}\neq\mathbf{0}$, $\boldsymbol{y}\neq\mathbf{0}$. 由$(\boldsymbol{x}+\lambda\boldsymbol{y},\ \boldsymbol{x}+\lambda\boldsymbol{y})\geqslant0$, $\forall\boldsymbol{x},\ \boldsymbol{y}\in V$, 知

$$(\boldsymbol{x},\boldsymbol{x})+\lambda(\boldsymbol{y},\boldsymbol{x})+\bar{\lambda}(\boldsymbol{x},\boldsymbol{y})+|\lambda|^2(\boldsymbol{y},\boldsymbol{y})\geqslant0,$$

$\forall\boldsymbol{x},\ \boldsymbol{y}\in V$, $\lambda\in P$.

令 $\lambda=\frac{(\boldsymbol{x},\ \boldsymbol{y})}{(\boldsymbol{y},\ \boldsymbol{y})}$, 得$(\boldsymbol{x},\ \boldsymbol{x})-\frac{|(\boldsymbol{x},\ \boldsymbol{y})|^2}{(\boldsymbol{y},\ \boldsymbol{y})}\geqslant0$.

故有$|(\boldsymbol{x},\ \boldsymbol{y})|\leqslant\|\boldsymbol{x}\|\|\boldsymbol{y}\|$.

命题 3.5.1(三角不等式) $\|\boldsymbol{x}+\boldsymbol{y}\|\leqslant\|\boldsymbol{x}\|+\|\boldsymbol{y}\|$, $\boldsymbol{x},\ \boldsymbol{y}\in V$.

证明 因为

$$(\boldsymbol{x}+\boldsymbol{y},\boldsymbol{x}+\boldsymbol{y})=(\boldsymbol{x},\boldsymbol{x})+(\boldsymbol{x},\boldsymbol{y})+(\boldsymbol{y},\boldsymbol{x})+(\boldsymbol{y},\boldsymbol{y})\leqslant\|\boldsymbol{x}\|^2+2\|\boldsymbol{x}\|\|\boldsymbol{y}\|+\|\boldsymbol{y}\|^2,$$

所以$\|\boldsymbol{x}+\boldsymbol{y}\|\leqslant\|\boldsymbol{x}\|+\|\boldsymbol{y}\|$, $\boldsymbol{x},\ \boldsymbol{y}\in V$.

当$\|\boldsymbol{x}\|=1$ 时, 称 $\boldsymbol{x}$ 为单位向量.

定义 3.5.3 设 V 为数域 P 上内积空间, $\boldsymbol{x},\ \boldsymbol{y}\in V$ 满足$(\boldsymbol{x},\ \boldsymbol{y})=0$, 则称 $\boldsymbol{x}$ 与 $\boldsymbol{y}$ 正交, 记为 $\boldsymbol{x}\perp\boldsymbol{y}$. 设 $M\neq\varnothing$, 称 $M^{\perp}=\{\boldsymbol{y}\in V:\ (\boldsymbol{x},\ \boldsymbol{y})=0,\ \forall\boldsymbol{x}\in M\}$ 为 M 的正交子集.

命题 3.5.2 设 M 为数域 P 上内积空间 V 的非空子集, 则 $M^{\perp}$ 为 V 的子空间.

证明 ①设 $\boldsymbol{x},\ \boldsymbol{y}\in M^{\perp}$. 则有$(\boldsymbol{m},\ \boldsymbol{x}+\boldsymbol{y})=(\boldsymbol{m},\ \boldsymbol{x})+(\boldsymbol{m},\ \boldsymbol{y})=0$, $\forall\boldsymbol{m}\in M$. 于是有 $\boldsymbol{x}+\boldsymbol{y}\in M^{\perp}$.

②设 $\boldsymbol{x}\in M^{\perp}$, $\lambda\in P$. 则有 $(\boldsymbol{m},\ \lambda\boldsymbol{x})=\bar{\lambda}(\boldsymbol{m},\ \boldsymbol{x})=0$. 于是有 $\lambda\boldsymbol{x}\in M^{\perp}$.

由命题 3.4.1 知 $M^{\perp}$ 为 V 的子空间.

对 $\mathbf{R}^n$ 的向量 $\boldsymbol{x},\ \boldsymbol{y}$, $\boldsymbol{x}\neq\mathbf{0}$, $\boldsymbol{y}\neq\mathbf{0}$, 规定 $\theta=\arccos\frac{(\boldsymbol{x},\ \boldsymbol{y})}{\|\boldsymbol{x}\|\|\boldsymbol{y}\|}$为向量 $\boldsymbol{x}$ 与 $\boldsymbol{y}$ 的夹角.

易见**0**向量与任何向量正交．两两正交的非零向量组，称为正交向量组．

例 3.5.5 设$\mathbf{C}[-\pi,\pi]=\{f(x):[-\pi,\pi]\to\mathbf{R}$ 连续$\}$．则$(f(x),g(x))=\int_{-\pi}^{\pi}f(x)g(x)\mathrm{d}x$，$\forall f(x),g(x)\in\mathbf{C}[-\pi,\pi]$，是$\mathbf{C}[-\pi,\pi]$上内积．三角函数列 1，$\cos nx$，$\sin nx$，$n=1,2,\cdots$，是一两两正交的函数列，即有

$$\int_{-\pi}^{\pi}\cos nx\cos mx\mathrm{d}x=0,n\neq m,n,m=0,1,2,\cdots;$$

$$\int_{-\pi}^{\pi}\cos nx\sin mx\,\mathrm{d}x=0,n=0,1,2,\cdots,m=1,2,\cdots;$$

$$\int_{-\pi}^{\pi}\sin nx\sin mx\,\mathrm{d}x=0,n\neq m,n,m=1,2,\cdots.$$

格拉姆－施密特正交化方法

设V为数域P上内积空间，$\boldsymbol{\alpha}_1,\boldsymbol{\alpha}_2,\cdots,\boldsymbol{\alpha}_r\in V$线性无关．下面方法称为格拉姆－施密特正交化方法：可将$\boldsymbol{\alpha}_1,\boldsymbol{\alpha}_2,\cdots,\boldsymbol{\alpha}_r$转化为一组等价的正交向量组，令

$$\boldsymbol{\beta}_1=\boldsymbol{\alpha}_1,$$

$$\boldsymbol{\beta}_2=\boldsymbol{\alpha}_2-\frac{(\boldsymbol{\alpha}_2,\boldsymbol{\beta}_1)}{(\boldsymbol{\beta}_1,\boldsymbol{\beta}_1)}\boldsymbol{\beta}_1,$$

$$\boldsymbol{\beta}_3=\boldsymbol{\alpha}_3-\frac{(\boldsymbol{\alpha}_3,\boldsymbol{\beta}_1)}{(\boldsymbol{\beta}_1,\boldsymbol{\beta}_1)}\boldsymbol{\beta}_1-\frac{(\boldsymbol{\alpha}_3,\boldsymbol{\beta}_2)}{(\boldsymbol{\beta}_2,\boldsymbol{\beta}_2)}\boldsymbol{\beta}_2$$

$$\vdots$$

$$\boldsymbol{\beta}_r=\boldsymbol{\alpha}_r-\frac{(\boldsymbol{\alpha}_r,\boldsymbol{\beta}_1)}{(\boldsymbol{\beta}_1,\boldsymbol{\beta}_1)}\boldsymbol{\beta}_1-\cdots-\frac{(\boldsymbol{\alpha}_r,\boldsymbol{\beta}_{r-1})}{(\boldsymbol{\beta}_{r-1},\boldsymbol{\beta}_{r-1})}\boldsymbol{\beta}_{r-1}.$$

用数学归纳法可证$\boldsymbol{\beta}_1,\boldsymbol{\beta}_2,\cdots,\boldsymbol{\beta}_r$两两正交，且$\boldsymbol{\beta}_1,\boldsymbol{\beta}_2,\cdots,\boldsymbol{\beta}_r$与$\boldsymbol{\alpha}_1,\boldsymbol{\alpha}_2,\cdots,\boldsymbol{\alpha}_r$是等价向量组．

由上述格拉姆－施密特正交化方法，得到下面定理．

定理 3.5.1 设V为数域P上的内积空间，$\boldsymbol{\alpha}_1,\boldsymbol{\alpha}_2,\cdots,\boldsymbol{\alpha}_r\in V$线性无关．则存在正交向量组$\boldsymbol{\beta}_1,\boldsymbol{\beta}_2,\cdots,\boldsymbol{\beta}_r$，使得$\mathrm{Span}\{\boldsymbol{\alpha}_i:1\leqslant i\leqslant r\}=\mathrm{Span}\{\boldsymbol{\beta}_i:1\leqslant i\leqslant r\}$，且$\boldsymbol{\beta}_1,\boldsymbol{\beta}_2,\cdots,\boldsymbol{\beta}_r$与$\boldsymbol{\alpha}_1,\boldsymbol{\alpha}_2,\cdots,\boldsymbol{\alpha}_r$是等价向量组．

推论 3.5.1 设V为数域P上有限维内积空间，$\dim V=k$. 则存在V的一组基$\boldsymbol{e}_1,\boldsymbol{e}_2,\cdots,\boldsymbol{e}_k$，满足

$$\begin{cases}(\boldsymbol{e}_i,\boldsymbol{e}_i)=1,\\(\boldsymbol{e}_i,\boldsymbol{e}_j)=0,\end{cases}$$

$i\neq j$，$i,j=1,2,\cdots,k$，这组基称为V的规范正交基．

证明 任取V的一组基$\boldsymbol{\alpha}_1,\boldsymbol{\alpha}_2,\cdots,\boldsymbol{\alpha}_k$，由定理 3.5.1 知，存在等价正交向量组$\boldsymbol{\beta}_1$，

$\boldsymbol{\beta}_2$，…，$\boldsymbol{\beta}_k$．

令 $\boldsymbol{e}_i=\dfrac{\boldsymbol{\beta}_i}{\|\boldsymbol{\beta}_i\|}$，$i=1$，2，…，$k$，则 $\boldsymbol{e}_1$，$\boldsymbol{e}_2$，…，$\boldsymbol{e}_k$ 满足定理结论．

定理 3.5.2 设 V 为数域 P 上内积空间，$U\subset V$ 为有限维子空间．则有 $V=U\oplus U^{\perp}$.

证明 当 $U=\{0\}$，或 $U=V$ 时，定理结论显然成立．因此设 $U\neq\{0\}$，$\dim U=k<\dim V$. 由推论 3.5.1，存在 U 的一组规范正交基 $\boldsymbol{e}_1$，$\boldsymbol{e}_2$，…，$\boldsymbol{e}_k$. 下面证明 $V=U\oplus U^{\perp}$.

对 $\forall \boldsymbol{x}\in V$，令 $\boldsymbol{y}=\sum\limits_{i=1}^{k}(\boldsymbol{x},\ \boldsymbol{e}_i)\boldsymbol{e}_i$．则 $\boldsymbol{y}\in U$．显然有 $\boldsymbol{x}=\boldsymbol{y}+(\boldsymbol{x}-\boldsymbol{y})$. 我们证明 $\boldsymbol{x}-\boldsymbol{y}\perp\boldsymbol{y}$：

$$
\begin{aligned}
(\boldsymbol{x}-\boldsymbol{y},\boldsymbol{y})&=(\boldsymbol{x}-\sum_{i=1}^{k}(\boldsymbol{x},\boldsymbol{e}_i)\boldsymbol{e}_i,\sum_{i=1}^{k}(\boldsymbol{x},\boldsymbol{e}_i)\boldsymbol{e}_i)\\
&=\sum_{i=1}^{k}\overline{(\boldsymbol{x},\boldsymbol{e}_i)}(\boldsymbol{x},\boldsymbol{e}_i)-\sum_{i=1}^{k}|(\boldsymbol{x},\boldsymbol{e}_i)|^2=0.
\end{aligned}
$$

所以 $\boldsymbol{x}-\boldsymbol{y}\perp\boldsymbol{y}$，即 $\boldsymbol{x}-\boldsymbol{y}\in U^{\perp}$. 易见，$\boldsymbol{x}-\boldsymbol{y}\perp\boldsymbol{e}_i$，$i=1$，2，…，$k$，因此 $V=U+U^{\perp}$.

再设 $\boldsymbol{x}+\boldsymbol{y}=\boldsymbol{0}$，$\boldsymbol{x}\in U$，$\boldsymbol{y}\in U^{\perp}$. 则有

$$
\begin{aligned}
0&=(\boldsymbol{x},\boldsymbol{x})+(\boldsymbol{y},\boldsymbol{x})=(\boldsymbol{x},\boldsymbol{x}),\ \boldsymbol{x}=\boldsymbol{0};\\
0&=(\boldsymbol{x},\boldsymbol{y})+(\boldsymbol{y},\boldsymbol{y})=(\boldsymbol{y},\boldsymbol{y}),\ \boldsymbol{y}=\boldsymbol{0}.
\end{aligned}
$$

因此有 $V=U\oplus U^{\perp}$.

定义 3.5.2 若 n 阶实方阵 $\boldsymbol{A}$ 满足 $\boldsymbol{A}^{\mathrm{T}}\boldsymbol{A}=\boldsymbol{I}$，则称 $\boldsymbol{A}$ 为正交矩阵；若 $\boldsymbol{Q}$ 为正交阵，则称 $\boldsymbol{y}=\boldsymbol{Q}\boldsymbol{x}$ 为正交变换，$x\in\mathbf{R}^n$.

注 若 $\boldsymbol{y}=\boldsymbol{Q}\boldsymbol{x}$ 为正交变换，则有 $\|\boldsymbol{Q}\boldsymbol{x}\|=\|\boldsymbol{x}\|$．

例 3.5.6 平面上的旋转变换

$$
\begin{cases}u=x\cos\theta-y\sin\theta,\\ v=x\sin\theta+y\cos\theta\end{cases}
$$

为正交变换．

命题 3.5.2 设实方阵 $\boldsymbol{A}=(\boldsymbol{\alpha}_1,\ \boldsymbol{\alpha}_2,\ \cdots,\ \boldsymbol{\alpha}_n)$，$\boldsymbol{\alpha}_i$，$1\leqslant i\leqslant n$ 为 $\boldsymbol{A}$ 的列向量组，则 $\boldsymbol{A}$ 为正交矩阵 $\Leftrightarrow\boldsymbol{\alpha}_i^{\mathrm{T}}\boldsymbol{\alpha}_j=\begin{cases}0 & i\neq j\\ 1 & i=j\end{cases}$.

证明 因为

$$
\boldsymbol{A}^{\mathrm{T}}\boldsymbol{A}=\begin{pmatrix}\boldsymbol{\alpha}_1^{\mathrm{T}}\boldsymbol{\alpha}_1 & \boldsymbol{\alpha}_1^{\mathrm{T}}\boldsymbol{\alpha}_2 & \cdots & \boldsymbol{\alpha}_1^{\mathrm{T}}\boldsymbol{\alpha}_n\\ \boldsymbol{\alpha}_2^{\mathrm{T}}\boldsymbol{\alpha}_1 & \boldsymbol{\alpha}_2^{\mathrm{T}}\boldsymbol{\alpha}_2 & \cdots & \boldsymbol{\alpha}_2^{\mathrm{T}}\boldsymbol{\alpha}_n\\ \vdots & \vdots & & \vdots\\ \boldsymbol{\alpha}_n^{\mathrm{T}}\boldsymbol{\alpha}_1 & \boldsymbol{\alpha}_n^{\mathrm{T}}\boldsymbol{\alpha}_2 & \cdots & \boldsymbol{\alpha}_n^{\mathrm{T}}\boldsymbol{\alpha}_n\end{pmatrix},
$$

于是有 $\boldsymbol{A}^{\mathrm{T}}\boldsymbol{A}=\boldsymbol{I}\Leftrightarrow\boldsymbol{\alpha}_i^{\mathrm{T}}\boldsymbol{\alpha}_i=1$，$\boldsymbol{\alpha}_i^{\mathrm{T}}\boldsymbol{\alpha}_j=0$，$i\neq j$，$i$，$j=1$，2，…，$n$.

定义 3.5.3 若 n 阶复方阵 $\boldsymbol{A}$ 满足 $\overline{\boldsymbol{A}}^{\mathrm{T}}\boldsymbol{A}=\boldsymbol{I}$，则称 $\boldsymbol{A}$ 为酉矩阵.

命题 3.5.2 设复方阵 $\boldsymbol{A}=(\boldsymbol{\alpha}_1,\ \boldsymbol{\alpha}_2,\ \cdots,\ \boldsymbol{\alpha}_n)$，$\boldsymbol{\alpha}_i$，$1\leqslant i\leqslant n$ 为 $\boldsymbol{A}$ 的列向量组，则 $\boldsymbol{A}$ 为酉矩阵 $\Leftrightarrow \overline{\boldsymbol{\alpha}}_i^{\mathrm{T}}\boldsymbol{\alpha}_j=\begin{cases}0 & i\neq j\\ 1 & i=j\end{cases}$.

习 题 3

1. 将向量 $\boldsymbol{\beta}$ 表为 $\boldsymbol{\alpha}_1$，$\boldsymbol{\alpha}_2$，$\boldsymbol{\alpha}_3$，$\boldsymbol{\alpha}_4$ 的线性组合：

(1) $\boldsymbol{\beta}=(2,\ 1,\ 3,\ -1)$，$\boldsymbol{\alpha}_1=(1,\ 1,\ 0,\ 1)$，$\boldsymbol{\alpha}_2=(1,\ 0,\ 1,\ 1)$，$\boldsymbol{\alpha}_3=(0,\ 1,\ 0,\ 1)$，$\boldsymbol{\alpha}_4=(-1,\ -1,\ -1,\ -1)$；

(2) $\boldsymbol{\beta}=(1,\ 0,\ 0,\ 0)$，$\boldsymbol{\alpha}_1=(1,\ 1,\ 1,\ 1)$，$\boldsymbol{\alpha}_2=(1,\ 1,\ 0,\ 0)$，$\boldsymbol{\alpha}_3=(1,\ 0,\ 3,\ 0)$，$\boldsymbol{\alpha}_4=(1,\ 0,\ 0,\ 2)$.

2. 设 $\boldsymbol{\alpha}_1$，$\boldsymbol{\alpha}_2$，$\boldsymbol{\alpha}_3$ 线性无关. 证明 $\boldsymbol{\alpha}_1+\boldsymbol{\alpha}_2$，$\boldsymbol{\alpha}_2+\boldsymbol{\alpha}_3$，$\boldsymbol{\alpha}_3+\boldsymbol{\alpha}_1$ 线性无关.

3. 设 E 为域，k_1，k_2，$\cdots k_s\in E$ 互不相同，$s\leqslant n$. 证明向量组 $\boldsymbol{\alpha}_i^{\mathrm{T}}=(1,\ k_i,\ k_i^2,\ \cdots,\ k_i^{n-1})$，$i=1,\ 2,\ \cdots,\ s$ 线性无关.

4. 设 E 为域，$\boldsymbol{A}$ 为域 E 上 n 阶方阵，$\boldsymbol{\alpha}\in E^n$ 满足 $\boldsymbol{A}^i\boldsymbol{\alpha}\neq\boldsymbol{0}$，$i=1,\ 2,\ \cdots,\ k-1$，$\boldsymbol{A}^k\boldsymbol{\alpha}=\boldsymbol{0}$，$k\geqslant 2$，证明 $\boldsymbol{\alpha}$，$\boldsymbol{A\alpha}$，$\cdots$，$\boldsymbol{A}^{k-1}\boldsymbol{\alpha}$ 线性无关.

5. 求下列向量组的一个极大无关组，并将其余向量用该极大无关组线性表示：

(1) $\boldsymbol{\alpha}_1=(1,\ 1,\ 2,\ 3)$，$\boldsymbol{\alpha}_2=(2,\ 3,\ 0,\ 1)$，$\boldsymbol{\alpha}_3=(3,\ 2,\ 1,\ -1)$，$\boldsymbol{\alpha}_4=(1,\ 1,\ 1,\ 1)$，$\boldsymbol{\alpha}_5=(-1,\ 2,\ -1,\ 5)$；

(2) $\boldsymbol{\alpha}_1=(1,\ 2,\ 3,\ 1)$，$\boldsymbol{\alpha}_2=(3,\ 2,\ 1,\ -1)$，$\boldsymbol{\alpha}_3=(1,\ 0,\ -1,\ 0)$，$\boldsymbol{\alpha}_4=(4,\ 1,\ 3,\ -1)$，$\boldsymbol{\alpha}_5=(-1,\ 2,\ 7,\ 0)$.

6. 设 E 为域，$\boldsymbol{\alpha}_i\in E^n$，$i=1,\ 2,\ \cdots,\ m$，$r(\boldsymbol{\alpha}_1,\ \boldsymbol{\alpha}_2,\ \cdots,\ \boldsymbol{\alpha}_m)=r$，任取 $\boldsymbol{\alpha}_{i_1}$，$\boldsymbol{\alpha}_{i_2}$，$\cdots$，$\boldsymbol{\alpha}_{i_k}$，$k\leqslant m$，则有 $r(\boldsymbol{\alpha}_{i_1},\ \boldsymbol{\alpha}_{i_2},\ \cdots,\ \boldsymbol{\alpha}_{i_k})\geqslant r+k-m$.

7. 设 V 为域 E 上向量空间，V 中向量组 $\boldsymbol{A}$：$\boldsymbol{\alpha}_1$，$\boldsymbol{\alpha}_2$，$\cdots$，$\boldsymbol{\alpha}_n$ 与 $\boldsymbol{B}$：$\boldsymbol{\beta}_1$，$\boldsymbol{\beta}_2$，$\cdots$，$\boldsymbol{\beta}_m$ 均线性无关，且满足 $(\boldsymbol{\beta}_1,\ \boldsymbol{\beta}_2,\ \cdots,\ \boldsymbol{\beta}_m)=(\boldsymbol{\alpha}_1,\ \boldsymbol{\alpha}_2,\ \cdots,\ \boldsymbol{\alpha}_n)\boldsymbol{A}_{n\times m}$. 证明 $r(\boldsymbol{A})=m$.

8. 设 V 为域 E 上向量空间，V 中向量组 $\boldsymbol{A}$：$\boldsymbol{\alpha}_1$，$\boldsymbol{\alpha}_2$，$\cdots$，$\boldsymbol{\alpha}_n$ 线性无关，且

$$(\boldsymbol{\beta}_1,\boldsymbol{\beta}_2,\cdots,\boldsymbol{\beta}_m)=(\boldsymbol{\alpha}_1,\boldsymbol{\alpha}_2,\cdots,\boldsymbol{\alpha}_n)\boldsymbol{A}_{n\times m}.$$

证明 $r(\boldsymbol{\beta}_1,\ \boldsymbol{\beta}_2,\ \cdots,\ \boldsymbol{\beta}_m)=r(\boldsymbol{A})$.

9. 设 E 为域，$S_n(E)=\{\boldsymbol{A}_{n\times n}:\ \boldsymbol{A}^{\mathrm{T}}=\boldsymbol{A}\}$. 验证 $S_n(E)$ 按矩阵加法与 E 中元素与矩阵乘法成为向量空间，并求 $S_n(E)$ 的一组基.

10. 设 E 为域，$S_n^a(E)=\{\boldsymbol{A}_{n\times n}:\ \boldsymbol{A}^{\mathrm{T}}=-\boldsymbol{A}\}$. 验证 $S_n^a(E)$ 按矩阵加法与 E 中元素与矩阵乘法成为向量空间，并求 $S_n^a(E)$ 的一组基.

11. 设 $\boldsymbol{A}=\mathrm{diag}(1,\ 2,\ \cdots,\ n)$，$n\geqslant 2$，$C(\boldsymbol{A})=\{\boldsymbol{B}\in M_n(R):\ \boldsymbol{BA}=\boldsymbol{AB}\}$. 验证 $C(\boldsymbol{A})$ 是 $M_n(\mathbf{R})$ 的子空间并求 $C(\boldsymbol{A})$ 的一组基.

12. 设 V 为域 E 上向量空间，$\boldsymbol{\alpha}_i \in V$，$c_i \in E$，$i=1, 2, 3, 4$，满足 $\sum_{i=1}^{4} c_i\boldsymbol{\alpha}_i = 0$，且有 $c_1 \neq 0, c_4 \neq 0$. 证明 $\mathrm{Span}\{\boldsymbol{\alpha}_1, \boldsymbol{\alpha}_2, \boldsymbol{\alpha}_3\} = \mathrm{Span}\{\boldsymbol{\alpha}_2, \boldsymbol{\alpha}_3, \boldsymbol{\alpha}_4\}$.

13. 求 $V_1 \cap V_2$ 的一组基，其中 V_1，V_2 如下：

(1) $V_1 = \mathrm{Span}\{(1, 2, 1, 0), (-1, 1, 1, 1)\}$，$V_2 = \mathrm{Span}\{(2, -1, 0, 1), (1, -1, 3, 7)\}$；

(2) $V_1 = \mathrm{Span}\{(1, 2, -1, -2), (3, 1, 1, 1), (1, 0, -1, 1)\}$，$V_2 = \mathrm{Span}\{(-2, -5, 6, 5), (1-2, 7, -3)\}$.

14. 设 V_i，$i=1, 2, 3$ 均为向量空间 V 的子空间，$V_1 \subseteq V_2$，$V_3 \cap V_1 = V_3 \cap V_2$，$V_1 + V_3 = V_2 + V_3$. 证明 $V_1 = V_2$.

15. 验证线性方程组

$$\begin{cases} 2x_1 + x_2 + x_3 - x_4 + 3x_5 = 0, \\ x_1 + x_2 - x_3 - x_4 = 0 \end{cases}$$

的解向量全体是 $\mathbf{R}^5$ 的子空间，并求它的一组规范正交基.

16. 设 V 为数域 E 上内积空间，$\boldsymbol{x}$，$\boldsymbol{y} \in V$. 证明

$$\|\boldsymbol{x}+\boldsymbol{y}\|^2 + \|\boldsymbol{x}-\boldsymbol{y}\|^2 = 2(\|\boldsymbol{x}\|^2 + \|\boldsymbol{y}\|^2).$$

17. 设 V 为数域 E 上内积空间，$\lambda_i \in E$，$\boldsymbol{\alpha}_i \in V$，$i=1, 2, \cdots, s$，为两两正交向量. 证明

$$\|\lambda_1\boldsymbol{\alpha}_1 + \lambda_2\boldsymbol{\alpha}_2 + \cdots + \lambda_s\boldsymbol{\alpha}_s\|^2 = |\lambda_1|^2\|\boldsymbol{\alpha}_1\|^2 + |\lambda_2|^2\|\boldsymbol{\alpha}_2\|^2 + \cdots + |\lambda_s|^2\|\boldsymbol{\alpha}_s\|^2.$$

18. 设 V 为数域 E 上内积空间，$U \subset V$ 为有限维子空间，$\boldsymbol{y} \in V \setminus U$. 求 $\min_{\boldsymbol{x} \in U}\|\boldsymbol{y}-\boldsymbol{x}\|$.

19. 设 $\boldsymbol{\alpha}=(1, 2, 0, 1)$，$\boldsymbol{\beta}=(2, 0, -1, 2)$ 在 $\mathbf{R}^4$. 求 $\{\boldsymbol{\alpha}, \boldsymbol{\beta}\}^{\perp}$.

20. 设 V 为数域 E 上内积空间，$U \subset V$ 为有限维子空间. 证明 $U^{\perp\perp} = (U^{\perp})^{\perp} = U$.

21. 设 $\boldsymbol{A}$，$\boldsymbol{B}$ 为正交阵. 证明 $\boldsymbol{AB}$ 为正交阵.

22. 设 $\mathbf{R}$ 上 n 阶矩阵 $\boldsymbol{A}$ 可逆. 证明存在正交阵 $\boldsymbol{Q}$ 与上三角矩阵 $\boldsymbol{T}$，使得 $\boldsymbol{A}=\boldsymbol{QT}$.

23*. 设 $M_{m\times n}$ 表实数域 $\mathbf{R}$ 上 $m\times n$ 矩阵全体.

$$\|\boldsymbol{A}\| = \max_{\|\boldsymbol{x}\|=1, \boldsymbol{x}\in\mathbf{R}^n}\|\boldsymbol{Ax}\|, \ \boldsymbol{A} \in M_{m\times n},$$

称为矩阵 $\boldsymbol{A}$ 的范数. 证明 $\|\boldsymbol{A}+\boldsymbol{B}\| \leqslant \|\boldsymbol{A}\| + \|\boldsymbol{B}\|$ 对任意 $\boldsymbol{A}$，$\boldsymbol{B} \in M_{m\times n}$ 成立.

4 矩阵的特征值与特征向量

本章设 $\boldsymbol{A}$ 为域 E 上 n 阶方阵，$\lambda \in E$，$y \in E^n$，考察方程 $\lambda\boldsymbol{x}-\boldsymbol{A}\boldsymbol{x}=\boldsymbol{y}$ 解的存在性．由第 2.8 节可知，若 $r(\lambda\boldsymbol{I}-\boldsymbol{A})=n$，则 $\lambda\boldsymbol{x}-\boldsymbol{A}\boldsymbol{x}=\boldsymbol{y}$ 在 E^n 中有唯一解；若 $r(\lambda\boldsymbol{I}-\boldsymbol{A})<n$，则 $\lambda\boldsymbol{x}-\boldsymbol{A}\boldsymbol{x}=\boldsymbol{y}$ 不一定有解．因此，我们想知道哪些 λ 影响方程 $\lambda\boldsymbol{x}-\boldsymbol{A}\boldsymbol{x}=\boldsymbol{y}$ 解的存在性，即哪些 λ 满足 $r(\lambda\boldsymbol{d}-\boldsymbol{A})<n$．它就是第一节要介绍的矩阵的特征值，它在矩阵分解如矩阵相似于对角阵问题中也起到重要作用．第二节介绍相似矩阵，一个 n 阶矩阵相似于对角阵的充要条件是它有 n 个线性无关的特征向量．第三节介绍实对称矩阵，实对称矩阵一定相似于对角阵．泛函分析这门学科是在无穷维向量空间考察方程 $\lambda\boldsymbol{x}-\boldsymbol{T}\boldsymbol{x}=\boldsymbol{y}$ 解的问题，方程中 T 为一无穷维向量空间中的线性算子，那些影响方程 $\lambda\boldsymbol{x}-\boldsymbol{T}\boldsymbol{x}=\boldsymbol{y}$ 解存在性的 λ 称为线性算子 T 的谱.

4.1 特征值与特征向量

设 $\boldsymbol{A}$ 为域 E 上 n 阶方阵，$\lambda \in E$. 我们知道 $r(\lambda\boldsymbol{I}-\boldsymbol{A})<n$ 的充要条件是 $(\lambda\boldsymbol{I}-\boldsymbol{A})\boldsymbol{x}=\boldsymbol{0}$ 在 E^n 中有非零解．

定义 4.1.1 设 $\boldsymbol{A}$ 为 n 阶方阵．若存在一个 $\lambda \in E$ 及非零向量 $\boldsymbol{\alpha} \in E^n$，使得 $\boldsymbol{A}\boldsymbol{\alpha}=\lambda\boldsymbol{\alpha}$ 成立，即 $(\lambda\boldsymbol{I}-\boldsymbol{A})\boldsymbol{\alpha}=\boldsymbol{0}$ 有非零解，则称 λ 是矩阵 $\boldsymbol{A}$ 的一个特征值，非零向量 $\boldsymbol{\alpha}$ 是 $\boldsymbol{A}$ 的属于特征值 λ 的一个特征向量，称 $V_\lambda=\mathrm{Span}\{\boldsymbol{\alpha}:\ \boldsymbol{A}\boldsymbol{\alpha}=\lambda\boldsymbol{\alpha}\}$ 为 $\boldsymbol{A}$ 的属于特征值 λ 的特征向量空间．

由第二章我们知道，方阵可逆的充要条件是方阵的确定元为非零元．因此 λ 是矩阵 $\boldsymbol{A}$ 的一个特征值的充要条件是 $\det(\lambda\boldsymbol{I}-\boldsymbol{A})=0$.

定义 4.1.2 设 $\boldsymbol{A}$ 为域 E 上 n 阶方阵，λ 是一变量，$E[\lambda]$上的矩阵 $\lambda\boldsymbol{I}-\boldsymbol{A}$ 称为 $\boldsymbol{A}$ 的特征矩阵；$f(\lambda)=\det(\lambda\boldsymbol{I}-\boldsymbol{A})$称为 $\boldsymbol{A}$ 的特征多项式；$\det(\lambda\boldsymbol{I}-\boldsymbol{A})=0$ 称为 $\boldsymbol{A}$ 的特征多项式方程，其方程的根即为 $\boldsymbol{A}$ 的特征值．

命题 4.1.1 $f(\lambda)=\det(\lambda\boldsymbol{I}-\boldsymbol{A})=\lambda^n-\left(\sum\limits_{i=1}^{n}a_{ii}\right)\lambda^{n-1}+\cdots+(-1)^n\det\boldsymbol{A}.$

证明 由 $\det(\lambda\boldsymbol{I}-\boldsymbol{A})$的定义知 $f(\lambda)$是 λ 的一个 n 次多项式，含有非对角线上元素的项的次数不超过 $n-2$，所以它的 n 次与 $n-1$ 次项出现在$(\lambda-a_{11})(\lambda-a_{22})\cdots(\lambda-a_{nn})$的乘积中．易见 $n-1$ 次项 λ^{n-1}的系数为 $-\sum\limits_{i=1}^{n}a_{ii}$. 令 $\lambda=0$，可得其常值项为$(-1)^n\det\boldsymbol{A}$. 所以

$$f(\lambda) = \lambda^n - (\sum_{i=1}^{n} a_{ii})\lambda^{n-1} + \cdots + (-1)^n \det \boldsymbol{A}.$$

推论4.1.1 设n阶方阵$\boldsymbol{A}$有n个特征值λ_i，$i=1, 2, \cdots, n$，则有

$$\sum_{i=1}^{n} \lambda_i = \sum_{i=1}^{n} a_{ii},$$

$$\prod_{i=1}^{n} \lambda_i = \det \boldsymbol{A}.$$

注 $\sum_{i=1}^{n} a_{ii}$也称为矩阵$\boldsymbol{A}$的迹，记为$\mathrm{tr}(\boldsymbol{A}) = \sum_{i=1}^{n} a_{ii}$.

n阶方阵的特征值与特征向量具有如下性质：

性质4.1.1 设E为域，$\boldsymbol{A}$为域E上n阶方阵，$\lambda_0 \in E$，$\boldsymbol{\xi}_0 \in E^n$，$\boldsymbol{\xi}_0 \neq \boldsymbol{0}$，满足$\boldsymbol{A}\boldsymbol{\xi}_0 = \lambda_0 \boldsymbol{\xi}_0$. 则下列结论成立：

(1) 如果$g(x) = b_m x^m + \cdots + b_1 x + b_0 \in E[x]$，则有$g(\boldsymbol{A})\boldsymbol{\xi}_0 = g(\lambda_0)\boldsymbol{\xi}_0$；

(2) 如果$\boldsymbol{A}$可逆，则$\boldsymbol{A}^{-1}\boldsymbol{\xi}_0 = \lambda_0^{-1}\boldsymbol{\xi}_0$；

(3) $\det(\lambda_0 \boldsymbol{I} - \boldsymbol{A}^{\mathrm{T}}) = 0$，即$\lambda_0$为$\boldsymbol{A}^{\mathrm{T}}$的特征值.

证明 (1) $\boldsymbol{A}^2\boldsymbol{\xi}_0 = \lambda_0 \boldsymbol{A}\boldsymbol{\xi}_0 = \lambda_0^2 \boldsymbol{\xi}_0$，归纳可得$\boldsymbol{A}^k \boldsymbol{\xi}_0 = \lambda_0^k \boldsymbol{\xi}_0$，$k \geqslant 3$. 于是有

$$g(\boldsymbol{A})\boldsymbol{\xi}_0 = b_m \boldsymbol{A}^m \boldsymbol{\xi}_0 + \cdots + b_1 \boldsymbol{A}\boldsymbol{\xi}_0 + b_0 \boldsymbol{\xi}_0 = g(\lambda_0)\boldsymbol{\xi}_0.$$

(2) 因为$\boldsymbol{A}$可逆，由推论4.1.1知$\lambda_0 \neq 0$，又$\boldsymbol{\xi}_0 = \boldsymbol{A}^{-1}\boldsymbol{A}\boldsymbol{\xi}_0 = \lambda_0 \boldsymbol{A}^{-1}\boldsymbol{\xi}_0$，故有

$$\boldsymbol{A}^{-1}\boldsymbol{\xi}_0 = \lambda_0^{-1}\boldsymbol{\xi}_0.$$

(3) 由性质2.5.1知

$$\begin{aligned}\det(\lambda_0 \boldsymbol{I} - \boldsymbol{A}^{\mathrm{T}}) &= \det(\lambda_0 \boldsymbol{I} - \boldsymbol{A})^{\mathrm{T}} \\ &= \det(\lambda_0 \boldsymbol{I} - \boldsymbol{A}) = 0.\end{aligned}$$

故λ_0为$\boldsymbol{A}^{\mathrm{T}}$的特征值.

命题4.1.2 n阶方阵$\boldsymbol{A}$的属于不同特征值的特征向量线性无关.

证明 设$\lambda_1, \lambda_2, \cdots, \lambda_k$为$\boldsymbol{A}$的不同特征值，$\boldsymbol{A}\boldsymbol{\xi}_i = \lambda_i \boldsymbol{\xi}_i$，$i=1, 2, \cdots, k$.

当$k=1$时，命题结论显然成立.

设$k=s$时命题结论成立. 则当$k=s+1$时，假设有$a_i \in E$，$i=1, 2, \cdots, s+1$不全为零，使得$\sum_{i=1}^{s+1} a_i \boldsymbol{\xi}_i = \boldsymbol{0}$. 则有$\sum_{i=1}^{s+1} a_i \boldsymbol{A}\boldsymbol{\xi}_i = \boldsymbol{0}$，即$\sum_{i=1}^{s+1} a_i \lambda_i \boldsymbol{\xi}_i = \boldsymbol{0}$. 又有$\sum_{i=1}^{s+1} \lambda_{s+1} a_i \boldsymbol{\xi}_i = \boldsymbol{0}$，两式相减得

$$\sum_{i=1}^{s} (\lambda_i - \lambda_{s+1}) a_i \boldsymbol{\xi} = \boldsymbol{0}.$$

由归纳假设即得$a_i = 0$，$i=1, 2, \cdots, s$，进一步有$a_{s+1} = 0$，与假设矛盾.

综上，命题4.1.2结论成立.

例 4.1.1 求$A=\begin{pmatrix}1&-2&0\\-1&0&0\\1&-1&-1\end{pmatrix}$的特征值与特征向量.

解

$$\det(\lambda I-A)=\det\begin{pmatrix}\lambda-1&2&0\\1&\lambda&0\\-1&1&\lambda+1\end{pmatrix}=(\lambda+1)^2(\lambda-2).$$

令 $\det(\lambda I-A)=0$，解得特征值 $\lambda_{1,2}=-1$，$\lambda_3=2$.

解 $(-I-A)x=\begin{pmatrix}-2&2&0\\1&-1&0\\-1&1&0\end{pmatrix}\begin{pmatrix}x_1\\x_2\\x_3\end{pmatrix}=0$ 得到两个线性无关特征向量

$$\xi_1=\begin{pmatrix}1\\1\\0\end{pmatrix},\qquad \xi_2=\begin{pmatrix}1\\1\\1\end{pmatrix},$$

A 的属于特征值 -1 的特征向量为 $k_1\xi_1+k_2\xi_2$，k_1，k_2 不同时为零.

解$(2I-A)x=\begin{pmatrix}1&2&0\\1&2&0\\-1&1&3\end{pmatrix}\begin{pmatrix}x_1\\x_2\\x_3\end{pmatrix}=0$ 得 A 的属于特征值 2 的特征向量为

$$\xi=k\begin{pmatrix}2\\-1\\1\end{pmatrix},\quad k\neq 0.$$

定理 4.1.1 哈密顿－凯莱(Hamilton-Cayley)定理 设 A 是域 E 上 n 阶方阵，$f(\lambda)=\det(\lambda I-A)$是 A 的特征多项式，则有

$$f(A)=A^n-(a_{11}+a_{22}+\cdots+a_{nn})A^{n-1}+\cdots+(-1)^n(\det A)I=0.$$

证明 设 $B(\lambda)$ 是 $\lambda I-A$ 的伴随阵. 则有

$$B(\lambda)(\lambda I-A)=\det(\lambda I-A)I=f(\lambda)I.$$

注意 $\det(\lambda I-A)$的最高阶项出现在 $\lambda I-A$ 的对角线元素的乘积中，而 $B(\lambda)$的每个元素是 $\lambda I-A$ 的元素的余子矩阵的确定元，因此它是 λ 的多项式，其阶不超过 $n-1$. 故 $B(\lambda)$可表成

$$B(\lambda)=\lambda^{n-1}B_0+\lambda^{n-2}B_1+\cdots+B_{n-1},$$

其中 B_i 均为 E 中纯元矩阵，$i=0, 1, \cdots, n-1$.

又设 $f(\lambda)=\lambda^n+a_1\lambda^{n-1}+\cdots+a_{n-1}\lambda+a_n$，则有

$$f(\lambda)\boldsymbol{I}=\lambda^n\boldsymbol{I}+a_1\lambda^{n-1}\boldsymbol{I}+\cdots+a_{n-1}\lambda\boldsymbol{I}+a_n\boldsymbol{I}.$$

另一方面，

$$\boldsymbol{B}(\lambda)(\lambda\boldsymbol{I}-\boldsymbol{A})=\lambda^n\boldsymbol{B}_0+\lambda^{n-1}(\boldsymbol{B}_1-\boldsymbol{B}_0\boldsymbol{A})+\lambda^{n-2}(\boldsymbol{B}_2-\boldsymbol{B}_1\boldsymbol{A})+\cdots+\lambda(\boldsymbol{B}_{n-1}-\boldsymbol{B}_{n-2}\boldsymbol{A})-\boldsymbol{B}_{n-1}\boldsymbol{A}.$$

故有

$$\begin{cases}\boldsymbol{I}=\boldsymbol{B}_0,\\ a_1\boldsymbol{I}=\boldsymbol{B}_1-\boldsymbol{B}_0\boldsymbol{A},\\ a_2\boldsymbol{I}=\boldsymbol{B}_2-\boldsymbol{B}_1\boldsymbol{A},\\ \quad\vdots\\ a_{n-1}\boldsymbol{I}=\boldsymbol{B}_{n-1}-\boldsymbol{B}_{n-2}\boldsymbol{A},\\ a_n\boldsymbol{I}=-\boldsymbol{B}_{n-1}\boldsymbol{A}.\end{cases}$$

由此可得

$$\begin{cases}\boldsymbol{A}^n=\boldsymbol{B}_0\boldsymbol{A}^n,\\ a_1\boldsymbol{A}^{n-1}=\boldsymbol{B}_1\boldsymbol{A}^{n-1}-\boldsymbol{B}_0\boldsymbol{A}^n,\\ a_2\boldsymbol{A}^{n-2}=\boldsymbol{B}_2\boldsymbol{A}^{n-2}-\boldsymbol{B}_1\boldsymbol{A}^{n-1},\\ \quad\vdots\\ a_{n-1}\boldsymbol{A}=\boldsymbol{B}_{n-1}\boldsymbol{A}-\boldsymbol{B}_{n-2}\boldsymbol{A}^2,\\ a_n\boldsymbol{I}=-\boldsymbol{B}_{n-1}\boldsymbol{A}.\end{cases}$$

把等式两边相加即得

$$f(\boldsymbol{A})=\boldsymbol{A}^n-(a_{11}+a_{22}+\cdots+a_{nn})\boldsymbol{A}^{n-1}+\cdots+(-1)^n(\det\boldsymbol{A})\boldsymbol{I}=\boldsymbol{0}.$$

例 4.1.2 设矩阵 $\boldsymbol{A}$ 同例 4.1.1，则有

$$f(\lambda)=\det(\lambda\boldsymbol{I}-\boldsymbol{A})=(\lambda+1)^2(\lambda-2),$$

$$f(\boldsymbol{A})=(\boldsymbol{A}+\boldsymbol{I})^2(\boldsymbol{A}-2\boldsymbol{I}).$$

$$(\boldsymbol{A}+\boldsymbol{I})^2=\begin{pmatrix}2&-2&0\\-1&1&0\\1&-1&0\end{pmatrix}\begin{pmatrix}2&-2&0\\-1&1&0\\1&-1&0\end{pmatrix}=\begin{pmatrix}6&-6&0\\-3&3&0\\3&-3&0\end{pmatrix},$$

$$(\boldsymbol{A}-2\boldsymbol{I})=\begin{pmatrix}-1&-2&0\\-1&-2&0\\1&-1&-3\end{pmatrix}.$$

$$f(\boldsymbol{A})=(\boldsymbol{A}+\boldsymbol{I})^2(\boldsymbol{A}-2\boldsymbol{I})$$

$$=\begin{pmatrix}6&-6&0\\-3&3&0\\3&-3&0\end{pmatrix}\begin{pmatrix}-1&-2&0\\-1&-2&0\\1&-1&-3\end{pmatrix}=\boldsymbol{0}.$$

4.2　相似矩阵

定义 4.2.1　设 $\boldsymbol{A}$ 和 $\boldsymbol{B}$ 均为 n 阶方阵．若存在可逆矩阵 $\boldsymbol{P}$ 使得 $\boldsymbol{P}^{-1}\boldsymbol{A}\boldsymbol{P}=\boldsymbol{B}$，则称矩阵 $\boldsymbol{A}$ 和 $\boldsymbol{B}$ 相似，记为 $\boldsymbol{A}\sim\boldsymbol{B}$.

相似矩阵有如下性质：

自反性：$\boldsymbol{A}\sim\boldsymbol{A}$；

对称性：若 $\boldsymbol{A}\sim\boldsymbol{B}$，则 $\boldsymbol{B}\sim\boldsymbol{A}$；

传递性：若 $\boldsymbol{A}\sim\boldsymbol{B}$，$\boldsymbol{B}\sim\boldsymbol{C}$，则 $\boldsymbol{A}\sim\boldsymbol{C}$.

性质 4.2.1　假设 $\boldsymbol{A}\sim\boldsymbol{B}$，则有下面结论成立：

(1) $\boldsymbol{A}^{\mathrm{T}}\sim\boldsymbol{B}^{\mathrm{T}}$；

(2) $\boldsymbol{A}^{k}\sim\boldsymbol{B}^{k}$，$k$ 为正整数；

(3) 假设 $\boldsymbol{A}^{-1}$ 存在，则有 $\boldsymbol{A}^{-1}\sim\boldsymbol{B}^{-1}$.

证明　由 $\boldsymbol{A}\sim\boldsymbol{B}$ 知，存在可逆阵 $\boldsymbol{P}$ 使得 $\boldsymbol{P}^{-1}\boldsymbol{A}\boldsymbol{P}=\boldsymbol{B}$．于是有

(1) $\boldsymbol{B}^{\mathrm{T}}=\boldsymbol{P}^{\mathrm{T}}\boldsymbol{A}^{\mathrm{T}}(\boldsymbol{P}^{-1})^{\mathrm{T}}=\boldsymbol{P}^{\mathrm{T}}\boldsymbol{A}^{\mathrm{T}}(\boldsymbol{P}^{\mathrm{T}})^{-1}$，$\boldsymbol{A}^{\mathrm{T}}\sim\boldsymbol{B}^{\mathrm{T}}$.

(2) $\boldsymbol{B}^{k}=\boldsymbol{P}^{-1}\boldsymbol{A}^{k}\boldsymbol{P}$，$\boldsymbol{A}^{k}\sim\boldsymbol{B}^{k}$.

(3) 由 $\boldsymbol{A}$ 可逆知 $\boldsymbol{B}$ 可逆，于是有

$$\boldsymbol{B}^{-1}=(\boldsymbol{P}^{-1}\boldsymbol{A}\boldsymbol{P})^{-1}=\boldsymbol{P}^{-1}\boldsymbol{A}^{-1}\boldsymbol{P},\ \boldsymbol{A}^{-1}\sim\boldsymbol{B}^{-1}.$$

如果矩阵 $\boldsymbol{A}$ 能与对角阵 $\boldsymbol{\Lambda}$ 相似，则称 $\boldsymbol{A}$ 可相似对角化．进一步，若 $\boldsymbol{P}$ 为正交矩阵，使得 $\boldsymbol{P}^{-1}\boldsymbol{A}\boldsymbol{P}=\boldsymbol{\Lambda}$，则称 $\boldsymbol{A}$ 可正交相似对角化，其中 $\boldsymbol{P}$ 称为正交相似变换矩阵．

定理 4.2.1　n 阶矩阵 $\boldsymbol{A}$ 相似于对角阵的充要条件是矩阵 $\boldsymbol{A}$ 有 n 个线性无关的特征向量．

证明　必要性．设 $\boldsymbol{A}$ 相似于对角阵 $\boldsymbol{\Lambda}$，则有可逆矩 $\boldsymbol{P}$，使得

$$\boldsymbol{P}^{-1}\boldsymbol{A}\boldsymbol{P}=\boldsymbol{\Lambda}=\mathrm{diag}(\lambda_1,\lambda_2,\cdots,\lambda_n).$$

将 $\boldsymbol{P}$ 按列分块，记为 $\boldsymbol{P}=(\boldsymbol{p}_1,\ \boldsymbol{p}_2,\ \cdots,\ \boldsymbol{p}_n)$，于是有

$$\boldsymbol{A}\boldsymbol{P}=(\boldsymbol{A}\boldsymbol{p}_1\ \boldsymbol{A}\boldsymbol{p}_2\cdots\ \boldsymbol{A}\boldsymbol{p}_n)=(\boldsymbol{p}_1\ \boldsymbol{p}_2\cdots\boldsymbol{p}_n)\boldsymbol{\Lambda}=(\lambda_1\boldsymbol{p}_1\ \ \lambda_2\boldsymbol{p}_2\cdots\lambda_n\boldsymbol{p}_n),$$

即 $\boldsymbol{A}\boldsymbol{p}_i=\lambda_i\boldsymbol{p}_i$，$i=1,\ 2,\ \cdots,\ n$，$\boldsymbol{A}$ 有 n 个线性无关的特征向量．

充分性．设 $\boldsymbol{A}$ 有属于特征值 λ_i 的特征向量 $\boldsymbol{p}_i$，$i=1,\ 2,\ \cdots,\ n$，且 $\boldsymbol{p}_1,\ \boldsymbol{p}_2,\ \cdots,\ \boldsymbol{p}_n$ 线性无关．令 $\boldsymbol{P}=(\boldsymbol{p}_1,\ \boldsymbol{p}_2,\ \cdots,\boldsymbol{p}_n)$，则 $\boldsymbol{P}$ 可逆，且有

$$\begin{aligned}\boldsymbol{A}\boldsymbol{P}&=(\boldsymbol{A}\boldsymbol{p}_1\ \ \boldsymbol{A}\boldsymbol{p}_2\ \ \cdots\ \ \boldsymbol{A}\boldsymbol{p}_n)=(\lambda_1\boldsymbol{p}_1\ \ \lambda_2\boldsymbol{p}_2\ \ \cdots\ \ \lambda_n\boldsymbol{p}_n)\\&=(\boldsymbol{p}_1\ \ \boldsymbol{p}_2\ \ \cdots\ \ \boldsymbol{p}_n)\begin{pmatrix}\lambda_1&0&\cdots&0\\0&\lambda_2&\cdots&0\\\vdots&\vdots&&\vdots\\0&0&\cdots&\lambda_n\end{pmatrix},\end{aligned}$$

即得 $P^{-1}AP=\Lambda=\mathrm{diag}(\lambda_1, \lambda_2, \cdots, \lambda_n)$.

推论 4.2.1 n 阶矩阵 A 相似于对角阵的充要条件是

$$r(\lambda_i I - A) = n - n_i,$$

其中 λ_i 为 n_i 重特征值，$\sum_i n_i = n$.

证明 必要性．设 A 相似于对角阵，则存在可逆阵 P，使得

$$P^{-1}AP = \mathrm{diag}(\lambda_1,\lambda_2,\cdots,\lambda_n) .$$

故有 $$P^{-1}(\lambda_i I - A)P = \mathrm{diag}(\lambda_i-\lambda_1,\lambda_i-\lambda_2,\cdots,\lambda_i-\lambda_n).$$

显然 $$r(\mathrm{diag}(\lambda_i-\lambda_1,\lambda_i-\lambda_2,\cdots,\lambda_i-\lambda_n)) = n-n_i.$$

故有 $$r(\lambda_i I - A) = n - n_i.$$

充分性．因为 $r(\lambda_i I-A)=n-n_i$，由定理 2.8.2 知 $(\lambda_i I-A)x=0$ 有 n_i 个线性无关解向量，即属于特征值 λ_i 的线性无关特征向量有 n_i 个．

又 $\sum_i n_i = n$，故 A 有 n 个线性无关特征向量．

由定理 4.2.1 知推论 4.2.1 结论成立．

推论 4.2.2 若 n 阶矩阵 A 有 n 个不同的特征值，则 A 相似于对角阵．

定理 4.2.2 设 n 阶矩阵 A 与 B 相似，则 A 与 B 有相同的特征多项式．

证明 A 与 B 相似，则存在可逆矩 P 使得 $P^{-1}AP=B$，故有

$$\begin{aligned}\det(\lambda I - B) &= \det(\lambda I - P^{-1}AP)\\ &= \det P^{-1}\det(\lambda I - A)\det P = \det(\lambda I - A) .\end{aligned}$$

例 4.2.1 判断下面矩阵是否相似于对角阵．若相似于对角阵，求可逆阵 P，使得 $P^{-1}AP$ 为对角阵．

(1) $A=\begin{pmatrix}1&1&0\\1&1&1\\0&0&2\end{pmatrix}$;

(2) $B=\begin{pmatrix}2&1&0\\4&2&0\\0&0&3\end{pmatrix}$.

解 (1) $\det(\lambda I-A)=\begin{pmatrix}\lambda-1&-1&0\\-1&\lambda-1&-1\\0&0&\lambda-2\end{pmatrix}=\lambda(\lambda-2)^2$.

令 $\det(\lambda I-A)=0$，得 $\lambda_1=0$，$\lambda_2=\lambda_3=2$.

由于 $r(2I-A)=2\neq 3-2$. 故由推论 4.2.1 知，A 不相似于对角阵．

（2）$\det(\lambda \boldsymbol{I}-\boldsymbol{B})=\det\begin{pmatrix}\lambda-2 & -1 & 0\\ -4 & \lambda-2 & 0\\ 0 & 0 & \lambda-3\end{pmatrix}=\lambda(\lambda-3)(\lambda-4).$

令 $\det(\lambda \boldsymbol{I}-\boldsymbol{B})=0$，得 $\lambda_1=0$，$\lambda_2=3$，$\lambda_3=4$.

由推论4.2.2知，$\boldsymbol{B}$ 相似于对角阵.

解 $(\lambda_1\boldsymbol{I}-\boldsymbol{B})\boldsymbol{x}=\boldsymbol{0}$ 得一个特征向量

$$\boldsymbol{\xi}_1=(1,-2,0)^{\mathrm{T}};$$

解 $(\lambda_2\boldsymbol{I}-\boldsymbol{B})\boldsymbol{x}=\boldsymbol{0}$ 得一个特征向量

$$\boldsymbol{\xi}_2=(0,0,1)^{\mathrm{T}};$$

解 $(\lambda_3\boldsymbol{I}-\boldsymbol{B})\boldsymbol{x}=\boldsymbol{0}$ 得一个特征向量

$$\boldsymbol{\xi}_3=(1,2,0)^{\mathrm{T}}.$$

令 $\boldsymbol{P}=(\boldsymbol{\xi}_1,\boldsymbol{\xi}_2,\boldsymbol{\xi}_3)$，$\boldsymbol{\Lambda}=\mathrm{diag}(0,3,4)$，则有 $\boldsymbol{P}^{-1}\boldsymbol{B}\boldsymbol{P}=\boldsymbol{\Lambda}$.

例4.2.2　设 $\boldsymbol{A}\sim\boldsymbol{\Lambda}=\mathrm{diag}(\lambda_1,\lambda_2,\cdots,\lambda_n)$，$f(x)\in E[x]$. 求 $f(\boldsymbol{A})$.

解　由 $\boldsymbol{A}\sim\boldsymbol{\Lambda}=\mathrm{diag}(\lambda_1,\lambda_2,\cdots,\lambda_n)$ 知，存在可逆阵 $\boldsymbol{P}$，使得 $\boldsymbol{P}^{-1}\boldsymbol{A}\boldsymbol{P}=\boldsymbol{\Lambda}$. 因此 $\boldsymbol{A}=\boldsymbol{P}\boldsymbol{\Lambda}\boldsymbol{P}^{-1}$，从而有

$$\boldsymbol{A}^i=\boldsymbol{P}\boldsymbol{\Lambda}^i\boldsymbol{P}^{-1},$$

$$\boldsymbol{\Lambda}^i=\mathrm{diag}(\lambda_1^i,\lambda_2^i,\cdots,\lambda_n^i),i=1,2,\cdots,\partial f(x),$$

于是得到

$$f(\boldsymbol{A})=\boldsymbol{P}f(\boldsymbol{\Lambda})\boldsymbol{P}^{-1}.$$

注　矩阵的特征值在微分方程解的存在性与稳定性问题中有重要作用，但是其内容超出了本课程范围，这里不作介绍.

例4.2.3　设 a_0，$a_1\in\mathbf{R}$，$a_2=3a_0+2a_1$，$\cdots$，$a_n=3a_{n-2}+2a_{n-1}$，$n\geqslant3$. 求 a_n 的通项公式.

解　显然有

$$\begin{pmatrix}a_2\\ a_1\end{pmatrix}=\begin{pmatrix}2 & 3\\ 1 & 0\end{pmatrix}\begin{pmatrix}a_1\\ a_0\end{pmatrix},\cdots,\begin{pmatrix}a_n\\ a_{n-1}\end{pmatrix}=\begin{pmatrix}2 & 3\\ 1 & 0\end{pmatrix}\begin{pmatrix}a_{n-1}\\ a_{n-2}\end{pmatrix}.$$

于是有

$$\begin{pmatrix}a_n\\ a_{n-1}\end{pmatrix}=\begin{pmatrix}2 & 3\\ 1 & 0\end{pmatrix}^{n-1}\begin{pmatrix}a_1\\ a_0\end{pmatrix},n\geqslant2. \tag{4.2.1}$$

令

$$\det\begin{pmatrix}\lambda-2 & -3\\ -1 & \lambda\end{pmatrix}=\lambda^2-2\lambda-3=0,$$

解得 $\lambda_1=-1$，$\lambda_2=3$.

解$\begin{pmatrix}-3 & -3\\ -1 & -1\end{pmatrix}\begin{pmatrix}x_1\\ x_2\end{pmatrix}=\mathbf{0}$得到一个解向量$\boldsymbol{\xi}_1=\begin{pmatrix}1\\ -1\end{pmatrix}$；

解$\begin{pmatrix}1 & -3\\ -1 & 3\end{pmatrix}\begin{pmatrix}x_1\\ x_2\end{pmatrix}=\mathbf{0}$得到一个解向量$\boldsymbol{\xi}_2=\begin{pmatrix}3\\ 1\end{pmatrix}$.

再令$\boldsymbol{P}=\begin{pmatrix}1 & 3\\ -1 & 1\end{pmatrix}$，则有

$$\boldsymbol{P}^{-1}=\frac{1}{4}\begin{pmatrix}1 & -3\\ 1 & 1\end{pmatrix}.$$

于是有

$$\begin{aligned}\begin{pmatrix}2 & 3\\ 1 & 0\end{pmatrix}^{n-1}&=\boldsymbol{P}\begin{pmatrix}-1 & 0\\ 0 & 3\end{pmatrix}^{n-1}\boldsymbol{P}^{-1}\\ &=\frac{1}{4}\begin{pmatrix}(-1)^{n-1}+3^n & 3(-1)^n+3^n\\ (-1)^n+3^{n-1} & 3(-1)^{n+1}+3^{n-1}\end{pmatrix}.\end{aligned}$$

代入式(4.2.1)即得

$$a_n=\frac{1}{4}[(-1)^{n-1}+3^n]a_1+\frac{1}{4}[3(-1)^n+3^n]a_0.$$

4.3 实对称矩阵

本节设$E=\mathbf{R}$，$E^n=\mathbf{R}^n$，$\boldsymbol{A}$为$\mathbf{R}$上对称矩阵，下面具体讨论$\boldsymbol{A}$是否相似于对角阵的问题.

定理 4.3.1 n阶实对称矩阵$\boldsymbol{A}$有n个实特征值，重根按重数计算.

证明 因为$\det(\lambda\boldsymbol{I}-\boldsymbol{A})$为$n$次多项式，所以$\boldsymbol{A}$有$n$个复特征值$\lambda_i$，$i=1, 2, \cdots, n$. 下面证明$\lambda_i$皆为实数.

设$\boldsymbol{\xi}_i\in\mathbf{C}^n$，$\boldsymbol{\xi}_i\neq\mathbf{0}$，满足$\boldsymbol{A}\boldsymbol{\xi}_i=\lambda_i\boldsymbol{\xi}_i$. 则有$\overline{\boldsymbol{A}\boldsymbol{\xi}}=\bar{\lambda}_i\bar{\boldsymbol{\xi}}_i$. 于是有

$$\bar{\boldsymbol{\xi}}_i^{\mathrm{T}}\boldsymbol{A}\boldsymbol{\xi}_i=\lambda_i\bar{\boldsymbol{\xi}}_i^{\mathrm{T}}\boldsymbol{\xi}_i,\ \bar{\boldsymbol{\xi}}_i^{\mathrm{T}}\boldsymbol{A}=(\overline{\boldsymbol{A}\boldsymbol{\xi}_i})^{\mathrm{T}}=\bar{\lambda}_i\bar{\boldsymbol{\xi}}_i^{\mathrm{T}},$$

$$\lambda_i\bar{\boldsymbol{\xi}}_i\boldsymbol{\xi}_i=\bar{\lambda}_i\bar{\boldsymbol{\xi}}_i\boldsymbol{\xi}_i.$$

因此$\lambda_i=\overline{\lambda_i}$，$i=1, 2, \cdots, n$，即$\boldsymbol{A}$的特征值皆为实数.

注 同定理4.3.1证明可得n阶复厄米特矩阵有n个实的特征值.

例 4.3.1 设$\boldsymbol{A}_{m\times n}$为实矩阵，则$\boldsymbol{A}^{\mathrm{T}}\boldsymbol{A}$的特征值均为非负数.

证明 因 A^TA 为对称阵，由定理4.3.1知 A^TA 有 n 个实特征值 λ_i，$i=1, 2, \cdots, n$. 设 $\xi_i\neq 0$，$A^TA\xi_i=\lambda_i\xi_i$，则有

$$\lambda_i\xi_i^T\xi_i = \xi_i^TA^TA\xi_i = (A\xi_i)^TA\xi_i \geqslant 0.$$

于是有 $\lambda_i\geqslant 0$，$i=1, 2, \cdots, n$.

定理 4.3.2 对称矩阵 A 的不同特征值对应的特征向量正交.

证明 设 $A\xi_1=\lambda_1\xi_1$，$A\xi_2=\lambda_2\xi_2$，$\lambda_1\neq\lambda_2$，$\xi_i\neq 0$，$i=1, 2$. 则有

$$\overline{A\xi}{}_2^T\xi_1 = \xi_2^TA\xi_1, \ \xi_2^T A\xi_1 = \lambda_1 \xi_2^T\xi_1, \ \overline{A\xi}{}_2^T\xi_1 = \lambda_2 \xi_2^T\xi_1.$$

从而有

$$\lambda_2 \xi_2^T\xi_1 = \lambda_1 \xi_2^T\xi_1,$$

因此 $\xi_2^T\xi_1=0$.

定理 4.3.3 n 阶实对称矩阵 A 必有 n 个实线性无关的特征向量.

证明 设 $\lambda_1, \lambda_2, \cdots, \lambda_k$，$k\leqslant n$，为 A 的全部不同特征值，V_i 为 A 的属于特征值 λ_i 的特征向量空间. 下面证明 $V_1\oplus V_2\oplus\cdots\oplus V_k=\mathbf{R}^n$.

假设相反 $V=V_1\oplus V_2\oplus\cdots\oplus V_k\neq\mathbf{R}^n$，则 $V^\perp\neq\varnothing$.

对 $\forall\alpha\in V$，$\beta\in V^\perp$，有 $\alpha^TA\beta=(A\alpha)^T\beta=0$，所以 $A\beta\in V^\perp$.

因此 $AV^\perp\subseteq V^\perp$.

在 $V^\perp$ 上定义线性变换 T：$V^\perp\to V^\perp$ 如下：

$$Tv = Av, \ \forall v \in V^\perp.$$

则 T 为对称变换.

由命题7.5.1、命题7.5.3知，T 在 $V^\perp$ 上至少有一特征值 λ_0 与特征向量 $v_0\in V^\perp$.

显然有 $Av_0=\lambda_0v_0$，矛盾.

所以 $V_1\oplus V_2\oplus\cdots\oplus V_k=\mathbf{R}^n$，即 A 有 n 个线性无关的特征向量.

推论 4.3.1 实对称矩阵 A 正交相似于对角阵，即存在正交矩阵 Q，使

$$Q^{-1}AQ = Q^TAQ = \Lambda.$$

证明 由定理4.3.3知 A 有 n 个线性无关的特征向量，利用格拉姆 - 施密特正交化法将 A 的属于同一个特征值的特征向量正交化与规范化，则其仍为 A 的特征向量.

再由定理4.3.2即知推论4.3.1结论成立.

注 用类似本节讨论方法可得厄米特矩阵酉相似于对角阵.

例 4.3.1 求正交矩阵 Q，使得 Q^TAQ 为对角阵，其中

$$A = \begin{pmatrix} 2 & 1 & 0 \\ 1 & 1 & 1 \\ 0 & 1 & 0 \end{pmatrix}.$$

解
$$\det(\lambda\boldsymbol{I}-\boldsymbol{A})=\det\begin{pmatrix}\lambda-2 & -1 & 0\\ -1 & \lambda-1 & -1\\ 0 & -1 & \lambda\end{pmatrix}$$
$$=(\lambda-1)[(\lambda-1)^2-3].$$

令 $\det(\lambda\boldsymbol{I}-\boldsymbol{A})=0$，得 $\lambda_1=1$，$\lambda_2=1-\sqrt{3}$，$\lambda_3=1+\sqrt{3}$.

解$(\lambda_1\boldsymbol{I}-\boldsymbol{A})\boldsymbol{x}=\boldsymbol{0}$ 得一个特征向量
$$\boldsymbol{\xi}_1=(-1,\ 1,\ 1)^{\mathrm{T}};$$
解$(\lambda_2\boldsymbol{I}-\boldsymbol{A})\boldsymbol{x}=\boldsymbol{0}$ 得一个特征向量
$$\boldsymbol{\xi}_2=(\sqrt{3}-1,\ -2,\ \sqrt{3}+1)^{\mathrm{T}};$$
解$(\lambda_3\boldsymbol{I}-\boldsymbol{A})\boldsymbol{x}=\boldsymbol{0}$ 得一个特征向量
$$\boldsymbol{\xi}_3=(\sqrt{3}+1,\ 2,\ \sqrt{3}-1)^{\mathrm{T}}.$$

令 $\boldsymbol{\eta}_1=\left(-\frac{1}{\sqrt{3}},\ \frac{1}{\sqrt{3}},\ \frac{1}{\sqrt{3}}\right)^{\mathrm{T}}$，$\boldsymbol{\eta}_2=\left(\frac{\sqrt{3}-1}{2\sqrt{3}},\ -\frac{1}{\sqrt{3}},\ \frac{\sqrt{3}+1}{2\sqrt{3}}\right)^{\mathrm{T}}$，$\boldsymbol{\eta}_3=\left(\frac{\sqrt{3}+1}{2\sqrt{3}},\ \frac{1}{\sqrt{3}},\ \frac{\sqrt{3}-1}{2\sqrt{3}}\right)^{\mathrm{T}}$.
$\boldsymbol{Q}=(\boldsymbol{\eta}_1,\ \boldsymbol{\eta}_2,\ \boldsymbol{\eta}_3)$，$\boldsymbol{\Lambda}=\mathrm{diag}(1,\ 1-\sqrt{3},\ 1+\sqrt{3})$. 于是有
$$\boldsymbol{Q}^{\mathrm{T}}\boldsymbol{A}\boldsymbol{Q}=\boldsymbol{\Lambda}.$$

例 4.3.2 设 3 阶对称正交矩阵 $\boldsymbol{A}$ 有二重特征值 -1，且对应有两个特征向量 $\boldsymbol{\xi}_1=(1,\ -1,\ 0)$，$\boldsymbol{\xi}_2=\left(0,\ 1,\ \frac{1}{2}\right)$. 求 A 以及它的另一个特征值.

解 因 $\boldsymbol{A}$ 正交，$\det\boldsymbol{A}=\pm1$，且 $\boldsymbol{A}$ 有二重特征值 -1，故 $\boldsymbol{A}$ 的另一个特征值为 1. 将 $\boldsymbol{\xi}_1$，$\boldsymbol{\xi}_2$ 正交化，令
$$\boldsymbol{\eta}_1=\boldsymbol{\xi}_1,\ \boldsymbol{\eta}_2=\boldsymbol{\xi}_2-\frac{(\boldsymbol{\xi}_2,\boldsymbol{\eta}_1)}{(\boldsymbol{\eta}_1,\boldsymbol{\eta}_1)}\boldsymbol{\eta}_1=\left(\frac{1}{2},\frac{1}{2},\frac{1}{2}\right).$$
设 $\boldsymbol{\eta}_3=(x_1,\ x_2,\ x_3)$为 $\boldsymbol{A}$ 的属于特征值 1 的一个特征向量. 则由定理 4.3.2 有
$$\begin{cases}x_1-x_2=0,\\ \frac{1}{2}x_1+\frac{1}{2}x_2+\frac{1}{2}x_3=0.\end{cases}$$
解得一个特征向量 $\boldsymbol{\eta}_3=(1,\ 1,\ -2)$.

令 $\boldsymbol{Q}=\begin{pmatrix}\frac{1}{\sqrt{2}} & \frac{1}{\sqrt{3}} & \frac{1}{\sqrt{6}}\\ -\frac{1}{\sqrt{2}} & \frac{1}{\sqrt{3}} & \frac{1}{\sqrt{6}}\\ 0 & \frac{1}{\sqrt{3}} & -\frac{2}{\sqrt{6}}\end{pmatrix}$，于是有

$$A=Q\begin{pmatrix}-1&0&0\\0&-1&0\\0&0&1\end{pmatrix}Q^{\mathrm{T}}=\begin{pmatrix}-\frac{2}{3}&\frac{1}{3}&-\frac{2}{3}\\\frac{1}{3}&-\frac{2}{3}&-\frac{2}{3}\\-\frac{2}{3}&-\frac{2}{3}&\frac{1}{3}\end{pmatrix}.$$

习　题　4

1. 求下列矩阵的特征值与特征向量：

(1) $A=\begin{pmatrix}1&1&1\\1&-1&-1\\1&-1&1\end{pmatrix}$;

(2) $A=\begin{pmatrix}-1&1&0\\-4&3&0\\1&0&2\end{pmatrix}$.

2. 设 $A=\begin{pmatrix}-2&-2&2\\-2&-5&4\\2&4&-5\end{pmatrix}$. 求正交阵 Q，使得 $Q^{\mathrm{T}}AQ$ 为对角阵.

3. 设 A 可逆，证明 AB 与 BA 相似.

4. 设 A 与 B 相似，C 与 D 相似. 证明 $\begin{pmatrix}A&0\\0&C\end{pmatrix}$ 与 $\begin{pmatrix}B&0\\0&D\end{pmatrix}$ 相似.

5. 设 $A=\begin{pmatrix}1&4&2\\0&-3&4\\0&4&3\end{pmatrix}$，求 A^k，$k\in\mathbf{Z}$.

6. 设 A，B 为 n 阶方阵，证明 $\det(\lambda I-AB)=\det(\lambda I-BA)$.

7. 已知 $B=\begin{pmatrix}1\\2\\1\end{pmatrix}(1\quad a\quad 0)$ 与 $A=\begin{pmatrix}0&0&0\\0&7&0\\0&0&0\end{pmatrix}$ 相似. 求 a.

8. 已知 $A=\begin{pmatrix}2\\3\\-1\end{pmatrix}(1\quad 1\quad -1)$. 判断 A 是否相似于对角阵.

9. 设 A，B 为 n 阶方阵，且 A 可逆. 证明 $A^{-1}B$ 与 BA^{-1} 的特征值恰好是 $\det(\lambda A-B)=0$ 的根.

10. 设 λ_i，$i=1, 2, \cdots, n$ 为 n 阶方阵 $\boldsymbol{A}=(a_{ij})$ 的特征值．证明 $\sum_{i=1}^{n}\lambda_i^2 = \sum_{i,j=1}^{n}a_{ij}a_{ji}$.

11. 设复数域上 n 阶方阵 $\boldsymbol{A}$ 满足 $\overline{\boldsymbol{A}}^{\mathrm{T}}\boldsymbol{A} = \boldsymbol{A}\overline{\boldsymbol{A}}^{\mathrm{T}}$．证明下面结论：

（1）$\|\overline{\boldsymbol{A}}^{\mathrm{T}}\boldsymbol{x}\| = \|\boldsymbol{A}\boldsymbol{x}\|$，$\forall \boldsymbol{x}\in \mathbf{C}$；

（2）$\boldsymbol{A}$ 与 $\overline{\boldsymbol{A}}^{\mathrm{T}}$ 有相同的特征向量；

（3）$\boldsymbol{A}$ 的属于不同特征值的特征向量正交．

12. 已知 3 阶实对称矩阵 $\boldsymbol{A}$ 有 3 个特征值 $\lambda_1=\lambda_2=1$，$\lambda_3=2$，$\boldsymbol{\xi}_1=(1, 1, 0)$，$\boldsymbol{\xi}_2=(0, 1, 1)$ 为 $\boldsymbol{A}$ 的属于特征值 1 的特征向量．求 $\boldsymbol{A}$.

13. 设 3 阶实对称矩阵 $\boldsymbol{A}$ 有特征值 0 与特征值 3，$a_{11}+a_{22}+a_{33}=0$，且有 $\boldsymbol{\xi}_1=(1,-1,1)^{\mathrm{T}}$，$\boldsymbol{\xi}_2=(0,-1,-1)^{\mathrm{T}}$ 分别满足 $\boldsymbol{A}\boldsymbol{\xi}_1=\boldsymbol{0}$，$\boldsymbol{A}\boldsymbol{\xi}_2=3\boldsymbol{\xi}_2$．求 $\boldsymbol{A}$.

14. 设 $\boldsymbol{A}$ 为实 n 阶对称矩阵．求 $\min_{\boldsymbol{x}\in\mathbf{R}^n, \|\boldsymbol{x}\|=1}\|\boldsymbol{A}\boldsymbol{x}\|$，$\max_{\boldsymbol{x}\in\mathbf{R}^n, \|\boldsymbol{x}\|=1}\|\boldsymbol{A}\boldsymbol{x}\|$．

5 二次型与正定矩阵

本章第一节介绍数域上的二次型概念以及它的对称矩阵表示，并讨论它的标准形与规范形．第二节介绍正定二次型与正定矩阵概念以及正定二次型与正定矩阵的判别定理．

5.1 二次型与标准形

本节如不特殊声明，E 均表数域．

定义 5.1.1 设 E 为数域，E 上含有 n 个变元 x_1，x_2，…，x_n 的二次齐次多项式

$$f(x_1,x_2,\cdots,x_n)=a_{11}x_1^2+\cdots+a_{nn}x_n^2+2a_{12}x_1x_2+\cdots+2a_{1n}x_1x_n+2a_{23}x_2x_3+\cdots+2a_{(n-1)n}x_{n-1}x_n$$

称为 n 元二次型．

令 $a_{ji}=a_{ij}$，i，$j=1$，2，…，n，则 $f(x_1,\ x_2,\ \cdots,\ x_n)$ 可写成下面矩阵乘积形式：

$$f(x_1,x_2,\cdots,x_n)=(x_1\quad x_2\quad\cdots\quad x_n)\begin{pmatrix}a_{11}&a_{12}&\cdots&a_{1n}\\a_{21}&a_{22}&\cdots&a_{2n}\\\vdots&\vdots&&\vdots\\a_{n1}&a_{n2}&\cdots&a_{nn}\end{pmatrix}\begin{pmatrix}x_1\\x_2\\\vdots\\x_n\end{pmatrix},$$

其中对称矩阵

$$\boldsymbol{A}=\begin{pmatrix}a_{11}&a_{12}&\cdots&a_{1n}\\a_{21}&a_{22}&\cdots&a_{2n}\\\vdots&\vdots&&\vdots\\a_{n1}&a_{n2}&\cdots&a_{nn}\end{pmatrix}$$

称为二次型 $f(x_1,\ x_2,\ \cdots,\ x_n)$ 的矩阵．二次型简记为

$$f(x_1,x_2,\cdots,x_n)=\boldsymbol{x}^{\mathrm{T}}\boldsymbol{A}\boldsymbol{x}.$$

例 5.1.1 用对称矩阵记号表示二次型

$$f(x_1,x_2,x_3)=4x_1^2+4x_1x_2+2x_2^2+4x_1x_3-x_3^2+4x_2x_3.$$

解

$$f(x_1,\ x_2,\ x_3)=(x_1\quad x_2\quad x_3)\begin{pmatrix}4&2&2\\2&2&2\\2&2&-1\end{pmatrix}\begin{pmatrix}x_1\\x_2\\x_3\end{pmatrix}.$$

注 二次型的矩阵表示 $\boldsymbol{x}^{\mathrm{T}}\boldsymbol{A}\boldsymbol{x}$ 中要求 $\boldsymbol{A}$ 是对称矩阵．读者可以证明这种对称矩阵表示是唯一的．如不要求 $\boldsymbol{A}$ 是对称矩阵，则这种表示不唯一．例如，

$$x_1^2+4x_1x_2+2x_2^2=(x_1\quad x_2)\begin{pmatrix}1&3\\1&2\end{pmatrix}\begin{pmatrix}x_1\\x_2\end{pmatrix}=(x_1\quad x_2)\begin{pmatrix}1&0\\4&2\end{pmatrix}\begin{pmatrix}x_1\\x_2\end{pmatrix}.$$

定义 5.1.2 设 $\boldsymbol{A}$ 和 $\boldsymbol{B}$ 为对称矩阵．若存在可逆矩阵 $\boldsymbol{C}$，使得 $\boldsymbol{C}^{\mathrm{T}}\boldsymbol{A}\boldsymbol{C}=\boldsymbol{B}$，则称 $\boldsymbol{A}$ 和 $\boldsymbol{B}$ 合同，记为 $\boldsymbol{A}\simeq\boldsymbol{B}$，称 $\boldsymbol{C}$ 为合同变换矩阵．

定义 5.1.3 二次型 $f(x_1, x_2, \cdots, x_n)$ 经过可逆的线性变换(即坐标变换)

$$\begin{cases}x_1=c_{11}y_1+c_{12}y_2+\cdots+c_{1n}y_n\\x_2=c_{21}y_1+c_{22}y_2+\cdots+c_{2n}y_n\\\quad\vdots\\x_n=c_{n1}y_1+c_{n2}y_2+\cdots+c_{nn}y_n\end{cases}$$

或

$$\boldsymbol{x}=\boldsymbol{C}\boldsymbol{y},\ \boldsymbol{C}=(c_{ij}),$$

化成只含平方项的二次型，称为二次型的标准形．

例 5.1.2 用配方法将例 5.1.1 中二次型化为标准形．

解

$$f(x_1, x_2, x_3)=(2x_1+x_2+x_3)^2+(x_2+x_3)^2-3x_3^2.$$

令 $y_1=2x_1+x_2+x_3$，$y_2=x_2+x_3$，$y_3=x_3$. 解得 $x_1=\dfrac{y_1-y_2}{2}$，$x_2=y_2-y_3$，$x_3=y_3$. 即令 $\boldsymbol{x}=\boldsymbol{C}\boldsymbol{y}$，其中

$$\boldsymbol{C}=\begin{pmatrix}\frac{1}{2}&-\frac{1}{2}&0\\0&1&-1\\0&0&1\end{pmatrix}.$$

得到 $f(\boldsymbol{C}\boldsymbol{y})=y_1^2+y_2^2-3y_3^2$.

注 二次型均可使用配方法化为标准形．证明留给读者．

定理 5.1.1 二次型 $f(x_1, x_2, \cdots, x_n)=\boldsymbol{x}^{\mathrm{T}}\boldsymbol{A}\boldsymbol{x}$ 可经合同变换化为标准形．

证明 当 $n=1$ 时，$f(x_1)=a_{11}x_1^2$. 结论显然成立．

假设结论对 $n-1$ 元二次型成立．设 n 元二次型 $f(x_1, x_2, \cdots, x_n)$ 的矩阵为

$$\boldsymbol{A}=\begin{pmatrix}a_{11}&a_{12}&\cdots&a_{1n}\\a_{21}&a_{22}&\cdots&a_{2n}\\\vdots&\vdots&&\vdots\\a_{n1}&a_{n2}&\cdots&a_{nn}\end{pmatrix},\ a_{ij}=a_{ji},\ i,j=1,2,\cdots,n.$$

不妨设 $a_{11}\neq0$，否则存在 $a_{1j_0}\neq0$，将 j_0 加到第一列，再将 j_0 行加到第一行，得到的矩阵的第一行第一列的元素不为零且仍是对称阵．

依次用 $-a_{i1}a_{11}^{-1}$ 乘第一行再加到第 i 行，$-a_{1i}a_{11}^{-1}$ 乘第一列再加到第 i 列，$i=2, 3, \cdots, n$,

其等价于用矩阵

$$C_i=\begin{pmatrix}1&0&\cdots&-a_{1i}a_{11}^{-1}&\cdots&0\\0&1&\cdots&0&\cdots&0\\\vdots&\vdots&\ddots&\vdots&&\vdots\\0&0&\cdots&1&\cdots&0\\\vdots&\vdots&&\vdots&\ddots&\vdots\\0&0&\cdots&0&\cdots&1\end{pmatrix}$$

右乘 $\boldsymbol{A}$，用矩阵 $\boldsymbol{C}_i^{\mathrm{T}}$ 左乘 $\boldsymbol{A}$．于是有 $\boldsymbol{C}_n^{\mathrm{T}}\cdots\boldsymbol{C}_2^{\mathrm{T}}\boldsymbol{A}\boldsymbol{C}_2\cdots\boldsymbol{C}_n=\boldsymbol{A}'$，其中，

$$\boldsymbol{A}'=\begin{pmatrix}a_{11}&0&\cdots&0\\0&a'_{22}&\cdots&a'_{2n}\\\vdots&\vdots&&\vdots\\0&a'_{n2}&\cdots&a'_{nn}\end{pmatrix},$$

$a'_{ij}=a'_{ji}$，i，$j=2$，3，…，n. 令 $\boldsymbol{C}=\boldsymbol{C}_2\boldsymbol{C}_3\cdots\boldsymbol{C}_n$，$\boldsymbol{x}=\boldsymbol{C}\boldsymbol{y}$，则有

$$f(\boldsymbol{C}\boldsymbol{y})=a_{11}y_1^2+\sum_{i,j=2}^{n}a'_{ij}y_iy_j.$$

由于 $\boldsymbol{A}_1=\begin{pmatrix}a'_{22}&\cdots&a'_{2n}\\\vdots&&\vdots\\a'_{n2}&\cdots&a'_{nn}\end{pmatrix}$ 为 $n-1$ 阶对称阵，由归纳假设，$\sum\limits_{i,j=2}^{n}a'_{ij}y_iy_j$ 可经初等变换化为标准形．因此 $f(x_1,x_2,\cdots,x_n)=\boldsymbol{x}^{\mathrm{T}}\boldsymbol{A}\boldsymbol{x}$ 可经合同变换化为标准形．

定理 5.1.2 二次型 $f(x_1,x_2,\cdots,x_n)=\boldsymbol{x}^{\mathrm{T}}\boldsymbol{A}\boldsymbol{x}$ 可经正交变换 $\boldsymbol{x}=\boldsymbol{Q}\boldsymbol{y}$ 化为标准形

$$f(\boldsymbol{Q}\boldsymbol{y})=\sum_{i=1}^{n}\lambda_iy_i^2,$$

其中 λ_i 为 $\boldsymbol{A}$ 的特征值，$i=1$，2，…，n.

证明 由推论 4.3.1 知存在正交矩阵 $\boldsymbol{Q}$，使得 $\boldsymbol{Q}^{\mathrm{T}}\boldsymbol{A}\boldsymbol{Q}=\boldsymbol{\Lambda}$，$\boldsymbol{\Lambda}$ 为对角阵，其对角线上元素为 $\boldsymbol{A}$ 的特征值．

令 $\boldsymbol{x}=\boldsymbol{Q}\boldsymbol{y}$，则有

$$f(\boldsymbol{Q}\boldsymbol{y})=\boldsymbol{y}^{\mathrm{T}}\boldsymbol{Q}^{\mathrm{T}}\boldsymbol{A}\boldsymbol{Q}\boldsymbol{y}=\boldsymbol{y}^{\mathrm{T}}\boldsymbol{\Lambda}\boldsymbol{y}=\sum_{i=1}^{n}\lambda_iy_i^2.$$

定理结论成立．

例 5.1.3 用正交变换将二次型

$$f(x_1,x_2,x_3)=x_1^2+x_2^2+x_3^2+4x_1x_2+4x_1x_3+4x_2x_3$$

化为标准形，写出所用的变换 $\boldsymbol{x}=\boldsymbol{Q}\boldsymbol{y}$ 及标准形．

解 二次型所对应的矩阵为

$$A=\begin{pmatrix}1&2&2\\2&1&2\\2&2&1\end{pmatrix},$$

$$\det A=\det\begin{pmatrix}\lambda-1&-2&-2\\-2&\lambda-1&-2\\-2&-2&\lambda-1\end{pmatrix}\xlongequal{c_1+c_2,c_1+c_3}\det\begin{pmatrix}\lambda-5&-2&-2\\\lambda-5&\lambda-1&-2\\\lambda-5&-2&\lambda-1\end{pmatrix}$$

$$=(\lambda-5)\det\begin{pmatrix}1&-2&-2\\1&\lambda-1&-2\\1&-2&\lambda-1\end{pmatrix}\xlongequal{r_2-r_1,r_3-r_1}(\lambda-5)(\lambda+1)^2.$$

所以 $\boldsymbol{A}$ 的特征值为 $\lambda_{1,2}=-1$，$\lambda_3=5$.

解线性方程组

$$(-\boldsymbol{I}-\boldsymbol{A})\boldsymbol{x}=\begin{pmatrix}-2&-2&-2\\-2&-2&-2\\-2&-2&-2\end{pmatrix}\begin{pmatrix}x_1\\x_2\\x_3\end{pmatrix}=\boldsymbol{0},$$

求得属于 $\lambda_{1,2}=-1$ 的两个线性无关的特征向量为

$$\boldsymbol{\xi}_1=(-1\quad 1\quad 0)^{\mathrm{T}},\qquad \boldsymbol{\xi}_2=(-1\quad 0\quad 1)^{\mathrm{T}}$$

将其正交化、单位化得

$$\boldsymbol{\eta}_1=\left(-\frac{1}{\sqrt{2}}\quad\frac{1}{\sqrt{2}}\quad 0\right)^{\mathrm{T}},\qquad \boldsymbol{\eta}_2=\left(-\frac{1}{\sqrt{6}}\quad-\frac{1}{\sqrt{6}}\quad\frac{2}{\sqrt{6}}\right)^{\mathrm{T}};$$

解线性方程组

$$(5\boldsymbol{I}-\boldsymbol{A})\boldsymbol{x}=\begin{pmatrix}4&-2&-2\\-2&4&-2\\-2&-2&4\end{pmatrix}\begin{pmatrix}x_1\\x_2\\x_3\end{pmatrix}=\boldsymbol{0}$$

求得属于 $\lambda_3=5$ 的一个特征向量为 $\boldsymbol{\xi}_3=(1\quad 1\quad 1)^{\mathrm{T}}$. 规范化得

$$\boldsymbol{\eta}_3=\left(\frac{1}{\sqrt{3}}\quad\frac{1}{\sqrt{3}}\quad\frac{1}{\sqrt{3}}\right)^{\mathrm{T}}.$$

令

$$\boldsymbol{Q}=(\boldsymbol{\eta}_1\ \boldsymbol{\eta}_2\ \boldsymbol{\eta}_3)=\begin{pmatrix}-\frac{1}{\sqrt{2}}&-\frac{1}{\sqrt{6}}&\frac{1}{\sqrt{3}}\\\frac{1}{\sqrt{2}}&-\frac{1}{\sqrt{6}}&\frac{1}{\sqrt{3}}\\0&\frac{2}{\sqrt{6}}&\frac{1}{\sqrt{3}}\end{pmatrix},$$

则 $\boldsymbol{Q}$ 为正交阵，且有

$$\boldsymbol{Q}^{\mathrm{T}}\boldsymbol{A}\boldsymbol{Q}=\boldsymbol{\Lambda}=\begin{pmatrix}-1&0&0\\0&-1&0\\0&0&5\end{pmatrix}.$$

故所求二次型的标准形为

$$f(\boldsymbol{Qy}) = -y_1^2 - y_2^2 + 5y_3^2.$$

下例使用合同变换方法将二次型化为标准形：

例 5.1.4　设$f(x_1, x_2, x_3) = 2x_1x_2 + 2x_1x_3 - 6x_2x_3$. 求可逆线性变换 $\boldsymbol{x} = \boldsymbol{Cy}$ 将其化为标准形.

解　对下面 6×3 矩阵作如下一系列合同变换：

$$\begin{pmatrix}\boldsymbol{A}\\ \hline \boldsymbol{I}\end{pmatrix} = \begin{pmatrix}0 & 1 & 1\\ 1 & 0 & -3\\ 1 & -3 & 0\\ \hdashline 1 & 0 & 0\\ 0 & 1 & 0\\ 0 & 0 & 1\end{pmatrix} \xrightarrow[r_1 + r_2]{c_1 + c_2} \begin{pmatrix}2 & 1 & -2\\ 1 & 0 & -3\\ -2 & -3 & 0\\ \hdashline 1 & 0 & 0\\ 1 & 1 & 0\\ 0 & 0 & 1\end{pmatrix} \xrightarrow[r_3 + r_1]{c_3 + c_1} \begin{pmatrix}2 & 1 & 0\\ 1 & 0 & -2\\ 0 & -2 & -2\\ \hdashline 1 & 0 & 1\\ 1 & 1 & 1\\ 0 & 0 & 1\end{pmatrix}$$

$$\xrightarrow[r_2 - \frac{1}{2}r_1]{c_2 - \frac{1}{2}c_1} \begin{pmatrix}2 & 0 & 0\\ 0 & -\frac{1}{2} & -2\\ 0 & -2 & -2\\ \hdashline 1 & -\frac{1}{2} & 1\\ 1 & \frac{1}{2} & 1\\ 0 & 0 & 1\end{pmatrix} \xrightarrow[r_3 - 4r_2]{c_3 - 4c_2} \begin{pmatrix}2 & 0 & 0\\ 0 & -\frac{1}{2} & 0\\ 0 & 0 & 6\\ \hdashline 1 & -\frac{1}{2} & 3\\ 1 & \frac{1}{2} & -1\\ 0 & 0 & 1\end{pmatrix} = \begin{pmatrix}\boldsymbol{D}\\ \hline \boldsymbol{C}\end{pmatrix}.$$

令

$$\boldsymbol{C} = \begin{pmatrix}1 & -\frac{1}{2} & 3\\ 1 & \frac{1}{2} & -1\\ 0 & 0 & 1\end{pmatrix},$$

$\boldsymbol{x} = \boldsymbol{Cy}$. 则有

$$f(\boldsymbol{Cy}) = 2y_1^2 - \frac{1}{2}y_2^2 + 6y_3^2.$$

规定二次型的标准形中，正平方数的个数称为二次型的正惯性指数，记为p；负平方的个数称为二次型的负惯性指数，记为q.

注　因合同变换不改变矩阵的秩，故有$p + q = r(\boldsymbol{A})$.

现在假设二次型的标准形为

$$f(\boldsymbol{Cy}) = \boldsymbol{y}^{\mathrm{T}}\boldsymbol{\Lambda y} = \lambda_1 y_1^2 + \cdots + \lambda_p y_p^2 - \lambda_{p+1}y_{p+1}^2 - \cdots - \lambda_{p+q}y_{p+q}^2,$$

其中$\lambda_i > 0$，$i = 1, 2, \cdots, p + q$. 令$y_i = \dfrac{1}{\sqrt{\lambda_i}}z_i$，$y_j = z_j$，$j = p + q + 1, \cdots, n$. 则二次型$f(\boldsymbol{Cy})$化为$z_1^2 + \cdots + z_p^2 - z_{p+1}^2 - \cdots - z_{p+q}^2$.

因此有下面定义：

定义 5.1.4 若二次型的标准形为 $y_1^2+\cdots+y_p^2-y_{p+1}^2-\cdots-y_r^2$，$r=r(\boldsymbol{A})$，则称其为二次型的规范形.

定理 5.1.3 二次型的规范形唯一.

证明 设二次型 $f(x_1, x_2, \cdots, x_n)=\boldsymbol{x}^{\mathrm{T}}\boldsymbol{A}\boldsymbol{x}$ 分别经可逆线性变换 $\boldsymbol{x}=\boldsymbol{C}\boldsymbol{y}$ 化为 $y_1^2+\cdots+y_p^2-y_{p+1}^2-\cdots-y_r^2$，经可逆线性变换 $\boldsymbol{x}=\boldsymbol{D}\boldsymbol{z}$ 化为 $z_1^2+\cdots+z_q^2-z_{q+1}^2-\cdots-z_r^2$.

下面证明 $p=q$.

假设结论不成立，$p>q$. 由 $\boldsymbol{x}=\boldsymbol{C}\boldsymbol{y}=\boldsymbol{D}\boldsymbol{z}$ 得到 $\boldsymbol{z}=\boldsymbol{D}^{-1}\boldsymbol{C}\boldsymbol{y}=\boldsymbol{G}\boldsymbol{y}$. 设

$$\boldsymbol{G}=\begin{pmatrix} g_{11} & g_{12} & \cdots & g_{1n} \\ g_{21} & g_{22} & \cdots & g_{2n} \\ \vdots & \vdots & & \vdots \\ g_{n1} & g_{n2} & \cdots & g_{nn} \end{pmatrix}.$$

考察齐次线性方程组

$$\begin{cases} g_{11}y_1+g_{12}y_2+\cdots+g_{1n}y_n=0, \\ g_{21}y_1+g_{22}y_2+\cdots+g_{2n}y_n=0, \\ \qquad\vdots \\ g_{q1}y_1+g_{q2}y_2+\cdots+g_{qn}y_n=0, \\ y_{p+1}=0, \\ \qquad\vdots \\ y_n=0. \end{cases}$$

该方程组含有 n 个未知数，但是方程个数 $q+(n-p)=n-(p-q)<n$，因此有非零解. 设其解为 $y_i=d_i$，d_i 不全为零，$i=1, 2, \cdots, p$；$y_i=0$，$i>p$.

令 $\boldsymbol{y}^0=(d_1\quad d_2\quad\cdots\quad d_n)^{\mathrm{T}}$，$\boldsymbol{z}^0=\boldsymbol{G}\boldsymbol{y}^0$，$\boldsymbol{z}^0=(z_1\quad z_2\quad\cdots\quad z_n)^{\mathrm{T}}$. 此时有 $z_i=0$，$i=1, 2, \cdots, q$. 故有

$$0<f=\sum_{i=1}^{p}d_i^2=-\sum_{i=q+1}^{r}z_i^2\leqslant 0,$$

矛盾. 因此 $p\leqslant q$.

同理可证 $q\leqslant p$.

故有 $p=q$.

5.2 正定二次型与正定矩阵

定义 5.2.1 设 $\boldsymbol{A}$ 为实对称矩阵，二次型 $f(x_1, x_2, \cdots, x_n)=\boldsymbol{x}^{\mathrm{T}}\boldsymbol{A}\boldsymbol{x}$：

(1)若对任何 $\boldsymbol{x}\neq\boldsymbol{0}$，有 $f(\boldsymbol{x})>0$，则称二次型 f 为正定二次型，并称 $\boldsymbol{A}$ 为正定矩阵；

(2)若对任何 $\boldsymbol{x}\neq\boldsymbol{0}$，有 $f(\boldsymbol{x})<0$，则称二次型 f 为负定二次型，并称 $\boldsymbol{A}$ 为负定矩阵；

(3)若对任何 $\boldsymbol{x}\neq\boldsymbol{0}$，有 $f(\boldsymbol{x})\geqslant 0$，则称二次型 f 为半正定二次型，并称 $\boldsymbol{A}$ 为半正定

矩阵；

(4)若对任何 $\boldsymbol{x}\neq\boldsymbol{0}$，有 $f(\boldsymbol{x})\leqslant 0$，则称二次型 f 为半负定二次型，并称 $\boldsymbol{A}$ 为半负定矩阵；

(5)若 f 既不是半正定的，也不是半负定的，则称二次型 f 为不定二次型，并称 $\boldsymbol{A}$ 为不定矩阵．

定理 5.2.1　n 阶实对称矩阵 $\boldsymbol{A}$ 为正定矩阵的充要条件是 $\boldsymbol{A}$ 的特征值全大于 0.

证明　由定理 5.1.1 知，存在正交变换 $\boldsymbol{x}=\boldsymbol{Q}\boldsymbol{y}$，使得二次型

$$f(\boldsymbol{x}) = \boldsymbol{x}^{\mathrm{T}}\boldsymbol{A}\boldsymbol{x} = f(\boldsymbol{Q}\boldsymbol{y}) = \sum_{i=1}^{n}\lambda_i y_i^2,$$

其中 $\lambda_i(i=1, 2, \cdots, n)$ 为 $\boldsymbol{A}$ 的特征值．因此有 $f(\boldsymbol{Q}\boldsymbol{y})>0\Leftrightarrow\lambda_i>0$，$i=1, 2, \cdots, n$.

例 5.2.1　设 n 阶实矩阵 $\boldsymbol{A}$ 可逆，则 $\boldsymbol{A}^{\mathrm{T}}\boldsymbol{A}$ 为正定矩阵．

证明　由例 4.3.1 知 $\boldsymbol{A}^{\mathrm{T}}\boldsymbol{A}$ 的特征值 λ_i，$i=1, 2, \cdots, n$，非负，且有

$$\prod_{i=1}^{n}\lambda_i = \det(\boldsymbol{A}^{\mathrm{T}}\boldsymbol{A}) \neq 0,$$

因此有 $\lambda_i>0$，$\boldsymbol{A}^{\mathrm{T}}\boldsymbol{A}$ 为正定矩阵．

推论 5.2.1　若 n 阶实对称矩阵 $\boldsymbol{A}$ 为正定矩阵，则 $\det\boldsymbol{A}>0$.

因为 $\det\boldsymbol{A}=\prod_{i=1}^{n}\lambda_i$，故结论成立．

推论 5.2.2　n 阶实对称矩阵 $\boldsymbol{A}$ 为正定矩阵的充要条件是二次型 $f(\boldsymbol{x})=\boldsymbol{x}^{\mathrm{T}}\boldsymbol{A}\boldsymbol{x}$ 的正惯性指数为 n．

定理 5.2.2　n 阶实对称矩阵 $\boldsymbol{A}$ 为正定矩阵的充要条件是 $\boldsymbol{A}$ 的所有顺序主子阵的确定值全大于 0.

证明　必要性．设 n 阶实对称矩阵 $\boldsymbol{A}$ 为正定矩阵，则二次型 $f(\boldsymbol{x})=\boldsymbol{x}^{\mathrm{T}}\boldsymbol{A}\boldsymbol{x}>0$，$\forall\boldsymbol{x}\in\mathbf{R}^n$，$\boldsymbol{x}\neq\boldsymbol{0}$.

对正整数 $k=1, 2, \cdots, n$，依次令 $\boldsymbol{x}$ 的分量 $x_i=0$，$i>k$，得到二次型

$$f_k(x_1,x_2,\cdots,x_k) = \sum_{i,j=1}^{k}a_{ij}x_ix_j > 0, \ \forall(x_1,x_2,\cdots,x_k) \neq 0.$$

即 $f_k(x_1, x_2, \cdots, x_k)$ 为正定二次型．由定理 5.2.1 知 $\boldsymbol{A}$ 的 k 阶顺序主子阵的确定值大于 0.

充分性．$n=1$ 时，$a_{11}>0$，$f(x_1)=a_{11}x_1^2$ 显然是正定二次型．

假设 $n=k$ 时结论成立．则当 $n=k+1$ 时，将 $\boldsymbol{A}$ 分块为

$$\boldsymbol{A} = \begin{pmatrix}\boldsymbol{A}_1 & \boldsymbol{\alpha}\\ \boldsymbol{\alpha}^{\mathrm{T}} & a_{k+1\,k+1}\end{pmatrix},$$

其中 $\boldsymbol{A}_1$ 为 $\boldsymbol{A}$ 的 k 阶顺序主子阵．令

$$C=\begin{pmatrix} I_k & -A_1^{-1}\alpha \\ 0_{1\times k} & 1 \end{pmatrix},$$

其中I_k为k阶单位矩阵，$x=Cy$. 得到

$$C^{\mathrm{T}}AC=\begin{pmatrix} A_1 & 0_{k\times 1} \\ 0_{1\times k} & a_{k+1\,k+1}-\alpha^{\mathrm{T}}A_1\alpha \end{pmatrix},$$

$$f(Cy)=(y')^{\mathrm{T}}A_1y'+(a_{k+1\,k+1}-\alpha^{\mathrm{T}}A_1\alpha)y_{k+1}^2,$$

其中$(y')^{\mathrm{T}}=(y_1,\ y_2,\ \cdots,\ y_k)$.

由条件 $\det A=(a_{k+1\,k+1}-\alpha^{\mathrm{T}}A_1\alpha)\det A_1>0$，$\det A_1>0$ 知

$$a_{k+1\,k+1}-\alpha^{\mathrm{T}}A_1\alpha>0.$$

因此$(a_{k+1\,k+1}-\alpha^{\mathrm{T}}A_1^{-1}\alpha)y_{k+1}^2$为一元正定二次型.

又由归纳假设知$(y')^{\mathrm{T}}A_1y'$为k元正定二次型，所以$f(Cy)$为$k+1$元正定二次型.

例 5.2.1 判断$f(x_1,\ x_2,\ x_3)=2x_1^2+x_2^2+3x_3^2+2x_1x_2-2x_1x_3-2x_2x_3$是否正定.

解 二次型$f(x_1,\ x_2,\ x_3)$的矩阵为

$$A=\begin{pmatrix} 2 & 1 & -1 \\ 1 & 1 & -1 \\ -1 & -1 & 3 \end{pmatrix},$$

其顺序主子阵的确定值

$$\det(2)=2,\qquad \det\begin{pmatrix} 2 & 1 \\ 1 & 1 \end{pmatrix}=1,\qquad \det\begin{pmatrix} 2 & 1 & -1 \\ 1 & 1 & -1 \\ -1 & -1 & 3 \end{pmatrix}=2.$$

所以$f(x_1,\ x_2,\ x_3)$是正定二次型.

定理 5.2.3 设A为n阶实对称矩阵，$f(x_1,\ x_2,\ \cdots,\ x_n)=x^{\mathrm{T}}Ax$，则下列结论等价：

(1) $f(x_1,\ x_2,\ \cdots,\ x_n)$半正定；

(2)它的正惯性指数等于$r(A)$；

(3)存在可逆矩阵C，使得

$$C^{\mathrm{T}}AC=\begin{pmatrix} d_1 & 0 & \cdots & 0 \\ 0 & d_2 & \cdots & 0 \\ \vdots & \vdots & \ddots & \vdots \\ 0 & 0 & \cdots & d_n \end{pmatrix},$$

其中$d_i\geqslant 0$，$i=1,\ 2,\ \cdots,\ n$；

(4)存在n阶矩阵C，使得$A=C^{\mathrm{T}}C$.

习 题 5

1. 分别用配方法、合同变换法与正交变换法化下列二次型为标准形：

(1) $-4x_1x_2+2x_1x_3+4x_2x_3$；

(2) $x_1^2+2x_1x_2+2x_2^2+4x_2x_3+2x_3^2$；

(3) $-x_1^2+4x_2^2-2x_1x_2+2x_1x_3-4x_2x_3$；

(4) $x_1^2+x_2^2+x_3^2+x_4^2+2x_1x_3+2x_2x_3+2x_3x_4$.

2. 证明秩为 r 的对称矩阵可表为 r 个秩为 1 的对称矩阵之和.

3. 设 $\boldsymbol{A}$ 为实数域上 n 阶方阵. 证明下面结论：

(1) $\boldsymbol{A}$ 为反对称阵的充要条件是 $\boldsymbol{x}^{\mathrm{T}}\boldsymbol{A}\boldsymbol{x}=\boldsymbol{0}$ 对任一 n 维列向量 $\boldsymbol{x}$ 成立；

(2) 如果 $\boldsymbol{A}$ 为对称阵，且有 $\boldsymbol{x}^{\mathrm{T}}\boldsymbol{A}\boldsymbol{x}=\boldsymbol{0}$ 对任一 n 维列向量 $\boldsymbol{x}$ 成立，则 $\boldsymbol{A}=\boldsymbol{0}$.

4. 设 $\boldsymbol{A}=(a_{ij})_{n\times m}$ 为 $n\times m$ 实矩阵. 证明二次型 $\sum\limits_{i=1}^{n}(\sum\limits_{j=1}^{m}a_{ij}x_j)^2$ 的秩等于 $r(\boldsymbol{A})$.

5. 设 $\boldsymbol{A}_i$ 与 $\boldsymbol{B}_i$ 合同，$i=1$，2. 证明 $\begin{pmatrix}\boldsymbol{A}_1 & \boldsymbol{0}\\ \boldsymbol{0} & \boldsymbol{A}_2\end{pmatrix}$ 与 $\begin{pmatrix}\boldsymbol{B}_1 & \boldsymbol{0}\\ \boldsymbol{0} & \boldsymbol{B}_2\end{pmatrix}$ 合同.

6. 设 $\boldsymbol{A}$ 为 n 阶实可逆对称阵. 证明二次型 $(\det\boldsymbol{A})^{-1}\boldsymbol{x}^{\mathrm{T}}\boldsymbol{A}^*\boldsymbol{x}$ 与二次型 $\boldsymbol{x}^{\mathrm{T}}\boldsymbol{A}\boldsymbol{x}$ 有相同的正负惯性指数.

7. 问 t 取何值时，下列二次型正定：

(1) $x_1^2+x_2^2+x_3^2+tx_1x_2-2x_1x_3+4x_2x_3$；

(2) $x_1^2+x_2^2+4x_3^2+4x_1x_2+tx_1x_3+4x_2x_3$.

8. 设 $\boldsymbol{A}=(a_{ij})$ 为 n 阶实对称矩阵. 证明存在实数 $c>0$，使得 $|\boldsymbol{x}^{\mathrm{T}}\boldsymbol{A}\boldsymbol{x}|\leqslant c\boldsymbol{x}^{\mathrm{T}}\boldsymbol{x}$ 对任意 n 维列向量 $\boldsymbol{x}\in\mathbf{R}^n$ 成立.

9. 判断下列二次型是否正定：

(1) $8x_1^2+4x_2^2+2x_3^2-6x_1x_2+2x_1x_3-8x_2x_3$；

(2) $\sum\limits_{i=1}^{n}x_i^2+\sum\limits_{1\leqslant i<j\leqslant n}x_ix_j$；

(3) $\sum\limits_{i=1}^{n}x_i^2+\sum\limits_{i=2}^{n-1}x_ix_{i+1}$.

10. 设 $\boldsymbol{A}$ 正定. 证明 $\boldsymbol{A}^*$ 正定.

11. 设 $\boldsymbol{A}$，$\boldsymbol{B}$ 正定. 证明 $\boldsymbol{A}+\boldsymbol{B}^{-1}$ 正定.

12*. 设 $\boldsymbol{A}=(a_{ij})$，$\boldsymbol{B}=(b_{ij})$ 为 n 阶正定矩阵，$\boldsymbol{C}=(a_{ij}b_{ij})$. 证明 $\boldsymbol{C}$ 正定.

13*. 设 $\boldsymbol{A}$，$\boldsymbol{B}$ 为 n 阶正定矩阵. 证明 $\boldsymbol{AB}$ 的特征值大于 0.

14*. 设$\boldsymbol{A}$，$\boldsymbol{B}$为n阶正定矩阵. 证明$\det(\lambda \boldsymbol{A}-\boldsymbol{B})=0$的根都大于0.

15*. 设$\boldsymbol{A}$为n阶正定矩阵，$\boldsymbol{B}$为n阶实对称矩阵. 证明存在可逆阵$\boldsymbol{P}$，使得$\boldsymbol{P}^{\mathrm{T}}\boldsymbol{A}\boldsymbol{P}=\boldsymbol{I}$且$\boldsymbol{P}^{\mathrm{T}}\boldsymbol{B}\boldsymbol{P}$为对角阵.

16*. 设$\boldsymbol{A}$为n阶正定矩阵. $\boldsymbol{B}$为n阶半正定矩阵. 证明$\det(\boldsymbol{A}+\boldsymbol{B})\geqslant\det\boldsymbol{A}$.

17*. 设$\boldsymbol{A}$为n阶正定矩阵，k为一正整数. 证明存在正定矩阵$\boldsymbol{B}$，使得$\boldsymbol{B}^k=\boldsymbol{A}$.

6 多项式环上矩阵

本章介绍多项式元矩阵．这类矩阵的特殊情形在第四章已述及，即域 E 上 n 阶方阵 $\boldsymbol{A}$ 的特征矩阵 $\lambda\boldsymbol{I}-\boldsymbol{A}$. 本章介绍如何将域上矩阵的相似问题转化为多项式元矩阵的等价问题，为此，首先介绍使用初等变换将一个多项式元矩阵化为标准形的方法；然后介绍多项式元矩阵的确定元因子与不变因子概念，两个 $m\times n$ 多项式元矩阵等价的充要条件是它们有相同的不变因子；接下来介绍域上两个 n 阶方阵相似的充要条件是它们的特征矩阵等价；最后介绍复数域上 n 阶方阵的初等因子的概念、初等因子的计算方法以及复数域上 n 阶方阵的若尔当标准形．

6.1 多项式环上矩阵的初等变换与标准形

以下设 E 为域．多项式环 $E[\lambda]$上的矩阵，简称为多项式元矩阵或 λ-矩阵．本节具体介绍使用初等变换将一个多项式元矩阵化为标准形的方法．为此，复述第二章第四节中关于矩阵的初等变换与相关概念如下：

定义 6.1.1 设 E 为域，对于多项式环 $E[\lambda]$上的 $m\times n$ 阵，以下变换：

(1) 交换矩阵的两行(列)；

(2) 矩阵的某行(列)乘以 E 中非零元；

(3) 矩阵的某行(列)加上 $E[\lambda]$中元乘矩阵的另一行(列)，

称为多项式元矩阵的初等变换．

将单位矩阵作多项式元矩阵的初等变换得到的矩阵称为初等矩阵．易见，对多项式元矩阵作一次初等行(列)变换相当于用同类初等矩阵左(右)乘该矩阵．

定义 6.1.2 如果 $m\times n$ 多项式元矩阵 $\boldsymbol{A}(\lambda)$经过一系列初等变换得到 $\boldsymbol{B}(\lambda)$，则称 $\boldsymbol{A}(\lambda)$与 $\boldsymbol{B}(\lambda)$等价．

易见下面性质成立：

性质 6.1.1

(1) 自反性：$\boldsymbol{A}(\lambda)$与 $\boldsymbol{A}(\lambda)$等价．

(2) 对称性：设 $\boldsymbol{A}(\lambda)$与 $\boldsymbol{B}(\lambda)$等价，则 $\boldsymbol{B}(\lambda)$与 $\boldsymbol{A}(\lambda)$等价．

(3) 传递性：设 $\boldsymbol{A}(\lambda)$与 $\boldsymbol{B}(\lambda)$等价，$\boldsymbol{B}(\lambda)$与 $\boldsymbol{C}(\lambda)$等价，则 $\boldsymbol{A}(\lambda)$与 $\boldsymbol{C}(\lambda)$等价．

引理 6.1.1 设多项式元矩阵 $\boldsymbol{A}(\lambda)$的元素 $a_{11}(\lambda)\neq 0$，且 $\boldsymbol{A}(\lambda)$至少有一个元素不能被它整除．则存在等价矩阵 $\boldsymbol{B}(\lambda)$，它的元素 $b_{11}(\lambda)\neq 0$，且有 $\partial b_{11}(\lambda)<\partial a_{11}(\lambda)$.

证明 第一种情形：$a_{11}(\lambda)\nmid a_{i1}(\lambda)$. 则有 $a_{i1}(\lambda)=q(\lambda)a_{11}(\lambda)+r(\lambda)$.

作初等行变换 $r_i - q(\lambda)r_1$，然后交换第一行与第 i 行：

$$A(\lambda) = \begin{pmatrix} a_{11}(\lambda) & \cdots \\ \vdots & \vdots \\ a_{i1}(\lambda) & \cdots \\ \vdots & \vdots \end{pmatrix} \xrightarrow{r_i - q(\lambda)a_{11}(\lambda)} \begin{pmatrix} a_{11}(\lambda) & \cdots \\ \vdots & \vdots \\ r(\lambda) & \cdots \\ \vdots & \vdots \end{pmatrix} \xrightarrow{r_1 \leftrightarrow r_i} \begin{pmatrix} r(\lambda) & \cdots \\ \vdots & \vdots \\ a_{11}(\lambda) & \cdots \\ \vdots & \vdots \end{pmatrix} = B(\lambda).$$

第二种情形：$a_{11}(\lambda) \nmid a_{1i}(\lambda)$. 作类似于第一种情形的初等列变换即可得 $B(\lambda)$.

第三种情形：$a_{11}(\lambda)$整除第一行与第一列的所有元素，$a_{11}(\lambda) \nmid a_{ij}(\lambda)$，$i>1$，$j>1$.

设 $a_{i1}(\lambda)=c(\lambda)a_{11}(\lambda)$，先作初等变换 $r_i - c(\lambda)r_1$，再将第 i 行加到第一行，其第一行第 j 列元素 $a_{ij}(\lambda)+(1-c(\lambda))a_{1j}(\lambda)$不能被 $a_{11}(\lambda)$整除，由第二种情形知结论成立.

综上三种情形知引理 6.1.1 成立.

定理 6.1.1 任一 $m \times n$ 多项式元矩阵 $A(\lambda)$都等价于下述形式的矩阵：

$$\begin{pmatrix} d_1(\lambda) & & & & & \\ & \ddots & & & & \\ & & d_r(\lambda) & & & \\ & & & 0 & & \\ & & & & \ddots & \\ & & & & & 0 \end{pmatrix},$$

称其为 $A(\lambda)$的标准形，其中 $d_i(\lambda)$是首项系数为 1 的多项式，$i=1, 2, \cdots, r$，且有 $d_i(\lambda) \mid d_{i+1}(\lambda)$，$i=1, 2, \cdots, r-1$.

证明 经行列交换可设 $a_{11}(\lambda) \neq 0$. 如 $a_{11}(\lambda)$不能整除 $A(\lambda)$的所有元素，由引理 6.1.1 知存在等价矩阵 $B(\lambda)$，使得 $b_{11}(\lambda) \neq 0$，$\partial b_{11}(\lambda) < \partial a_{11}(\lambda)$.

如 $b_{11}(\lambda)$不能整除 $B(\lambda)$的所有元素，又由引理 6.1.1 知存在等价矩阵 $C(\lambda)$，使得 $c_{11}(\lambda) \neq 0$，$\partial c_{11}(\lambda) < \partial b_{11}(\lambda)$，如此反复进行下去，左上角多项式次数越来越低，经有限步一定终止于某个等价矩阵 $D(\lambda)$，其左上角元素 $d_{11}(\lambda)$整除 $D(\lambda)$的所有元素.

于是，经一系列初等行与列变换得到如下等价矩阵：

$$\begin{pmatrix} d_{11}(\lambda) & 0 & \cdots & 0 \\ 0 & & & \\ \vdots & & A_1(\lambda) & \\ 0 & & & \end{pmatrix},$$

其中 $A_1(\lambda)$为$(m-1) \times (n-1)$矩阵，$d_{11}(\lambda)$整除 $A_1(\lambda)$的所有元素.

对 $A_1(\lambda)$重复上述过程，如此反复进行，有限步后可得结论.

例 6.1.1 用初等变换将

$$A(\lambda) = \begin{pmatrix} \lambda+2 & -1 & 2 \\ -1 & \lambda+2 & 2 \\ 2 & 2 & \lambda-1 \end{pmatrix}$$

化为标准形.

解

$$A(\lambda)\xrightarrow[r_3+2r_2]{r_1+(\lambda+2)r_2}\begin{pmatrix}0 & \lambda^2+4\lambda+3 & 2(\lambda+3)\\ -1 & \lambda+2 & 2\\ 0 & 2(\lambda+3) & \lambda+3\end{pmatrix}$$

$$\xrightarrow[c_3+2c_1,\ -c_1]{c_2+(\lambda+2)c_1}\begin{pmatrix}0 & \lambda^2+4\lambda+3 & 2(\lambda+3)\\ 1 & 0 & 0\\ 0 & 2(\lambda+3) & \lambda+3\end{pmatrix}$$

$$\xrightarrow[c_2-2c_3]{r_1-2r_3}\begin{pmatrix}0 & \lambda^2-9 & 0\\ 1 & 0 & 0\\ 0 & 0 & \lambda+3\end{pmatrix}\xrightarrow[r_2\leftrightarrow r_3,\ c_2\leftrightarrow c_3]{r_1\leftrightarrow r_2}\begin{pmatrix}1 & 0 & 0\\ 0 & \lambda+3 & 0\\ 0 & 0 & \lambda^2-9\end{pmatrix}.$$

例 6.1.2 用初等变换将

$$A(\lambda)=\begin{pmatrix}-\lambda & 2\lambda+1 & \lambda-1\\ \lambda & \lambda^2 & -\lambda\\ \lambda^2 & \lambda^3+1 & -\lambda^2-1\end{pmatrix}$$

化为标准形.

解

$$A(\lambda)\xrightarrow{c_3+c_1}\begin{pmatrix}-\lambda & 2\lambda+1 & -1\\ \lambda & \lambda^2 & 0\\ \lambda^2 & \lambda^3+1 & -1\end{pmatrix}\xrightarrow{c_1\leftrightarrow c_3}\begin{pmatrix}-1 & 2\lambda+1 & -\lambda\\ 0 & \lambda^2 & \lambda\\ -1 & \lambda^3+1 & \lambda^2\end{pmatrix}$$

$$\xrightarrow{r_3-r_1}\begin{pmatrix}-1 & 2\lambda+1 & -\lambda\\ 0 & \lambda^2 & \lambda\\ 0 & \lambda^3-2\lambda & \lambda^2+\lambda\end{pmatrix}\xrightarrow[c_3-\lambda r_1]{c_2+(2\lambda+1)c_1}\begin{pmatrix}-1 & 0 & 0\\ 0 & \lambda^2 & \lambda\\ 0 & \lambda^3-2\lambda & \lambda^2+\lambda\end{pmatrix}$$

$$\xrightarrow[c_2\leftrightarrow c_3]{-r_1}\begin{pmatrix}1 & 0 & 0\\ 0 & \lambda & \lambda^2\\ 0 & \lambda^2+\lambda & \lambda^3-2\lambda\end{pmatrix}\xrightarrow{c_3-\lambda c_2}\begin{pmatrix}1 & 0 & 0\\ 0 & \lambda & 0\\ 0 & \lambda^2+\lambda & -\lambda^2-2\lambda\end{pmatrix}$$

$$\xrightarrow{r_3-(\lambda+1)r_2}\begin{pmatrix}1 & 0 & 0\\ 0 & \lambda & 0\\ 0 & 0 & -\lambda^2-2\lambda\end{pmatrix}\xrightarrow{-r_3}\begin{pmatrix}1 & 0 & 0\\ 0 & \lambda & 0\\ 0 & 0 & \lambda^2+2\lambda\end{pmatrix}.$$

6.2 多项式元矩阵的确定元因子与不变因子

定义 6.2.1 设 E 为域，$A(\lambda)$ 为 $E[\lambda]$ 上的 $m\times n$ 阵，$A(\lambda)$ 的 k 阶子矩阵的非零确定元全体的首项系数为 1 的最大公因式称为 $A(\lambda)$ 的 k 阶确定元因子，记为 $D_A^k(\lambda)$.

定理 6.2.1 设 $A(\lambda)$ 与 $B(\lambda)$ 等价，则 $r(A)=r(B)$，且 $A(\lambda)$ 与 $B(\lambda)$ 有相同的 k 阶

确定元因子.

证明 设$\boldsymbol{A}(\lambda)$与$\boldsymbol{B}(\lambda)$的k阶确定元因子分别为$f(\lambda)$与$g(\lambda)$. 只需证明初等行变换不改变矩阵的k阶确定元因子. 同理证明列变换情形.

显然交换矩阵的两行或用E中非零元乘矩阵的某行, $\boldsymbol{A}(\lambda)$与$\boldsymbol{B}(\lambda)$的k阶子矩阵的确定元只差一个E中非零元倍, 因此有$f(\lambda)=g(\lambda)$.

矩阵$\boldsymbol{A}(\lambda)$的第i行乘$c(\lambda)$加到第j行得到$\boldsymbol{B}(\lambda)$, $\boldsymbol{B}(\lambda)$的k阶子矩阵中包含了第i行与第j行或不包含第j行的确定元完全相同.

$\boldsymbol{B}(\lambda)$的k阶子矩阵中包含了第j行但不包含第i行的确定元按性质2.5.5知, 它是$\boldsymbol{A}(\lambda)$的一个k阶子矩阵的确定元加$c(\lambda)$乘$\boldsymbol{A}(\lambda)$的另一个k阶子矩阵的确定元, 故有$f(\lambda)\mid g(\lambda)$.

由于初等变换是可逆变换, 因此可得$g(\lambda)\mid f(\lambda)$.

综上可得$f(\lambda)=g(\lambda)$.

当$\boldsymbol{A}(\lambda)$的全部k阶子矩阵的确定元为零时, $\boldsymbol{B}(\lambda)$的全部k阶子矩阵的确定元也为零. 反之也成立. 所以$r(\boldsymbol{A}(\lambda))=r(\boldsymbol{B}(\lambda))$.

例 6.2.1 计算标准形矩阵

$$\boldsymbol{D}(\lambda)=\begin{pmatrix} d_1(\lambda) & & & & & \\ & \ddots & & & & \\ & & d_r(\lambda) & & & \\ & & & 0 & & \\ & & & & \ddots & \\ & & & & & 0 \end{pmatrix}=(d_{ij})_{m\times n}$$

的k阶确定元因子.

解 任取$\boldsymbol{D}(\lambda)$的$i_1<i_2<\cdots<i_k\leqslant r$行与$j_1<j_2<\cdots<j_k\leqslant r$列交叉位置元素组成的$k$阶子矩阵记为$\boldsymbol{D}_k(\lambda)$.

由定义知,

$$\det \boldsymbol{D}_k(\lambda)=\sum_{s_1s_2\cdots s_k}(-1)^{\tau(s_1s_2\cdots s_k)}d_{i_1s_1}d_{i_2s_2}\cdots d_{i_ks_k},$$

其中, $s_1s_2\cdots s_k$为j_1, j_2, $\cdots$, j_k的任意排列. 易见

$$d_{i_1s_1}(\lambda)d_{i_2s_2}(\lambda)\cdots d_{i_ks_k}(\lambda)\neq 0\Leftrightarrow s_t=i_t, t=1,2,\cdots,k.$$

所以, 若存在某一t, 使得当$j_t\neq i_t$, 则有$\det D_k(\lambda)=0$. 因此$\boldsymbol{A}(\lambda)$的k阶子矩阵的非零确定元只能是$d_{i_1}(\lambda)d_{i_2}(\lambda)\cdots d_{i_k}(\lambda)$. 又由$d_i(\lambda)\mid d_{i+1}(\lambda)(i=1, 2, \cdots, r-1)$知$\boldsymbol{A}(\lambda)$的$k$阶确定元因子

$$D_{\boldsymbol{A}}^k(\lambda)=d_1(\lambda)d_2(\lambda)\cdots d_k(\lambda).$$

定理 6.2.2 多项式元矩阵$\boldsymbol{A}(\lambda)$的标准形唯一.

证明 因$\boldsymbol{A}(\lambda)$与其标准形等价，故$r(\boldsymbol{A}(\lambda))$等于标准形对角线上非零元个数$r$，且其$k$阶确定元因子

$$D_A^k(\lambda)=d_1(\lambda)d_2(\lambda)\cdots d_k(\lambda),$$

$k\leqslant r$. 因此，

$$d_1(\lambda)=D_A^1(\lambda),\ d_2(\lambda)=\frac{D_A^2(\lambda)}{D_A^1(\lambda)},\cdots,d_r(\lambda)=\frac{D_A^r(\lambda)}{D_A^{r-1}(\lambda)}.$$

即标准形对角线上非零元由$\boldsymbol{A}(\lambda)$的全体k阶确定元因子唯一确定，$k=1,2,\cdots,r$. 因此标准形唯一.

定义 6.2.2 $\boldsymbol{A}(\lambda)$的标准形的对角线线上非零元$d_1(\lambda)$，$d_2(\lambda)$，$\cdots$，$d_r(\lambda)$称为$\boldsymbol{A}(\lambda)$的不变因子.

推论 6.2.3 设$\boldsymbol{A}(\lambda)$，$\boldsymbol{B}(\lambda)$均为$m\times n$多项式矩阵，则它们等价的充要条件是它们有相同的确定元因子，或不变因子.

由定理6.2.2以及定理6.1.1知推论6.2.3成立.

例 6.2.2 设$\boldsymbol{A}(\lambda)$为n阶可逆矩阵. 求$\boldsymbol{A}(\lambda)$的标准形.

解 因为$\boldsymbol{A}(\lambda)$可逆，存在$\boldsymbol{B}(\lambda)$使得$\boldsymbol{A}(\lambda)\boldsymbol{B}(\lambda)=\boldsymbol{I}$，所以$\det\boldsymbol{A}(\lambda)\det\boldsymbol{B}(\lambda)=1$，即$\det\boldsymbol{A}(\lambda)$为域$E$中非零元.

因此$D_A^n(\lambda)=1$，于是有$d_i(\lambda)=1$，$i=1,2,\cdots,n$，$\boldsymbol{A}(\lambda)$的标准形是单位阵.

推论 6.2.4 $\boldsymbol{A}(\lambda)$可逆的充要条件是它可表成一系列初等矩阵的乘积.

6.3 域上矩阵相似与特征矩阵等价的关系

设E是域，$\boldsymbol{A}$，$\boldsymbol{B}$为E上n阶方阵. 本节证明$\boldsymbol{A}$与$\boldsymbol{B}$相似的充要条件是$\lambda\boldsymbol{I}-\boldsymbol{A}$与$\lambda\boldsymbol{I}-\boldsymbol{B}$等价. 可将域上矩阵的相似问题转化为一个多项式元矩阵的等价问题.

引理 6.3.1 设E是域，$\boldsymbol{A}$，$\boldsymbol{B}$为E上n阶方阵. 如果存在E上矩阵$\boldsymbol{P}$，$\boldsymbol{Q}$，使得$\lambda\boldsymbol{I}-\boldsymbol{A}=\boldsymbol{P}(\lambda\boldsymbol{I}-\boldsymbol{B})\boldsymbol{Q}$，则$\boldsymbol{A}$与$\boldsymbol{B}$相似.

证明 由

$$\boldsymbol{P}(\lambda\boldsymbol{I}-\boldsymbol{B})\boldsymbol{Q}=\lambda\boldsymbol{PQ}-\boldsymbol{PBQ}=\lambda\boldsymbol{I}-\boldsymbol{A},$$

得$\boldsymbol{PQ}=\boldsymbol{I}$，$\boldsymbol{PBQ}=\boldsymbol{A}$.

所以$\boldsymbol{P}=\boldsymbol{Q}^{-1}$，$\boldsymbol{Q}^{-1}\boldsymbol{BQ}=\boldsymbol{A}$，即$\boldsymbol{A}$与$\boldsymbol{B}$相似.

引理 6.3.2 设E是域，$\boldsymbol{A}$为E上n阶非零方阵，$\boldsymbol{U}(\lambda)$，$\boldsymbol{V}(\lambda)$为$E[\lambda]$上n阶矩阵. 则存在E上n阶方阵$\boldsymbol{U}$，$\boldsymbol{V}$以及$E[\lambda]$上n阶矩阵$\boldsymbol{P}(\lambda)$，$\boldsymbol{Q}(\lambda)$，满足

$$\boldsymbol{U}(\lambda)=(\lambda\boldsymbol{I}-\boldsymbol{A})\boldsymbol{Q}(\lambda)+\boldsymbol{U},$$

$$\boldsymbol{V}(\lambda)=\boldsymbol{P}(\lambda)(\lambda\boldsymbol{I}-\boldsymbol{A})+\boldsymbol{V}.$$

证明 由多项式环上元素与矩阵乘积以及矩阵加法容易知道，矩阵$\boldsymbol{U}(\lambda)$可写成

$$U(\lambda)=\lambda^m D_0+\lambda^{m-1}D_1+\cdots+\lambda D_{m-1}+D_m,$$

其中D_i为E上n阶方阵，$i=0,\ 1,\ \cdots,\ m$．可设$m>0$，否则取$Q(\lambda)=0$，$U=D_0$．

假设
$$Q(\lambda)=\lambda^{m-1}Q_0+\cdots+\lambda Q_{m-2}+Q_{m-1},$$

其中Q_i，$i=0,\ 1,\ \cdots,\ m-1$，待定．令

$$U(\lambda)=(\lambda I-A)Q(\lambda)+U=\lambda^m Q_0+\sum_{i=1}^{m-1}\lambda^{m-1}(Q_i-AQ_{i-1})-AQ_{m-1}+U,$$

解得

$$Q_0=D_0,Q_i=D_i+AQ_{i-1},\ i=1,2,\cdots,m-1,$$
$$U=D_m+AQ_{m-1}.$$

同理可求得$P(\lambda)$与V.

定理 6.3.1 设E是域，A，B为E上n阶方阵，则A与B相似的充要条件是$\lambda I-A$与$\lambda I-B$等价．

证明 必要性显然．下面证明充分性．

由$\lambda I-A$与$\lambda I-B$等价知，存在可逆矩阵$U(\lambda)$，$\lambda(\lambda)$，使得

$$\lambda I-A=U(\lambda)(\lambda I-B)V(\lambda).$$

由引理 6.3.2 知存在E上n阶方阵U，V以及$E[\lambda]$上n阶矩阵$P(\lambda)$，$Q(\lambda)$，满足

$$U(\lambda)=(\lambda I-A)Q(\lambda)+U,$$
$$V(\lambda)=P(\lambda)(\lambda I-A)+V.$$

故有
$$U^{-1}(\lambda)(\lambda I-A)=(\lambda I-B)P(\lambda)(\lambda I-A)+(\lambda I-B)V,$$
即
$$[U^{-1}(\lambda)-(\lambda I-B)P(\lambda)](\lambda I-A)=(\lambda I-B)V.$$

上式右端作为λ的矩阵多项式，次数不超过1．记

$$W=U^{-1}(\lambda)-(\lambda I-B)P(\lambda),$$

则W的元素全在E中．

W两边左乘$U(\lambda)$得

$$\begin{aligned}I&=U(\lambda)W+U(\lambda)(\lambda I-B)P(\lambda)\\&=[(\lambda I-A)Q(\lambda)W+U(\lambda)(\lambda I-B)P(\lambda)]+UW\\&=(\lambda I-A)[Q(\lambda)W+V^{-1}(\lambda)P(\lambda)]+UW.\end{aligned}$$

因此有$Q(\lambda)W+V^{-1}(\lambda)P(\lambda)=0$，$UW=I$．

再由$W(\lambda I-A)=(\lambda I-B)V$得

$$\lambda I-A=W^{-1}(\lambda I-B)V.$$

由引理 6.3.1 知A与B相似．

定义 6.3.1 A的特征矩阵$\lambda I-A$的不变因子称为A的不变因子．

推论 6.3.1 A与B相似的充要条件是它们有相同的不变因子．

例 6.3.1 判断下面矩阵A与B是否相似：

$$A=\begin{pmatrix}-1&1&0\\-4&3&0\\1&0&2\end{pmatrix},\qquad B=\begin{pmatrix}1&0&0\\1&1&1\\-1&0&2\end{pmatrix}.$$

解 对 $\lambda I-A$ 作如下初等变换:

$$\lambda I-A=\begin{pmatrix}\lambda+1&-1&0\\4&\lambda-3&0\\-1&0&\lambda-2\end{pmatrix}\xrightarrow[r_2+4r_3]{r_1+(\lambda+1)r_3}\begin{pmatrix}0&-1&(\lambda+1)(\lambda-2)\\0&\lambda-3&4(\lambda-2)\\-1&0&\lambda-2\end{pmatrix}$$

$$\xrightarrow[c_3+(\lambda-2)c_1]{r_2+(\lambda-3)r_1}\begin{pmatrix}0&-1&(\lambda+1)(\lambda-2)\\0&0&(\lambda-2)(\lambda-1)^2\\-1&0&0\end{pmatrix}\xrightarrow[-c_1,\ -c_2]{c_3+(\lambda+1)(\lambda-2)c_2}\begin{pmatrix}0&1&0\\0&0&(\lambda-2)(\lambda-1)^2\\1&0&0\end{pmatrix}$$

$$\xrightarrow[r_2\leftrightarrow r_3]{c_1\leftrightarrow c_2}\begin{pmatrix}1&0&0\\0&1&0\\0&0&(\lambda-2)(\lambda-1)^2\end{pmatrix}.$$

对 $\lambda I-B$ 作如下初等变换:

$$\lambda I-B=\begin{pmatrix}\lambda-1&0&0\\-1&\lambda-1&-1\\1&0&\lambda-2\end{pmatrix}\xrightarrow[r_2+r_3]{r_1-(\lambda-1)r_3}\begin{pmatrix}0&0&-(\lambda-1)(\lambda-2)\\0&\lambda-1&\lambda-3\\1&0&\lambda-2\end{pmatrix}$$

$$\xrightarrow[c_3-(\lambda-2)c_1]{c_3-c_2}\begin{pmatrix}0&0&-(\lambda-1)(\lambda-2)\\0&\lambda-1&-2\\1&0&0\end{pmatrix}$$

$$\xrightarrow[-\frac{1}{2}r_2]{c_2+(\lambda-1)\frac{1}{2}c_3}\begin{pmatrix}0&\dfrac{(\lambda-1)^2(\lambda-2)}{2}&-(\lambda-1)(\lambda-2)\\0&0&1\\1&0&0\end{pmatrix}$$

$$\xrightarrow[2c_2]{r_1+(\lambda-1)(\lambda-2)r_2}\begin{pmatrix}0&(\lambda-1)^2(\lambda-2)&0\\0&0&1\\1&0&0\end{pmatrix}\xrightarrow[c_2\leftrightarrow c_3]{r_1\leftrightarrow r_3}\begin{pmatrix}1&0&0\\0&1&0\\0&0&(\lambda-1)^2(\lambda-2)\end{pmatrix}.$$

$\lambda I-A$ 与 $\lambda I-B$ 有相同的标准形，从而等价，于是 A 与 B 相似.

6.4 初等因子

本节介绍复数域上 n 阶矩阵的初等因子概念以及初等因子的计算方法.

定义 6.4.1 把 $E[\lambda]$ 上矩阵 $\lambda I-A$ 的每个次数大于零的不变因子分解成互不相同的首项为 1 的一次因式方幂的乘积，所有这些一次因式方幂(相同的需按出现的次数计算)称

为 $\lambda\boldsymbol{I}-\boldsymbol{A}$ 的初等因子，简称为 $\boldsymbol{A}$ 的初等因子．

例 6.4.1 矩阵 $\boldsymbol{A}$，$\boldsymbol{B}$ 同例 6.3.1. 求 $\boldsymbol{A}$，$\boldsymbol{B}$ 的初等因子．

解 由例 6.3.1 知，$\boldsymbol{A}$，$\boldsymbol{B}$ 有相同的不变因子 1，1，$(\lambda-1)^2(\lambda-2)$，因而它们有相同的初等因子 $(\lambda-1)^2$，$\lambda-2$.

下面说明不变因子与初等因子的关系．

设矩阵 $\boldsymbol{A}$ 的不变因子为 $d_1(\lambda)$，$d_2(\lambda)$，…，$d_n(\lambda)$. 将 $d_i(\lambda)$ 分解成如下互不相同的一次因式方幂的乘积，$i=1$，2，…，n：

$$d_1(\lambda)=(\lambda-\lambda_1)^{t_{11}}(\lambda-\lambda_2)^{t_{12}}\cdots(\lambda-\lambda_r)^{t_{1r}},$$
$$d_2(\lambda)=(\lambda-\lambda_1)^{t_{21}}(\lambda-\lambda_2)^{t_{22}}\cdots(\lambda-\lambda_r)^{t_{2r}},$$
$$\vdots$$
$$d_n(\lambda)=(\lambda-\lambda_1)^{t_{n1}}(\lambda-\lambda_2)^{t_{n2}}\cdots(\lambda-\lambda_r)^{t_{nr}},$$

则其中满足 $t_{ij}\geqslant 1$ 的方幂 $(\lambda-\lambda_j)^{t_{ij}}$ 就是 $\boldsymbol{A}$ 的初等因子，$j=1$，2，…，r，$r\leqslant n$.

注意到 $d_i(\lambda)\mid d_{i+1}(\lambda)$，$i=1$，2，…，$n-1$，因此有

$$(\lambda-\lambda_j)^{t_{ij}}\mid(\lambda-\lambda_j)^{t_{(i+1)j}},\ i=1,2,\cdots,n-1.$$

故有 $t_{1j}\leqslant t_{2j}\leqslant\cdots\leqslant t_{nj}$.

这表明同一个一次因式方幂作成的初等因子中，幂次最高的一定出现在 $d_n(\lambda)$ 的分解中，幂次次高的一定出现在 $d_{n-1}(\lambda)$ 的分解中……以此类推，可知同一个一次因式的方幂的初等因子在不变因子的分解式中出现的位置是唯一确定的．这就为我们提供了一个从矩阵的初等因子与阶数唯一作出不变因子的方法．

设 n 阶矩阵的全部初等因子已知．将全部初等因子中同一个一次因式 $\lambda-\lambda_j(j=1$，2，…，$r)$ 的方幂的那些初等因子按降幂排列，当这些初等因子的个数不足 n 时，在后面补足适当个数的 1 使其凑足 n 个．现在假设所得排列如下：

$$(\lambda-\lambda_j)^{t_{nj}},(\lambda-\lambda_j)^{t_{(n-1)j}},\cdots,(\lambda-\lambda_j)^{t_{1j}},\ j=1,2,\cdots,r.$$

令
$$d_i(\lambda)=(\lambda-\lambda_1)^{t_{i1}}(\lambda-\lambda_2)^{t_{i2}}\cdots(\lambda-\lambda_r)^{t_{ir}},\ i=1,2,\cdots,n,$$

则 $d_1(\lambda)$，$d_2(\lambda)$，…，$d_n(\lambda)$ 是 $\boldsymbol{A}$ 的不变因子．

由上面讨论以及推论 6.3.1 知下面结论成立：

命题 6.4.1 复数域上两个同阶矩阵相似的充要条件是它们有相同的初等因子．

引理 6.4.1 设 $E[\lambda]$ 上矩阵 $\boldsymbol{A}(\lambda)$，$\boldsymbol{B}(\lambda)$ 如下：

$$\boldsymbol{A}(\lambda)=\begin{pmatrix}f_1(\lambda)g_1(\lambda) & 0\\ 0 & f_2(\lambda)g_2(\lambda)\end{pmatrix},$$

$$\boldsymbol{B}(\lambda)=\begin{pmatrix}f_2(\lambda)g_1(\lambda) & 0\\ 0 & f_1(\lambda)g_2(\lambda)\end{pmatrix},$$

且$(f_i(\lambda), g_j(\lambda))=1$，$i$，$j=1$，2，则$\boldsymbol{A}(\lambda)$与$\boldsymbol{B}(\lambda)$等价.

证明 显然$\boldsymbol{A}(\lambda)$，$\boldsymbol{B}(\lambda)$有相同的2阶确定元因子，且$\boldsymbol{A}(\lambda)$的1阶确定元因子为

$$d_1(\lambda) = (f_1(\lambda)g_1(\lambda), f_2(\lambda)g_2(\lambda)),$$

$\boldsymbol{B}(\lambda)$的1阶确定元因子为

$$d_2(\lambda) = (f_2(\lambda)g_1(\lambda), f_1(\lambda)g_2(\lambda)).$$

由命题1.3.1知 $d_1(\lambda)=d_2(\lambda)$.

因此$\boldsymbol{A}(\lambda)$，$\boldsymbol{B}(\lambda)$也有相同的1阶确定元因子，于是$\boldsymbol{A}(\lambda)$与$\boldsymbol{B}(\lambda)$等价.

下面定理提供了求矩阵$\boldsymbol{A}$的初等因子的方法.

定理6.4.1 用初等变换将$\lambda\boldsymbol{I}-\boldsymbol{A}$化为对角阵，再将对角线上元素分解成不同的一次因式方幂的乘积，则所有这些一次因式方幂(相同的按出现次数计算)就是$\boldsymbol{A}$的全部初等因子.

证明 设$\lambda\boldsymbol{I}-\boldsymbol{A}$经初等变换化为对角阵

$$\boldsymbol{B}(\lambda) = \begin{pmatrix} b_1(\lambda) & & & \\ & b_2(\lambda) & & \\ & & \ddots & \\ & & & b_n(\lambda) \end{pmatrix},$$

其中，$b_i(\lambda)$为首项系数为1的多项式，$i=1$，2，…，n. 再设

$$b_i(\lambda) = (\lambda-\lambda_1)^{t_{i1}}(\lambda-\lambda_2)^{t_{i2}}\cdots(\lambda-\lambda_r)^{t_{ir}}.$$

下面证明将$\boldsymbol{B}(\lambda)$对角线上元素按同一个一次因式方幂

$$(\lambda-\lambda_j)^{t_{1j}}, (\lambda-\lambda_j)^{t_{2j}}, \cdots, (\lambda-\lambda_j)^{t_{nj}}$$

的幂次数递升排列后所得到的矩阵$\boldsymbol{B}_1(\lambda)$与$\boldsymbol{B}(\lambda)$等价，$j=1$，2，…，$r$. 易见，此时$\boldsymbol{B}_1(\lambda)$即为$\lambda\boldsymbol{I}-\boldsymbol{A}$的标准形，$(\lambda\boldsymbol{I}-\lambda_j)^{t_{ij}}$，$t_{ij}\geqslant 1$，即为$\boldsymbol{A}$的全部初等因子.

对$\lambda-\lambda_j$的方幂，令

$$g_i^j(\lambda) = \prod_{s\neq j}(\lambda-\lambda_s)^{t_{is}},\ i=1,2,\cdots,n,$$

则有 $((\lambda-\lambda_j)^{t_{ij}}, g_i^j(\lambda))=1$，$b_i(\lambda)=(\lambda\boldsymbol{I}-\lambda_j)^{t_{ij}}g_i^j(\lambda)$，$j=1$，2，…，$n$.

逐一比较相邻指数t_{ij}与$t_{(i+1)j}$，如果$t_{ij}>t_{(i+1)j}$，则把因式$(\lambda-\lambda_j)^{t_{ij}}$与因式$(\lambda-\lambda_j)^{t_{(i+1)j}}$的位置互换，其余因式保持不动. 由引理6.4.1知

$$\begin{pmatrix} (\lambda-\lambda_j)^{t_{ij}}g_i^j(\lambda) & 0 \\ 0 & (\lambda-\lambda_j)^{t_{(i+1)j}}g_{i+1}^j \end{pmatrix} \text{与} \begin{pmatrix} (\lambda-\lambda_j)^{t_{(i+1)j}}g_i^j(\lambda) & 0 \\ 0 & (\lambda-\lambda_j)^{t_{ij}}g_{i+1}^j \end{pmatrix}$$

等价，于是$\boldsymbol{B}(\lambda)$与对角阵

$$\begin{pmatrix} (\lambda-\lambda_j)^{t_{1j}}g_1^j(\lambda) & & & & & \\ & \ddots & & & & \\ & & (\lambda-\lambda_j)^{t_{(i+1)j}}g_i^j(\lambda) & & & \\ & & & (\lambda-\lambda_j)^{t_{ij}}g_{i+1}^j(\lambda) & & \\ & & & & \ddots & \\ & & & & & (\lambda-\lambda_j)^{t_{nj}}g_n^j(\lambda) \end{pmatrix}$$

等价，$j=1, 2, \cdots, r$. 因此定理成立.

例 6.4.2 求 $\boldsymbol{A}=\begin{pmatrix}1&0&0\\0&1&-4\\0&1&-3\end{pmatrix}$的初等因子.

解 将 $\lambda\boldsymbol{I}-\boldsymbol{A}$ 作如下初等变换化为对角阵：

$$\lambda\boldsymbol{I}-\boldsymbol{A}=\begin{pmatrix}\lambda-1&0&0\\0&\lambda-1&4\\0&-1&\lambda+3\end{pmatrix}\xrightarrow[c_3+(\lambda+3)c_2]{r_2+(\lambda-1)r_3}\begin{pmatrix}\lambda-1&0&0\\0&0&(\lambda+1)^2\\0&-1&0\end{pmatrix}$$

$$\xrightarrow{c_2\leftrightarrow c_3}\begin{pmatrix}\lambda-1&0&0\\0&(\lambda+1)^2&0\\0&0&-1\end{pmatrix}.$$

$\boldsymbol{A}$ 的初等因子为 $\lambda-1$，$(\lambda+1)^2$.

6.5 复数域上矩阵的若尔当标准形

本节设 E 为复数域，$\lambda_0\in E$. 称形式矩阵

$$\boldsymbol{J}_0=\begin{pmatrix}\lambda_0&0&\cdots&0&0\\1&\lambda_0&\cdots&0&0\\0&1&\ddots&0&0\\\vdots&\vdots&\vdots&\vdots&\vdots\\0&0&\cdots&1&\lambda_0\end{pmatrix}$$

为若尔当(Jordan)块，由若尔当块组成的分块对角阵称为若尔当矩阵. 即 $\boldsymbol{J}$ 为若尔当矩阵，则有

$$J=\begin{pmatrix}J_1 & & & \\ & J_2 & & \\ & & \ddots & \\ & & & J_k\end{pmatrix},$$

其中，
$$J_i=\begin{pmatrix}\lambda_i & 0 & \cdots & 0 & 0\\ 1 & \lambda_i & \cdots & 0 & 0\\ 0 & 1 & \ddots & 0 & 0\\ \vdots & \vdots & & \vdots & \vdots\\ 0 & 0 & \cdots & 1 & \lambda_i\end{pmatrix},\ i=1,\ 2,\ \cdots,\ k.$$

设 J_0 为 k 阶若尔当块，则

$$\det(\lambda I-J_0)=(\lambda-\lambda_0)^k.$$

又 $\lambda I-J_0$ 有一 $k-1$ 阶子矩阵的确定元为

$$\det\begin{pmatrix}1 & \lambda_0 & \cdots & 0\\ 0 & 1 & \cdots & 0\\ \vdots & \vdots & \ddots & \vdots\\ 0 & 0 & \cdots & 1\end{pmatrix}=1,$$

因此它的 i 阶确定元因子全是 1，$i=1,\ 2,\ \cdots,\ k-1$. 于是它的不变因子为

$$d_1(\lambda)=d_2(\lambda)=\cdots=d_{k-1}(\lambda)=1,\qquad d_k(\lambda)=(\lambda-\lambda_0)^k.$$

因此，$\lambda I-J_0$ 的初等因子为$(\lambda-\lambda_0)^k$.

定理 6.5.1　设 A 为 n 阶复矩阵，则 A 相似于若尔当矩阵.

证明　设 A 的初等因子为 $(\lambda-\lambda_1)^{r_1}$，$(\lambda-\lambda_2)^{r_2}$，$\cdots$，$(\lambda-\lambda_k)^{r_k}$，其中 $\lambda_i(i=1,\ 2,\ \cdots,\ k)$可能有相同的，$r_i(i=1,\ 2,\ \cdots,\ k)$也可能有相同的.

每个初等因子$(\lambda-\lambda_i)^{r_i}$对应一个 r_i 阶若尔当块

$$J_i=\begin{pmatrix}\lambda_i & 0 & \cdots & 0 & 0\\ 1 & \lambda_i & \cdots & 0 & 0\\ 0 & 1 & \ddots & 0 & 0\\ \vdots & \vdots & & \vdots & \vdots\\ 0 & 0 & \cdots & 1 & \lambda_i\end{pmatrix},\ i=1,2,\cdots,k.$$

由它们构成一个若尔当矩阵

$$J=\begin{pmatrix} J_1 & & & \\ & J_2 & & \\ & & \ddots & \\ & & & J_k \end{pmatrix}.$$

直接计算可得J的初等因子也是$(\lambda-\lambda_1)^{r_1}$，$(\lambda-\lambda_2)^{r_2}$，…，$(\lambda-\lambda_k)^{r_k}$，因此$A$相似于$J$.

由定理6.5.1证明可知下面结论成立：

推论6.5.1 复矩阵与对角阵相似的充要条件是其初等因子皆为一次因式.

例6.5.1 判断下面矩阵是否相似于复数域上对角阵：

$$A=\begin{pmatrix} 1 & -1 & 1 \\ 0 & 2 & -1 \\ -1 & 2 & 0 \end{pmatrix}.$$

解 对$\lambda I-A$作如下初等变换：

$$\lambda I-A=\begin{pmatrix} \lambda-1 & 1 & -1 \\ 0 & \lambda-2 & 1 \\ 1 & -2 & \lambda \end{pmatrix}\xrightarrow{r_1-(\lambda-1)r_3}\begin{pmatrix} 0 & 2\lambda-1 & -\lambda(\lambda-1)-1 \\ 0 & \lambda-2 & 1 \\ 1 & -2 & \lambda \end{pmatrix}$$

$$\xrightarrow[c_3-\lambda c_1]{c_2+2c_1}\begin{pmatrix} 0 & 2\lambda-1 & -\lambda(\lambda-1)-1 \\ 0 & \lambda-2 & 1 \\ 1 & 0 & 0 \end{pmatrix}\xrightarrow{r_1+[\lambda(\lambda-1)+1]r_2}\begin{pmatrix} 0 & (\lambda-1)(\lambda^2-2\lambda+3) & 0 \\ 0 & \lambda-2 & 1 \\ 1 & 0 & 0 \end{pmatrix}$$

$$\xrightarrow{c_2-(\lambda-2)c_3}\begin{pmatrix} 0 & (\lambda-1)(\lambda^2-2\lambda+3) & 0 \\ 0 & 0 & 1 \\ 1 & 0 & 0 \end{pmatrix}\xrightarrow[c_2\leftrightarrow c_3]{r_1\leftrightarrow r_3}\begin{pmatrix} 1 & 0 & 0 \\ 0 & 1 & 0 \\ 0 & 0 & (\lambda-1)(\lambda^2-2\lambda+3) \end{pmatrix}.$$

A的初等因子为$\lambda-1$，$\lambda-1-\sqrt{2}\mathrm{i}$，$\lambda-1+\sqrt{2}\mathrm{i}$. 因此$A$相似于对角阵

$$\begin{pmatrix} 1 & 0 & 0 \\ 0 & 1-\sqrt{2}\mathrm{i} & 0 \\ 0 & 0 & 1+\sqrt{2}\mathrm{i} \end{pmatrix}.$$

习　题　6

1. 将下列多项式矩阵化为标准形：

(1) $\begin{pmatrix} \lambda^3+\lambda & \lambda^2 \\ 2\lambda^2-3\lambda & 5\lambda \end{pmatrix}$；

(2) $\begin{pmatrix} \lambda^3-\lambda+1 & \lambda^2-1 \\ \lambda^2+\lambda & 2\lambda \end{pmatrix}$；

(3) $\begin{pmatrix} \lambda^2-\lambda & 0 & 0 \\ 0 & \lambda & 0 \\ 0 & 0 & (\lambda-1)^2 \end{pmatrix}$；

(4) $\begin{pmatrix} 0 & 0 & \lambda(\lambda+1) \\ 0 & \lambda^2 & 0 \\ \lambda(\lambda^2-1) & 0 & 0 \end{pmatrix}$；

(5) $\begin{pmatrix} \lambda^2 & 0 & 0 & 0 \\ 0 & \lambda^2+\lambda & 0 & 0 \\ 0 & 0 & (\lambda+1)^2 & 0 \\ 0 & 0 & 0 & \lambda^2+\lambda \end{pmatrix}$；　(6) $\begin{pmatrix} 0 & 0 & 0 & \lambda-1 \\ 0 & 0 & \lambda+1 & 0 \\ 0 & (\lambda+1)^2 & 0 & 0 \\ (\lambda-1)^2 & 0 & 0 & 0 \end{pmatrix}$.

2. 求下列多项式矩阵的确定元因子与不变因子：

(1) $\begin{pmatrix} \lambda+3 & 0 & 0 \\ 1 & \lambda+3 & 0 \\ 0 & 1 & \lambda+3 \end{pmatrix}$；　(2) $\begin{pmatrix} \lambda-1 & \lambda(\lambda+1) & 0 \\ 0 & \lambda-1 & \lambda(\lambda-1) \\ 0 & 0 & \lambda-1 \end{pmatrix}$；

(3) $\begin{pmatrix} 0 & 0 & 0 & \lambda-1 \\ 0 & 0 & \lambda-1 & 1 \\ 0 & \lambda-1 & 1 & 0 \\ \lambda-1 & 1 & 0 & 0 \end{pmatrix}$；　(4) $\begin{pmatrix} \lambda-2 & 0 & 0 & 0 \\ 0 & \lambda-3 & 0 & 0 \\ 0 & 0 & \lambda+2 & 0 \\ 0 & 0 & 0 & \lambda+3 \end{pmatrix}$.

3. 设 $\boldsymbol{A}$ 是数域上 n 阶方阵．证明 $\boldsymbol{A}$ 与 $\boldsymbol{A}^{\mathrm{T}}$ 相似．

4. 判断下列矩阵 $\boldsymbol{A}$ 与 $\boldsymbol{B}$ 是否相似：

(1) $\boldsymbol{A}=\begin{pmatrix} 1 & 0 & 1 \\ 2 & 1 & 1 \\ 2 & -1 & 1 \end{pmatrix}$, $\boldsymbol{B}=\begin{pmatrix} -1 & 1 & 1 \\ 2 & 1 & 3 \\ 2 & -1 & 3 \end{pmatrix}$；

(2) $\boldsymbol{A}=\begin{pmatrix} 3 & 2 & 4 \\ 3 & 1 & 3 \\ 1 & -1 & 3 \end{pmatrix}$, $\boldsymbol{B}=\begin{pmatrix} 3 & 2 & 2 \\ 3 & 1 & 2 \\ -2 & -2 & 2 \end{pmatrix}$.

5. 求下列矩阵的初等因子：

$$\begin{pmatrix} \lambda & 0 & 0 & \cdots & 0 & a_n \\ -1 & \lambda & 0 & \cdots & 0 & a_{n-1} \\ 0 & -1 & \lambda & \cdots & 0 & a_{n-2} \\ \vdots & \vdots & \vdots & \ddots & \vdots & \vdots \\ 0 & 0 & 0 & \cdots & \lambda & a_2 \\ 0 & 0 & 0 & \cdots & -1 & \lambda+a_1 \end{pmatrix}.$$

6. 求下列复矩阵 $\boldsymbol{A}$ 的若尔当标准形，并求可逆阵 $\boldsymbol{P}$，使得 $\boldsymbol{P}^{-1}\boldsymbol{A}\boldsymbol{P}$ 为若尔当标准形：

(1) $\begin{pmatrix} 1 & 0 & 0 \\ 0 & 1 & -4 \\ 0 & -1 & -3 \end{pmatrix}$；　(2) $\begin{pmatrix} -1 & -2 & -6 \\ -1 & 0 & 3 \\ -1 & -1 & 4 \end{pmatrix}$；

(3) $\begin{pmatrix} -1 & -1 & 1 \\ 3 & 3 & -3 \\ 2 & 2 & -2 \end{pmatrix}$.

7 线性映射与双线性函数

本章介绍线性映射．首先介绍集合上的映射与向量空间中的线性映射概念；然后讨论有限维向量空间中线性映射与矩阵的关系，里斯(Resiz)表示定理建立了有限维内积空间上线性函数与内积之间的关系；接下来介绍线性变换及其伴随变换，域 E 上 n 维向量空间中的线性变换全体与域 E 上 n 阶矩阵全体同构；随后介绍线性变换的值域与核以及线性变换的特征值、特征向量与不变子空间，n 维向量空间可以分解成其上线性变换的特征根子空间的直和；最后介绍双线性函数及其度量矩阵，存在非退化反对称双线性函数的向量空间称为辛空间，两个辛空间是辛同构的充要条件是它们的维数相等．

7.1 映射与线性映射的概念

大家在中学已学过函数．本节将介绍更为一般的映射概念．首先我们回顾一下中学已经学过的集合概念．所谓集合是指具有明确特征的一些元素全体．例如 $X=\{x\in \mathbf{R}: x^2+1\geqslant 3\}$ 是一集合，其中 $\mathbf{R}$ 表实数集；$X=\{(x, y): x, y\in \mathbf{R}, x^2+y^2=1\}$ 是一集合．不含有任何元素的集合称为空集．两个集合如果含有相同元素，则称这两个集合相等．

7.1.1 集合的交并运算

设 A，B 为两个集合．称 $A\cap B=\{x: x\in A\ \ 且\ x\in B\}$ 为 A 与 B 的交集；称 $A\cup B=\{x: x\in A\ \ 或\ x\in B\}$ 为 A 与 B 的并集．

例 7.1.1 设 $A=\{2n-4, n=1, 2, \cdots\}$，$B=\{4n, n=1, 2, \cdots\}$．则有

$$A\cap B=\{4n, n=1,2,\cdots\},$$
$$A\cup B=\{2n-4, n=1,2,\cdots\}.$$

定义 7.1.1 设 X，Y 是两个非空集合．如果对任一 $x\in X$，存在唯一 $y\in Y$，使得 x 按某一法则 f 与之对应，通常记为 $f: X\rightarrow Y$，$y=f(x)$，称此法则 f 为一映射．

例 7.1.2 设 E 为域，$M_n(E)$ 表 E 上 n 阶方阵全体．$f: M_n(E)\rightarrow E$ 定义为 $f(\boldsymbol{A})=\det \boldsymbol{A}$，$\boldsymbol{A}\in M_n(E)$，则 f 是一映射．

因此，矩阵的确定元实质上是一个定义在 n 阶方阵全体上的映射．

例 7.1.3 设 E 为域，$E[x]$ 为域 E 上多项式全体．$f(p(\boldsymbol{x}))=\boldsymbol{x}p(\boldsymbol{x})$，$p(\boldsymbol{x})\in E[x]$，是一映射．

例 7.1.4 设 E 为域，$M_{n\times m}(E)$ 表 E 上 $n\times m$ 矩阵全体，$f: M_{n\times m}(E)\rightarrow[0, \min\{n, m\}]$ 定义为 $f(\boldsymbol{A})=r(\boldsymbol{A})$，则 f 为一映射．

7.1.2 映射的复合映射或乘积映射

设f: $X \to Y$, g: $Y \to Z$ 为映射．称映射

$$gf(\boldsymbol{x}) = g(f(\boldsymbol{x})),$$

$\boldsymbol{x} \in X$，为映射 g 与 f 的复合映射，或者称为映射 g 与 f 的乘积映射．

当f: $X \to X$ 时，称 f 为变换．此时规定

$$f^2(\boldsymbol{x}) = f(f(\boldsymbol{x})),$$

$\boldsymbol{x} \in X$. 一般地，f^n表 n 个 f 的乘积或复合映射．

例 7.1.5 设 $\mathbf{N} = \{1, 2, \cdots, n, \cdots\}$ 为正整数集．f: $\mathbf{N} \to \mathbf{N}$ 定义如下：

$$f(n) = \begin{cases} \dfrac{n}{2} & n \text{ 为偶数}, \\ 3n + 1 & n \text{ 为奇数}. \end{cases}$$

科兰茨猜想 对任一正整数 n，存在正整数 k_n，使得$f^{k_n}(n) = 1$.

设f: $X \to Y$ 为一映射．如果对任意 x, $y \in X$, $x \neq y$，有 $f(x) \neq f(y)$ 成立，则称 f 为单一映射；如果$f(X) = \{f(x): x \in X\} = Y$，则称 f 为满射．当f: $X \to Y$ 为单一满射时，可以定义 f 的逆映射，记为f^{-1}: $Y \to X$, $f^{-1}(y) = x$, $\forall y \in Y$，其中 $f(x) = y$.

定义 7.1.2 设 U, V 为域 E 上的两个向量空间．如果 $T: U \to V$ 满足如下条件：

(1) $T(\boldsymbol{\alpha} + \boldsymbol{\beta}) = T\boldsymbol{\alpha} + T\boldsymbol{\beta}$, $\boldsymbol{\alpha}$, $\boldsymbol{\beta} \in U$;

(2) $T(k\boldsymbol{\alpha}) = kT\boldsymbol{\alpha}$, $k \in E$, $\boldsymbol{\alpha} \in U$,

则称 $T: U \to V$ 为一线性映射．若线性映射 $T: U \to V$ 为单一的满射，则称 T 为同构映射，此时也称向量空间 U 与向量空间 V 同构．

(3) 当 $V = U$ 时，称线性映射 T 为向量空间 V 上的一个线性变换．

例 7.1.6 在 $C[0, 1]$上定义 $T: C[0, 1] \to \mathbf{R}$ 如下：

$$Tf = \int_0^1 f(t)\,\mathrm{d}t, f(\cdot) \in C[0,1].$$

则 T 是一线性映射．

例 7.1.7 设 $C^1[0, 1]$表$[0, 1]$上连续可微函数全体．定义 $D: C^1[0, 1] \to C[0, 1]$ 如下：

$$Df(t) = f'(t), f \in C^1[0,1], t \in C[0,1],$$

则 D 是一线性映射．

例 7.1.8 设 V 是一内积空间，$\boldsymbol{\alpha}_0 \in V$. 定义 $T: V \to V$ 如下：

$$T\boldsymbol{\alpha} = (\boldsymbol{\alpha}, \boldsymbol{\alpha}_0)\boldsymbol{\alpha}_0,$$

$\boldsymbol{\alpha} \in V$. 则 T 是 V 上的一个线性变换．

例 7.1.9 设 $\boldsymbol{A}$ 为一 n 阶实矩阵，定义 $T: \mathbf{R}^n \to \mathbf{R}^n$ 如下：

$$T\boldsymbol{x} = \boldsymbol{A}\boldsymbol{x},$$

$\forall \boldsymbol{x} \in \mathbf{R}^n$. 则 T 是 $\mathbf{R}^n$ 上的一个线性变换．

命题7.1.1 设 $T: U \to V$ 的线性映射全体为 $L(U, V)$，则 $L(U, V)$ 是一向量空间.

证明 在 $L(U, V)$ 上定义加法如下：

$$(T_1 + T_2)\boldsymbol{\alpha} = T_1\boldsymbol{\alpha} + T_2\boldsymbol{\alpha},$$

T_1，$T_2 \in L(U, V)$，$\boldsymbol{\alpha} \in U$.

在 $E \times L(U, V)$ 上定义乘法如下：

$$(\lambda T)(\boldsymbol{\alpha}) = \lambda(T\boldsymbol{\alpha}),$$

$\lambda \in E$，$\boldsymbol{\alpha} \in U$.

容易验证 $L(U, V)$ 按如上定义的加法与乘法是域 E 上的向量空间.

定理7.1.1 设 V 为域 E 上的向量空间，$\dim V = n$，则 V 与 E^n 同构.

证明 设 $\boldsymbol{\alpha}_i$，$1 \leqslant i \leqslant n$，为 V 的一组基；$\boldsymbol{\varepsilon}_i$，$1 \leqslant i \leqslant n$，为 E^n 的一组标准基，其中 $\boldsymbol{\varepsilon}_i = (0, \cdots, 1, \cdots, 0)$ 表第 i 个分量元素等于1，其他元素均为0. 定义 $\sigma: V \to E^n$ 如下：

对 $\forall \boldsymbol{\alpha} = \sum\limits_{i=1}^{n} k_i\boldsymbol{\alpha}_i$，令 $\sigma(\boldsymbol{\alpha}) = \sum\limits_{i=1}^{n} k_i\boldsymbol{\varepsilon}_i$.

容易直接验证 $\sigma(\boldsymbol{\alpha}+\boldsymbol{\beta}) = \sigma(\boldsymbol{\alpha}) + \sigma(\boldsymbol{\beta})$，$\boldsymbol{\alpha}$，$\boldsymbol{\beta} \in V$，$\sigma(k\boldsymbol{\alpha}) = k\sigma(\boldsymbol{\alpha})$，$k \in E$，$\boldsymbol{\alpha} \in V$，且为单一满射.

因此，V 与 E^n 同构.

命题7.1.2 设 U，V 为域 E 上的两个向量空间，$\sigma: U \to V$ 为一同构映射. 则有下列结论成立：

(1) $\dim U = \dim V$；

(2)若 $K \subset U$ 为子空间，则 $\sigma(K)$ 为 V 的子空间；

(3)设 $\boldsymbol{\beta}_1$，$\boldsymbol{\beta}_2$，$\cdots$，$\boldsymbol{\beta}_s$ 为 U 的任一组向量，则有

$$r(\sigma(\boldsymbol{\beta}_1), \sigma(\boldsymbol{\beta}_2), \cdots, \sigma(\boldsymbol{\beta}_s)) = r(\boldsymbol{\beta}_1, \boldsymbol{\beta}_2, \cdots, \boldsymbol{\beta}_s).$$

证明 (1)只需证明有限维情形，无限维情形可由(3)得知.

设 $\boldsymbol{\alpha}_1$，$\boldsymbol{\alpha}_2$，$\cdots$，$\boldsymbol{\alpha}_n$ 为 U 的一组基向量，我们证明 $\sigma(\boldsymbol{\alpha})_1$，$\sigma(\boldsymbol{\alpha}_2)$，$\cdots$，$\sigma(\boldsymbol{\alpha}_n)$ 在 V 中线性无关. 假设 $\lambda_i \in E$，$i = 1, 2, \cdots, n$，满足 $\sum\limits_{i=1}^{n} \lambda_i\sigma(\boldsymbol{\alpha}_i) = 0$. 则有

$$\sigma\left(\sum_{i=1}^{n} \lambda_i\boldsymbol{\alpha}_i\right) = \sum_{i=1}^{n} \lambda_i\sigma(\boldsymbol{\alpha}_i) = 0.$$

再由 σ 是同构映射知 $\sum\limits_{i=1}^{n} \lambda_i\boldsymbol{\alpha}_i = 0$，于是有 $\lambda_i = 0$，$i = 1, 2, \cdots, n$.

因此，$\sigma(\boldsymbol{\alpha})_1$，$\sigma(\boldsymbol{\alpha}_2)$，$\cdots$，$\sigma(\boldsymbol{\alpha}_n)$ 在 V 中线性无关. 再由 σ 是满射知 $\dim U = \dim V$.

(2)对任意 $\boldsymbol{\beta}_1$，$\boldsymbol{\beta}_2 \in \sigma(K)$，存在 $\boldsymbol{\alpha}_1$，$\boldsymbol{\alpha}_2 \in K$，使得 $\boldsymbol{\beta}_1 = \sigma(\boldsymbol{\alpha}_1)$，$\boldsymbol{\beta}_2 = \sigma(\boldsymbol{\alpha}_2)$. 于是有

$$\boldsymbol{\beta}_1 + \boldsymbol{\beta}_2 = \sigma(\boldsymbol{\alpha}_1) + \sigma(\boldsymbol{\alpha}_2) = \sigma(\boldsymbol{\alpha}_1 + \boldsymbol{\alpha}_2) \in \sigma(K).$$

$$\lambda\sigma(\boldsymbol{\beta}_1) = \sigma(\lambda\boldsymbol{\alpha}_1) \in \sigma(K).$$

因此，由命题3.4.1知 $\sigma(K)$ 为 V 的子空间.

(3)设 $r(\boldsymbol{\beta}_1, \boldsymbol{\beta}_2, \cdots, \boldsymbol{\beta}_s) = r$，不妨设 $\boldsymbol{\beta}_1$，$\boldsymbol{\beta}_2$，$\cdots$，$\boldsymbol{\beta}_r$ 为 $\boldsymbol{\beta}_1$，$\boldsymbol{\beta}_2$，$\cdots$，$\boldsymbol{\beta}_s$ 的一个极大无关组. 同(1)可证 $\sigma(\boldsymbol{\beta}_1)$，$\sigma(\boldsymbol{\beta}_2)$，$\cdots$，$\sigma(\boldsymbol{\beta}_r)$ 线性无关.

又对任一$\boldsymbol{\beta}_j$，$r<j\leqslant s$，有$\boldsymbol{\beta}_j=\sum\limits_{i=1}^{r}k_i\boldsymbol{\beta}_i$．于是有

$$\sigma(\boldsymbol{\beta}_j)=\sum_{i=1}^{r}k_i\sigma(\boldsymbol{\beta}_i).$$

因此有

$$r(\sigma(\boldsymbol{\beta}_1),\sigma(\boldsymbol{\beta}_2),\cdots,\sigma(\boldsymbol{\beta}_s))=r=r(\boldsymbol{\beta}_1,\boldsymbol{\beta}_2,\cdots,\boldsymbol{\beta}_s).$$

7.2 线性映射与矩阵的关系

本节在有限维向量空间中讨论线性映射与矩阵的关系．设 $\dim U=m$，$\dim V=n$，$T:U\to V$为一线性映射．下面证明从 U 到 V 的全体线性映射的集合 $L(U,V)$与域上 $n\times m$ 矩阵全体 $M_{n\times m}$同构．

首先，取定 U 的一组基 $\boldsymbol{\varepsilon}_i$，$1\leqslant i\leqslant m$，$V$ 的一组基 $\boldsymbol{\eta}_j$，$1\leqslant j\leqslant n$．

对任一矩阵 $\boldsymbol{A}\in M_{n\times m}$，定义 $T:U\to V$ 如下：

$$T\boldsymbol{\alpha}=(\boldsymbol{\eta}_1,\boldsymbol{\eta}_2,\cdots,\boldsymbol{\eta}_n)\boldsymbol{A}\boldsymbol{X},\tag{7.2.1}$$

其中$\boldsymbol{\alpha}=\sum\limits_{i=1}^{m}x_i\boldsymbol{\varepsilon}_i$，$\boldsymbol{X}=(x_1,x_2,\cdots,x_m)^{\mathrm{T}}$.

容易验证 $T:U\to V$ 为线性映射．

反过来，设 $T:U\to V$ 为一线性映射，再假设

$$T\boldsymbol{\varepsilon}_i=\sum_{j=1}^{n}a_{ji}\boldsymbol{\eta}_j,$$

$i=1,2,\cdots,m$．令

$$\boldsymbol{A}=\begin{pmatrix}a_{11}&a_{12}&\cdots&a_{1m}\\a_{21}&a_{22}&\cdots&a_{2m}\\\vdots&\vdots&&\vdots\\a_{n1}&a_{n2}&\cdots&a_{nm}\end{pmatrix}.\tag{7.2.2}$$

则对任一$\boldsymbol{\alpha}=\sum\limits_{i=1}^{m}x_i\boldsymbol{\varepsilon}_i\in E^m$，有

$$T\boldsymbol{\alpha}=\sum_{i=1}^{m}x_iT\boldsymbol{\varepsilon}_i=\sum_{i=1}^{m}x_i\Big(\sum_{j=1}^{n}a_{ji}\boldsymbol{\eta}_j\Big)=\sum_{j=1}^{n}\Big(\sum_{i=1}^{m}x_ia_{ji}\Big)\boldsymbol{\eta}_j=(\boldsymbol{\eta}_1,\boldsymbol{\eta}_2,\cdots,\boldsymbol{\eta}_n)\boldsymbol{A}\boldsymbol{X},$$

其中$\boldsymbol{X}=(x_1,x_2,\cdots,x_m)^{\mathrm{T}}$.

称(7.2.2)的矩阵$\boldsymbol{A}$ 为线性映射 T 在基 $\boldsymbol{\varepsilon}_i$，$1\leqslant i\leqslant m$，与基 $\boldsymbol{\eta}_j$，$1\leqslant j\leqslant n$ 下的矩阵．

下面验证对于给定的两组基，$\boldsymbol{A}$ 是唯一的．

假设 $\boldsymbol{B}$ 也为线性映射 T 在基 $\boldsymbol{\varepsilon}_i$，$1\leqslant i\leqslant m$，与基 $\boldsymbol{\eta}_j$，$1\leqslant j\leqslant n$ 下的矩阵．则有

$$(\boldsymbol{\eta}_1,\boldsymbol{\eta}_2,\cdots,\boldsymbol{\eta}_n)(\boldsymbol{A}-\boldsymbol{B})\boldsymbol{X}=\boldsymbol{0},\ \forall\boldsymbol{X}=(x_1,x_2,\cdots,x_m)^{\mathrm{T}}\in E^m.$$

$\boldsymbol{\eta}_1$，$\boldsymbol{\eta}_2$，$\cdots$，$\boldsymbol{\eta}_n$ 线性无关，于是有 $(\boldsymbol{A}-\boldsymbol{B})\boldsymbol{X}=\boldsymbol{0}$. 故有$\boldsymbol{A}-\boldsymbol{B}=\boldsymbol{0}$，$\boldsymbol{A}=\boldsymbol{B}$.

由上面讨论得到下面结果：

定理 7.2.1 $L(U, V)$与$M_{n\times m}$同构.

证明 取定U的一组基$\boldsymbol{\varepsilon}_i$, $1\leqslant i\leqslant m$, V的一组基$\boldsymbol{\eta}_j$, $1\leqslant j\leqslant n$. 令$\sigma: L(U, V)\to M_{n\times m}$如下:

$$\sigma(T) = \boldsymbol{A},$$

其中$T\in L(U, V)$, $\boldsymbol{A}$为T在给定基下的矩阵. 由于T在给定基下的矩阵唯一, 故σ是单射. 再由 (7.2.1) 知, σ是满射.

设T_1, $T_2\in L(U, V)$, $\boldsymbol{A}_i$为T_i在给定基下的矩阵, $i=1$, 2. 则有

$$\begin{aligned}(T_1+T_2)\boldsymbol{\alpha} &= T_1\boldsymbol{\alpha}+T_2\boldsymbol{\alpha} = (\boldsymbol{\eta}_1,\boldsymbol{\eta}_2,\cdots,\boldsymbol{\eta}_n)\boldsymbol{A}_1\boldsymbol{X}+(\boldsymbol{\eta}_1,\boldsymbol{\eta}_2,\cdots,\boldsymbol{\eta}_n)\boldsymbol{A}_2\boldsymbol{X}\\ &= (\boldsymbol{\eta}_1,\boldsymbol{\eta}_2,\cdots,\boldsymbol{\eta}_n)(\boldsymbol{A}_1+\boldsymbol{A}_2)\boldsymbol{X},\end{aligned}$$

其中$\boldsymbol{\alpha}=\sum\limits_{i=1}^{m}\boldsymbol{x}_i\boldsymbol{\varepsilon}_i\in E^m, \boldsymbol{X}=(\boldsymbol{x}_1,\boldsymbol{x}_2,\cdots,\boldsymbol{x}_m)^{\mathrm{T}}$. 故有

$$\sigma(T_1+T_2) = \sigma(T_1)+\sigma(T_2).$$

易见$\sigma(\lambda T)=\lambda\sigma(T)$. 因此$\sigma$是一同构映射, $L(U, V)$与$M_{n\times m}$同构.

例 7.2.1 设线性映射$T: \boldsymbol{R}^3\to\boldsymbol{R}^2$定义如下:

$$T\begin{pmatrix}x_1\\x_2\\x_3\end{pmatrix}=\begin{pmatrix}2x_1-x_2\\3x_1-4x_2+x_3\end{pmatrix},\qquad \forall\begin{pmatrix}x_1\\x_2\\x_3\end{pmatrix}\in\mathbf{R}^3.$$

给出$\mathbf{R}^3$, $\mathbf{R}^2$的一组基, 并求T在该组基下的矩阵.

解 取$\mathbf{R}^3$的一组基为$\boldsymbol{e}_1^{\mathrm{T}}=(1, 0, 0)$, $\boldsymbol{e}_2^{\mathrm{T}}=(0, 1, 0)$, $\boldsymbol{e}_3^{\mathrm{T}}=(0, 0, 1)$, $\mathbf{R}^2$的一组基为$\boldsymbol{\varepsilon}_1^{\mathrm{T}}=(1, 0)$, $\boldsymbol{\varepsilon}_2^{\mathrm{T}}=(0, 1)$, 则对$\forall\boldsymbol{x}^{\mathrm{T}}=(x_1, x_2, x_3)\in\mathbf{R}^3$, 有

$$T\boldsymbol{x}=\begin{pmatrix}2&-1&0\\3&-4&1\end{pmatrix}\begin{pmatrix}x_1\\x_2\\x_3\end{pmatrix}.$$

T在该组基下的矩阵为

$$\boldsymbol{A}=\begin{pmatrix}2&-1&0\\3&-4&1\end{pmatrix}.$$

定义 7.2.1 设U为域E上向量空间, $V=E$, 称线性映射$f: U\to E$为U上广义线性函数.

注 E作为E上向量空间是一维向量空间.

命题 7.2.1 设U为域E上n维向量空间, $\boldsymbol{\varepsilon}_i$, $i=1, 2, \cdots, n$, 为U的一组基, $f: U\to E$为广义线性函数. 则存在$a_i\in E$, $i=1, 2, \cdots, n$, 使得

$$f(\boldsymbol{\alpha}) = \boldsymbol{A}x,$$

其中$\boldsymbol{\alpha}=\sum\limits_{i=1}^{n}\boldsymbol{x}_i\boldsymbol{\varepsilon}_i$, $\boldsymbol{x}^{\mathrm{T}}=(x_1\quad x_2\quad\cdots\quad x_n)$, $\boldsymbol{A}=(a_1\quad a_2\quad\cdots\quad a_n)$.

证明 设$f(\boldsymbol{\varepsilon}_i)=a_i$, $i=1, 2, \cdots, n$. 对任一$\boldsymbol{\alpha}=\sum\limits_{i=1}^{n}x_i\boldsymbol{\varepsilon}_i$, 有

$$f(\boldsymbol{\alpha}) = \sum_{i=1}^{n} x_i f(\boldsymbol{\varepsilon}_i) = \sum_{i=1}^{n} x_i a_i = \boldsymbol{A}\boldsymbol{x},$$

其中$\boldsymbol{x}^{\mathrm{T}} = (x_1 \quad x_2 \quad \cdots \quad x_n)$，$\boldsymbol{A} = (a_1 \quad a_2 \quad \cdots \quad a_n)$.

用U^*表U上广义线性函数全体．设$\dim U = n$. 由定理7.2.1知$\dim U^* = n$.

进一步，设$\boldsymbol{\varepsilon}_i \in U(i=1, 2, \cdots, n)$为$U$的一组基，则由命题7.2.1知广义线性函数

$$f_j(\boldsymbol{\varepsilon}_i) = \begin{cases} 1 & i = j, \\ 0 & i \neq j, \end{cases} \tag{7.2.3}$$

$i, j=1, 2, \cdots, n$是U^*的一组基.

我们把U^*称为U的对偶空间，U^*的对偶空间$(U^*)^* = U^{**}$称为U的二次对偶空间.现在定义映射$J: U \to U^{**}$如下：

对任一$\boldsymbol{x} \in U$，

$$J\boldsymbol{x}(f) = f(\boldsymbol{x}), \forall f \in U^*.$$

定理7.2.2 设$\dim U = n$. 则$J: U \to U^{**}$是同构映射.

证明 对任意$\boldsymbol{x}, \boldsymbol{y} \in U$，

$$\begin{aligned} J(\boldsymbol{x} + \boldsymbol{y})(f) &= f(\boldsymbol{x} + \boldsymbol{y}) = f(\boldsymbol{x}) + f(\boldsymbol{y}) \\ &= J\boldsymbol{x}(f) + J\boldsymbol{y}(f), \end{aligned}$$

$\forall f \in U^*$.

对任意$\boldsymbol{x} \in U$，$\boldsymbol{\alpha} \in E$，

$$J(\boldsymbol{\alpha x})(f) = f(\boldsymbol{\alpha x}) = \boldsymbol{\alpha} f(\boldsymbol{x}) = (\boldsymbol{\alpha} J\boldsymbol{x})(f),$$

$\forall f \in U^*$. 故有

$$J(\boldsymbol{x} + \boldsymbol{y}) = J\boldsymbol{x} + J\boldsymbol{y}, \forall \boldsymbol{x}, \boldsymbol{y} \in U,$$
$$J(\boldsymbol{\alpha x}) = \boldsymbol{\alpha} J\boldsymbol{x}, \forall \boldsymbol{\alpha} \in E, \boldsymbol{x} \in U.$$

又若$J\boldsymbol{x} = J\boldsymbol{y}$，则有

$$f(\boldsymbol{x}) = f(\boldsymbol{y}), \forall f \in U^*,$$

即

$$f(\boldsymbol{x} - \boldsymbol{y}) = 0, \quad \forall f \in U^*.$$

因此$\boldsymbol{x} - \boldsymbol{y} = \boldsymbol{0}$，$\boldsymbol{x} = \boldsymbol{y}$，$J$是单一映射.

由$\dim U^{**} = \dim U^* = \dim U = n$以及(7.2.3)式知$JU = U^{**}$. 因此$J$是同构映射.

注 在有限维向量空间中，$JU = U^{**}$. 对于无限维向量空间，该结论不一定成立，泛函分析把该结论仍成立的空间称为自反空间.

定理7.2.3（里斯表示定理） 设V为数域E上n维内积空间，$f: V \to E$为线性函数．则存在唯一$z \in V$，使得$f(\boldsymbol{x}) = (\boldsymbol{x}, z)$对$\forall \boldsymbol{x} \in V$成立.

证明 若$f = 0$，则取$z = \boldsymbol{0}$，结论成立.

不妨设$f \neq 0$，于是存在$\boldsymbol{y} \in V$，使得$f(\boldsymbol{y}) \neq 0$.

又$N = f^{-1}(\boldsymbol{0}) \neq V$，由定理3.5.2知$V = N \oplus N^{\perp}$，$N^{\perp} \neq \varnothing$. 取定$z_0 \in N^{\perp}$，$z_0 \neq \boldsymbol{0}$.

对任一$\boldsymbol{x} \in V$，有$f(\boldsymbol{x}) = kf(\boldsymbol{y})$，$k = \dfrac{f(\boldsymbol{x})}{f(\boldsymbol{y})} \in E$，于是有$f(\boldsymbol{x} - k\boldsymbol{y}) = 0$，即$\boldsymbol{x} - k\boldsymbol{y} \in N$.

因此 $(\boldsymbol{x}-k\boldsymbol{y},\ \boldsymbol{z}_0)=0$，$(\boldsymbol{x},\ \boldsymbol{z}_0)=\dfrac{f(\boldsymbol{x})}{f(\boldsymbol{y})}(\boldsymbol{y},\ \boldsymbol{z}_0)$. 故有 $f(\boldsymbol{x})=(\boldsymbol{x},\ \boldsymbol{z})$，其中 $\boldsymbol{z}=\left[\dfrac{\overline{f(\boldsymbol{y})}}{(\boldsymbol{y},\ \boldsymbol{z}_0)}\right]\boldsymbol{z}_0$.

最后证明唯一性．设 $\boldsymbol{z}_1,\ \boldsymbol{z}_2\in V$，$f(\boldsymbol{x})=(\boldsymbol{x},\ \boldsymbol{z}_1)=(\boldsymbol{x},\ \boldsymbol{z}_2)$，$\forall \boldsymbol{x}\in V$. 则

$$(\boldsymbol{x},\boldsymbol{z}_1-\boldsymbol{z}_2)=0.$$

取 $\boldsymbol{x}=\boldsymbol{z}_1-\boldsymbol{z}_2$ 代入上式即得$(\boldsymbol{z}_1-\boldsymbol{z}_2,\ \boldsymbol{z}_1-\boldsymbol{z}_2)=0$. 于是 $\boldsymbol{z}_1-\boldsymbol{z}_2=\boldsymbol{0}$，即 $\boldsymbol{z}_1=\boldsymbol{z}_2$.

唯一性得证．

7.3 线性变换

本节设 V 为域 E 上向量空间．下面介绍 V 上线性变换的性质．设 $T:V\to V$，$S:V\to V$ 为线性变换．用 $I:V\to V$ 表恒等变换，即 $I\boldsymbol{\alpha}=\boldsymbol{\alpha}$，$\forall \boldsymbol{\alpha}\in V$.

定义线性变换的乘积或复合如下：

$$(ST)\boldsymbol{\alpha}=S(T\boldsymbol{\alpha}).$$

显然 $ST:V\to V$ 也是线性变换．

线性变换的加法定义为

$$(S+T)\boldsymbol{\alpha}=S\boldsymbol{\alpha}+T\boldsymbol{\alpha}.$$

则 $S+T:V\to V$ 也是线性变换．

以下设 V 为域 E 上 n 维向量空间，记上述线性变换全体为 $L_n(V)$，$L_n(V)$是环也是向量空间，E 上 n 阶方阵全体为 $M_n(E)$. 由定理 7.1.1 知下面结论成立：

命题 7.3.1　$L_n(V)$与 $M_n(E)$同构．

$T^k=TT\cdots T$ 表 k 个 T 的乘积．一般地，设$f(x)=a_kx^k+\cdots+a_1x+a_0\in E[x]$为一多项式．定义$f(T)=a_kT^k+\cdots+a_1T+a_0I$，则$f(T)$是线性变换，称为线性变换 T 的多项式．

例 7.3.1　设 V 为域 E 上向量空间，U，W 为其子空间，且有 $V=U\oplus W$. 令 $T:V\to U$ 如下：$T\boldsymbol{v}=\boldsymbol{u}$，$\boldsymbol{v}=\boldsymbol{u}+\boldsymbol{w}$，$\boldsymbol{u}\in U$，$\boldsymbol{w}\in W$，则 T 是 V 上线性变换，且满足 $T^2=T$，$T\boldsymbol{u}=\boldsymbol{u}$．$T$ 也称为 V 上投影变换．

证明　由 $V=U\oplus W$ 知$\forall \boldsymbol{v}$，$\boldsymbol{v}_i\in V$，$i=1,\ 2$，有唯一表示 $\boldsymbol{v}=\boldsymbol{u}+\boldsymbol{w}$，$\boldsymbol{u}\in U$，$\boldsymbol{w}\in W$，$\boldsymbol{v}_i=\boldsymbol{u}_i+\boldsymbol{w}_i$，$\boldsymbol{u}_i\in U$，$\boldsymbol{w}_i\in W$，$i=1,2$. 因此 $T\boldsymbol{v}=\boldsymbol{u}$ 有意义．

又由于

$$\boldsymbol{v}_1+\boldsymbol{v}_2=(\boldsymbol{u}_1+\boldsymbol{u}_2)+(\boldsymbol{w}_1+\boldsymbol{w}_2),\qquad \lambda\boldsymbol{v}=\lambda\boldsymbol{u}+\lambda\boldsymbol{w},$$

$\forall \lambda\in E$. 于是有

$$T(\boldsymbol{v}_1+\boldsymbol{v}_2)=\boldsymbol{u}_1+\boldsymbol{u}_2=T\boldsymbol{v}_1+T\boldsymbol{v}_2,\qquad T\lambda\boldsymbol{v}=\lambda\boldsymbol{u}=\lambda T\boldsymbol{v}.$$

因此 T 是 V 上线性变换．

当 $\boldsymbol{u}\in U$ 时，有 $\boldsymbol{u}=\boldsymbol{u}+\boldsymbol{0}$，故 $T\boldsymbol{u}=\boldsymbol{u}$. 再由 $T\boldsymbol{v}\in U$，$\forall \boldsymbol{v}\in V$ 知 $T^2=T$.

下面假设$\{\boldsymbol{\varepsilon}_i:1\leqslant i\leqslant n\}$，$\{\boldsymbol{\eta}_i:1\leqslant i\leqslant n\}$为 V 的两组基，$T:V\to V$ 为线性变换．下面

讨论 T 分别在这两组基下的矩阵之间的关系．

假设 $\boldsymbol{A}$ 为 T 在基 $\{\boldsymbol{\varepsilon}_i:1\leqslant i\leqslant n\}$ 下的矩阵表示，$\boldsymbol{B}$ 为 T 在基 $\{\boldsymbol{\eta}_i:1\leqslant i\leqslant n\}$ 下的矩阵表示．由 7.2 节我们知道

$$T(\boldsymbol{\varepsilon}_1,\boldsymbol{\varepsilon}_2,\cdots,\boldsymbol{\varepsilon}_n)=(\boldsymbol{\varepsilon}_1,\boldsymbol{\varepsilon}_2,\cdots,\boldsymbol{\varepsilon}_n)\boldsymbol{A},$$

$$T(\boldsymbol{\eta}_1,\boldsymbol{\eta}_2,\cdots,\boldsymbol{\eta}_n)=(\boldsymbol{\eta}_1,\boldsymbol{\eta}_2,\cdots,\boldsymbol{\eta}_n)\boldsymbol{B}.$$

再设 $(\boldsymbol{\eta}_1,\ \boldsymbol{\eta}_2,\ \cdots,\ \boldsymbol{\eta}_n)=(\boldsymbol{\varepsilon}_1,\ \boldsymbol{\varepsilon}_2,\ \cdots,\ \boldsymbol{\varepsilon}_n)\boldsymbol{X}$，得

$$T(\boldsymbol{\eta}_1,\boldsymbol{\eta}_2,\cdots,\boldsymbol{\eta}_n)=T(\boldsymbol{\varepsilon}_1,\boldsymbol{\varepsilon}_2,\cdots,\boldsymbol{\varepsilon}_n)\boldsymbol{X}=(\boldsymbol{\varepsilon}_1,\boldsymbol{\varepsilon}_2,\cdots,\boldsymbol{\varepsilon}_n)\boldsymbol{AX}=(\boldsymbol{\eta}_1,\boldsymbol{\eta}_2,\cdots,\boldsymbol{\eta}_n)\boldsymbol{X}^{-1}\boldsymbol{AX}.$$

因此有 $\boldsymbol{B}=\boldsymbol{X}^{-1}\boldsymbol{AX}$．

于是我们有下面定理：

定理 7.3.1　V 上线性变换在不同基下的矩阵是相似矩阵．

例 7.3.2　设线性变换 $T:\mathbf{R}^2\to\mathbf{R}^2$ 在基 $\boldsymbol{\varepsilon}_1$，$\boldsymbol{\varepsilon}_2$ 下的矩阵为 $\begin{pmatrix}1&-1\\0&2\end{pmatrix}$，基

$$(\boldsymbol{\eta}_1,\boldsymbol{\eta}_2)=(\boldsymbol{\varepsilon}_1,\boldsymbol{\varepsilon}_2)\begin{pmatrix}1&-3\\-1&2\end{pmatrix},$$

求 T 在基 $\boldsymbol{\eta}_1$，$\boldsymbol{\eta}_2$ 下的矩阵．

解　T 在基 $(\boldsymbol{\eta}_1,\ \boldsymbol{\eta}_2)$ 下的矩阵为

$$\begin{pmatrix}1&-3\\-1&2\end{pmatrix}^{-1}\begin{pmatrix}1&-1\\0&2\end{pmatrix}\begin{pmatrix}1&-3\\-1&2\end{pmatrix}=\begin{pmatrix}2&-2\\0&1\end{pmatrix}.$$

定义 7.3.1　设 V 是数域 E 上内积空间，$T:V\to V$ 是一线性变换．如果存在变换 $T^*:V\to V$ 满足 $(T\boldsymbol{x},\ \boldsymbol{y})=(\boldsymbol{x},\ T^*\boldsymbol{y})$ 对 $\forall\boldsymbol{x},\ \boldsymbol{y}\in V$ 成立，则称 T^* 为 T 的伴随变换．

命题 7.3.2　设 V 是数域 E 上内积空间，$T:V\to V$ 是一线性变换．如果 T 的伴随变换 $T^*:V\to V$ 存在，则 T^* 也是线性变换且唯一．

证明　先证唯一性．设 S^*，T^* 皆为 T 的伴随变换，则有

$$(T\boldsymbol{x},\boldsymbol{y})=(\boldsymbol{x},S^*\boldsymbol{y})=(\boldsymbol{x},T^*\boldsymbol{y}),$$

$\forall\boldsymbol{x},\ \boldsymbol{y}\in V$. 于是有 $(\boldsymbol{x},\ S^*\boldsymbol{y}-T^*\boldsymbol{y})=0$.

令 $\boldsymbol{x}=S^*\boldsymbol{y}-T^*\boldsymbol{y}$，得 $\|S^*\boldsymbol{y}-T^*\boldsymbol{y}\|^2=0$，因此 $S^*\boldsymbol{y}=T^*\boldsymbol{y}$，$\forall\boldsymbol{y}\in V$. 唯一性得证．

对 $\forall\boldsymbol{x},\ \boldsymbol{y},\ \boldsymbol{z}\in V$，有

$$(T\boldsymbol{x},\boldsymbol{y}+\boldsymbol{z})=(\boldsymbol{x},T^*(\boldsymbol{y}+\boldsymbol{z})).$$

另一方面，

$$(T\boldsymbol{x},\boldsymbol{y}+\boldsymbol{z})=(T\boldsymbol{x},\boldsymbol{y})+(T\boldsymbol{x},\boldsymbol{z})=(\boldsymbol{x},T^*\boldsymbol{y})+(\boldsymbol{x},T^*\boldsymbol{z})=(\boldsymbol{x},T^*\boldsymbol{y}+T^*\boldsymbol{z}).$$

于是有
$$(\boldsymbol{x},\ T^*(\boldsymbol{y}+\boldsymbol{z}))=(\boldsymbol{x},\ T^*\boldsymbol{y}+T^*\boldsymbol{z}),$$

$\forall\boldsymbol{x},\ \boldsymbol{y},\ \boldsymbol{z}\in V$. 因此有

$$T^*(\boldsymbol{y}+\boldsymbol{z})=T^*\boldsymbol{y}+T^*\boldsymbol{z}.$$

对 $\forall \lambda \in E$，$\forall \boldsymbol{x}, \boldsymbol{y} \in V$，$(T\boldsymbol{x}, \lambda \boldsymbol{y}) = (\boldsymbol{x}, T^*(\lambda \boldsymbol{y}))$. 又

$$(T\boldsymbol{x},\lambda\boldsymbol{y}) = \overline{\lambda}(T\boldsymbol{x},\boldsymbol{y}) = \overline{\lambda}(\boldsymbol{x},T^*\boldsymbol{y}) = (\boldsymbol{x},\lambda T^*\boldsymbol{y}).$$

于是有 $(\boldsymbol{x}, T^*(\lambda\boldsymbol{y})) = (\boldsymbol{x}, \lambda T^*\boldsymbol{y})$. 故有

$$T^*(\lambda\boldsymbol{y}) = \lambda T^*\boldsymbol{y}.$$

综上即得 T^* 是线性变换.

定理 7.3.2 设 V 是数域 E 上 n 维内积空间，$T: V \to V$ 是一线性变换，则其伴随变换 T^* 存在.

证明 对任一 $\boldsymbol{y} \in V$，令 $f(\boldsymbol{x}) = (T\boldsymbol{x}, \boldsymbol{y})$，则 $f: V \to E$ 是一线性函数.

由定理 7.2.3 知存在唯一 $z \in V$，使得 $(T\boldsymbol{x}, \boldsymbol{y}) = (\boldsymbol{x}, z)$，$\forall \boldsymbol{x} \in V$.

定义 $T^*\boldsymbol{y} = z$，则有 $(T\boldsymbol{x}, \boldsymbol{y}) = (\boldsymbol{x}, T^*\boldsymbol{y})$，$\forall \boldsymbol{x}, \boldsymbol{y} \in V$. 即 T^* 为 T 的伴随变换.

命题 7.3.3 设 V 是数域 E 上 n 维内积空间，$S: V \to V$ 是一线性变换，$\boldsymbol{e}_1, \boldsymbol{e}_2, \cdots, \boldsymbol{e}_n$ 为 V 的一组规范正交基，S 在该组基下的矩阵为 $\boldsymbol{A}$，则 S^* 在该组基下的矩阵为 $\overline{\boldsymbol{A}}^{\mathrm{T}}$.

证明 设 $\boldsymbol{A} = (a_{ij})$，则 $S\boldsymbol{e}_i = \sum\limits_{k=1}^{n} a_{ki}\boldsymbol{e}_k$，$i = 1, 2, \cdots, n$.

又设 $S^*\boldsymbol{e}_i = \sum\limits_{k=1}^{n} b_{ki}\boldsymbol{e}_k$. 则由 $(S\boldsymbol{e}_i, \boldsymbol{e}_j) = (\boldsymbol{e}_i, S^*\boldsymbol{e}_j)$ 得 $\overline{b}_{ij} = a_{ji}, i,j = 1,2,\cdots,n$.

本节最后介绍对称线性变换与厄米特线性变换的概念.

定义 7.3.2 设 V 是数域 E 上内积空间，$T: V \to V$ 为一线性变换，且其伴随变换 T^* 存在，即 $(T\boldsymbol{\alpha}, \boldsymbol{\beta}) = (\boldsymbol{\alpha}, T^*\boldsymbol{\beta})$，$\forall \boldsymbol{\alpha}, \boldsymbol{\beta} \in V$：

(1) 如果 E 为复数域，且有 $T^* = T$，则称 T 是 V 上的一个厄米特变换；

(2) 如果 E 为实数域，且有 $T^* = T$，则称 T 是 V 上的一个对称变换.

例 7.3.3 设 $\boldsymbol{A}$ 是 n 阶实对称矩阵. 则 $T\boldsymbol{\alpha} = \boldsymbol{A}\boldsymbol{\alpha}$，$\forall \boldsymbol{\alpha} \in \mathbf{R}^n$ 是 $\mathbf{R}^n$ 上的对称变换.

证明 对 $\forall \boldsymbol{\alpha}, \boldsymbol{\beta} \in \mathbf{R}^n$，

$$\begin{aligned}(T\boldsymbol{\alpha}, \boldsymbol{\beta}) &= \boldsymbol{\beta}^{\mathrm{T}}\boldsymbol{A}\boldsymbol{\alpha} = \boldsymbol{\beta}^{\mathrm{T}}\boldsymbol{A}^{\mathrm{T}}\boldsymbol{\alpha} \\ &= (\boldsymbol{A}\boldsymbol{\beta})^{\mathrm{T}}\boldsymbol{\alpha} = (\boldsymbol{\alpha}, \boldsymbol{A}\boldsymbol{\beta}) = (\boldsymbol{\alpha}, T\boldsymbol{\beta}),\end{aligned}$$

因此 T 是对称变换.

例 7.3.4 设 $\boldsymbol{A}$ 是 n 阶厄米特矩阵. 则 $T\boldsymbol{\alpha} = \boldsymbol{A}\boldsymbol{\alpha}$，$\boldsymbol{\alpha} \in \mathbf{C}^n$ 是 $\mathbf{C}^n$ 上的厄米特变换.

命题 7.3.4 设 V 是 $\mathbf{R}$ 上 n 维实内积空间，$T: V \to V$ 为一对称变换. 任取 V 的一组规范正交基，则 T 在该组基下的矩阵为对称矩阵.

证明 任取 V 的一组规范正交基 $\boldsymbol{e}_1, \boldsymbol{e}_2, \cdots, \boldsymbol{e}_n$，设 T 在该组基下的矩阵为 $\boldsymbol{A}$. 由命题 7.3.3 知 T^* 在该组基下的矩阵为 $\overline{\boldsymbol{A}}^{\mathrm{T}}$. 又 $T^* = T$，故有 $\overline{\boldsymbol{A}}^{\mathrm{T}} = \boldsymbol{A}$.

再由 V 是 n 维实内积空间知 $\boldsymbol{A}$ 是实矩阵，因此有 $\boldsymbol{A}^{\mathrm{T}} = \boldsymbol{A}$，$T$ 在规范正交基 $\boldsymbol{e}_1, \boldsymbol{e}_2, \cdots, \boldsymbol{e}_n$ 下的矩阵 $\boldsymbol{A} = (a_{ij})$ 是对称矩阵.

命题 7.3.5 设 V 是 $\mathbf{C}$ 上 n 维复内积空间，$T: V\to V$ 为厄米特变换．任取 V 的一组规范正交基，则 T 在该组基下的矩阵为厄米特矩阵．

证明细节留给读者练习．

7.4 线性变换的值域与核

定义 7.4.1 设 V 为域 E 上向量空间，$TV=\{T\boldsymbol{\alpha}: \boldsymbol{\alpha}\in V\}$ 称为 T 的值域，$T^{-1}(\mathbf{0})=\{\boldsymbol{\alpha}\in V: T\boldsymbol{\alpha}=\mathbf{0}\}$ 称为 T 的核，或者零空间．$\dim TV$ 称为 T 的秩，$\dim T^{-1}(\mathbf{0})$ 称为 T 的零度．

命题 7.4.1 TV，$T^{-1}(\mathbf{0})$ 为 V 的向量子空间．

命题 7.4.2 设 V 为域 E 上 n 维向量空间，$T: V\to V$ 为线性变换，$\{\boldsymbol{\varepsilon}_1, \boldsymbol{\varepsilon}_2, \cdots, \boldsymbol{\varepsilon}_n\}$ 为 V 的一组基，T 在这组基下的矩阵为 $\boldsymbol{A}$. 则有下列结论：

(1) $TV=\mathrm{Span}\{T\boldsymbol{\varepsilon}_i: 1\leqslant i\leqslant n\}$；

(2) $\dim TV=r(\boldsymbol{A})$.

证明 对 $\forall\boldsymbol{\xi}\in V$，有 $\boldsymbol{\xi}=\sum\limits_{i=1}^{n}k_i\boldsymbol{\varepsilon}_i$，由此得

$$T\boldsymbol{\xi}=\sum_{i=1}^{n}k_iT\boldsymbol{\varepsilon}_i,$$

因此有

$$TV=\mathrm{Span}\{T\boldsymbol{\varepsilon}_i: 1\leqslant i\leqslant n\}.$$

再由定理 7.1.1 知 V 与 E^n 同构，令 $\sigma: V\to E^n$ 为同构映射．由于 $T(\boldsymbol{\varepsilon}_1, \boldsymbol{\varepsilon}_2, \cdots, \boldsymbol{\varepsilon}_n)=(\boldsymbol{\varepsilon}_1, \boldsymbol{\varepsilon}_2, \cdots, \boldsymbol{\varepsilon}_n)\boldsymbol{A}$，故有

$$(\sigma(T\boldsymbol{\varepsilon}_1),\sigma(T\boldsymbol{\varepsilon}_2),\cdots,\sigma(T\boldsymbol{\varepsilon}_n))=(\sigma(\boldsymbol{\varepsilon}_1),\sigma(\boldsymbol{\varepsilon}_2),\cdots,\sigma(\boldsymbol{\varepsilon}_n))\boldsymbol{A}.$$

再由 $\sigma(\boldsymbol{\varepsilon}_1)$，$\sigma(\boldsymbol{\varepsilon}_2)$，$\cdots$，$\sigma(\boldsymbol{\varepsilon}_n)$ 线性无关知它们组成的矩阵 $(\sigma(\boldsymbol{\varepsilon}_1), \sigma(\boldsymbol{\varepsilon}_2), \cdots, \sigma(\boldsymbol{\varepsilon}_n))$ 可逆，于是矩阵 $(\sigma(T\boldsymbol{\varepsilon}_1), \sigma(T\boldsymbol{\varepsilon}_2), \cdots, \sigma(T\boldsymbol{\varepsilon}_n))$ 的秩等于 $r(\boldsymbol{A})$.

因此向量组 $\sigma(T\boldsymbol{\varepsilon}_1)$，$\sigma(T\boldsymbol{\varepsilon}_2)$，$\cdots$，$\sigma(T\boldsymbol{\varepsilon}_n)$ 的秩等于 $r(\boldsymbol{A})$.

由命题 7.1.2 的结论(3)，向量组 $T\boldsymbol{\varepsilon}_1$，$T\boldsymbol{\varepsilon}_2$，$\cdots$，$T\boldsymbol{\varepsilon}_n$ 的秩等于 $r(\boldsymbol{A})$，即 T 的秩等于 $r(\boldsymbol{A})$.

定理 7.4.1 设 V 为域 E 上 n 维线性空间，$T: V\to V$ 为线性变换．则有

$$\dim TV+\dim T^{-1}(\mathbf{0})=n.$$

证明 取 TV 的一组基 $\boldsymbol{\eta}_1$，$\boldsymbol{\eta}_2$，$\cdots$，$\boldsymbol{\eta}_k$，则有 $\boldsymbol{\varepsilon}_i\in V$，使得 $\boldsymbol{\eta}_i=T\boldsymbol{\varepsilon}_i$，$i=1, 2, \cdots, k$．不难知道 $\boldsymbol{\varepsilon}_1$，$\boldsymbol{\varepsilon}_2$，$\cdots$，$\boldsymbol{\varepsilon}_k$ 线性无关．

又取 $T^{-1}(\mathbf{0})$ 的一组基 $\boldsymbol{\beta}_j$，$j=1, 2, \cdots, s$.

下面证明 $\boldsymbol{\varepsilon}_i(i=1, 2, \cdots, k)$，$\boldsymbol{\beta}_j(j=1, 2, \cdots, s)$ 为 V 的一组基．

首先证明它们线性无关. 假设有 t_i，$l_j\in E$，$i=1, 2, \cdots, k$，$j=1, 2, \cdots, s$，使得

$$\sum_{i=1}^{k} t_i \boldsymbol{\varepsilon}_i + \sum_{j=1}^{s} l_j \boldsymbol{\beta}_j = 0.$$

上式两边用 T 作用可得 $\sum_{i=1}^{k} t_i \boldsymbol{\eta}_i = 0$，于是有 $t_i = 0$，将其代入上式可得 $l_j = 0$. 因此 $\boldsymbol{\varepsilon}_i$，$\boldsymbol{\beta}_j$ 线性无关，$i = 1, 2, \cdots, k, j = 1, 2, \cdots, s$.

对任一 $\boldsymbol{\xi} \in V$, $T\boldsymbol{\xi} \in TV$, 故有

$$T\boldsymbol{\xi} = \sum_{i=1}^{k} k_i \boldsymbol{\eta}_i = T\left(\sum_{i=1}^{k} k_i \boldsymbol{\varepsilon}_i\right)$$

从而有 $\boldsymbol{\xi} - \sum_{i=1}^{k} k_i \boldsymbol{\varepsilon}_i \in T^{-1}(\mathbf{0})$，于是

$$\boldsymbol{\xi} - \sum_{i=1}^{k} k_i \boldsymbol{\varepsilon}_i = \sum_{j=1}^{s} l_j \boldsymbol{\beta}_j,$$

即

$$\boldsymbol{\xi} = \sum_{i=1}^{k} k_i \boldsymbol{\varepsilon}_i + \sum_{j=1}^{s} l_j \boldsymbol{\beta}_j,\ k + s = n.$$

因此，定理 7.4.1 结论成立.

推论 7.4.1 设 V 为域 E 上 n 维线性空间. 线性变换 $T: V \to V$ 为单射的充要条件是 T 为满射.

例 7.4.1 取 E^n 的一组基 $\boldsymbol{\varepsilon}_1, \boldsymbol{\varepsilon}_2, \cdots, \boldsymbol{\varepsilon}_n$，定义线性变换 $T: E^n \to E^n$ 如下：

$$T\boldsymbol{\varepsilon}_n = \boldsymbol{\varepsilon}_{n-1}, T\boldsymbol{\varepsilon}_{n-1} = \boldsymbol{\varepsilon}_{n-2}, \cdots, T\boldsymbol{\varepsilon}_2 = \boldsymbol{\varepsilon}_1, T\boldsymbol{\varepsilon}_1 = \mathbf{0}.\ \forall \boldsymbol{\xi} = \sum_{i=1}^{n} x_i \boldsymbol{\varepsilon}_i, T\boldsymbol{\xi} = \sum_{i=1}^{n} x_i T\boldsymbol{\varepsilon}_i.$$

令

$$\boldsymbol{A} = \begin{pmatrix} 0 & 1 & \cdots & 0 & 0 \\ 0 & 0 & \cdots & 0 & 0 \\ \vdots & \vdots & \vdots & \vdots & \vdots \\ 0 & 0 & \cdots & 0 & 1 \\ 0 & 0 & \cdots & 0 & 0 \end{pmatrix},$$

则

$$T\boldsymbol{\xi} = (\boldsymbol{\varepsilon}_1, \boldsymbol{\varepsilon}_2, \cdots, \boldsymbol{\varepsilon}_n)\boldsymbol{A}\boldsymbol{X},\ \boldsymbol{X} = (x_1, x_2, \cdots, x_n)^{\mathrm{T}}.$$

易见 $TE^n = \mathrm{Span}\{\boldsymbol{\varepsilon}_1, \boldsymbol{\varepsilon}_2, \cdots, \boldsymbol{\varepsilon}_{n-1}\}$，$T^{-1}(\mathbf{0}) = \{k\boldsymbol{\varepsilon}_1 : k \in E\}$，$\dim TE^n = n - 1$，$\dim T^{-1}(\mathbf{0}) = 1$，但是

$$TE^n + T^{-1}(\mathbf{0}) = TE^n \neq E^n.$$

注 上例表明尽管有 $\dim TV + \dim T^{-1}(\mathbf{0}) = n$，$TV + T^{-1}(\mathbf{0})$ 并不一定是全空间.

7.5 线性变换的特征值与不变子空间

定义 7.5.1 设 V 为域 E 上向量空间，$T: V \to V$ 为线性变换，$\lambda \in E$ 称为 T 的一个特征值. 如果有非零向量 $\boldsymbol{\xi} \in V$ 满足 $T\boldsymbol{\xi} = \lambda\boldsymbol{\xi}$，此时 $\boldsymbol{\xi}$ 也称为 T 的属于特征值 λ 的特征向量.

命题 7.5.1 假设 $\boldsymbol{A}$ 为 T 在基 $\{\boldsymbol{\varepsilon}_i: 1\leqslant i\leqslant n\}$ 下的矩阵，$\boldsymbol{\xi}=\sum\limits_{i=1}^{n} x_i\boldsymbol{\varepsilon}_i$．则

$$T\boldsymbol{\xi}=\lambda\boldsymbol{\xi}\Leftrightarrow \boldsymbol{AX}=\lambda\boldsymbol{X},\ \boldsymbol{X}=(x_1,x_2,\cdots,x_n)^{\mathrm{T}}.$$

由 $T\boldsymbol{\xi}=(\boldsymbol{\varepsilon}_1,\ \boldsymbol{\varepsilon}_2,\ \cdots,\ \boldsymbol{\varepsilon}_n)\boldsymbol{AX}$ 可知命题结论成立．

注 由定理 7.2.1 可知 T 在不同基下的矩阵相似，相似矩阵有相同的特征值，因此线性变换的特征值不随它的矩阵变化而变化．

定义 7.5.2 设 V 为域 E 上向量空间，$T: V\to V$ 为线性变换，$U\subseteq V$ 为子空间．如果对任意 $\boldsymbol{\xi}\in U$，有 $T\boldsymbol{\xi}\in U$，即 $TU\subseteq U$，则称 U 为 T 的不变子空间．

例 7.5.1 V 和 $\{\boldsymbol{0}\}$ 均为 T 的不变子空间，称为平凡不变子空间．

例 7.5.2 TV 和 $T^{-1}(\boldsymbol{0})$ 为 T 的不变子空间．

例 7.5.3 设 $\lambda\in E$ 为 T 的一个特征值，则 T 的属于特征值 λ 的特征向量空间是 T 的不变子空间．

命题 7.5.2 设 V 为域 E 上向量空间，S，$T: V\to V$ 为线性变换，$ST=TS$，子空间 $U\subseteq V$ 满足 $SU\subseteq U$，则有 $STU\subseteq TU$，即 TU 也是 S 的不变子空间．

证明 由 $SU\subseteq U$ 知

$$STU=TSU\subseteq TU,$$

因此 TU 是 S 的不变子空间．

定义 7.5.3 设 $\boldsymbol{A}$ 为 $\mathbf{R}$ 上 n 阶方阵，$V\subset\mathbf{R}^n$ 为一真子空间．$\boldsymbol{A}V=\{\boldsymbol{A\alpha}: \boldsymbol{\alpha}\in V\}\subset V$，称为 $\boldsymbol{A}$ 的不变子空间．称 V 上线性变换 $T\boldsymbol{\alpha}=\boldsymbol{A\alpha}(\boldsymbol{\alpha}\in V)$ 在 V 的某一组基下的矩阵为 $\boldsymbol{A}$ 在不变子空间 V 上的诱导矩阵．

注 由定理 7.3.1 知，$\boldsymbol{A}$ 在不变子空间 V 的不同基下的诱导矩阵是相似矩阵．

命题 7.5.3 设 $\boldsymbol{A}$ 为 $\mathbf{R}$ 上的 n 阶对称矩阵，$V\subset\mathbf{R}^n$ 为一真子空间，$\dim V=k<n$．如果 $\boldsymbol{A}V=\{\boldsymbol{A\alpha}: \boldsymbol{\alpha}\in V\}\subset V$，则存在 V 的一组基 $\boldsymbol{\varepsilon}_1$，$\boldsymbol{\varepsilon}_2$，$\cdots$，$\boldsymbol{\varepsilon}_k$，使得 $\boldsymbol{A}$ 在 V 的该组基下的诱导矩阵为 k 阶对称阵．

证明 令 $T\boldsymbol{\alpha}=\boldsymbol{A\alpha}$，$\forall\boldsymbol{\alpha}\in V$，则 $T: V\to V$ 为一线性变换，且有

$$(T\boldsymbol{\alpha},\boldsymbol{\beta})=(\boldsymbol{A\alpha},\boldsymbol{\beta})=(\boldsymbol{\alpha},\boldsymbol{A\beta})=(\boldsymbol{\alpha},T\boldsymbol{\beta}),$$

$\forall\boldsymbol{\alpha}$，$\boldsymbol{\beta}\in V$．因此 T 是 V 上的一个对称变换．

任取 V 的一组规范正交基 $\boldsymbol{\varepsilon}_1$，$\boldsymbol{\varepsilon}_2$，$\cdots$，$\boldsymbol{\varepsilon}_k$，由命题 7.3.4 知 T 在这组基下的矩阵是 k 阶对称阵，即 $\boldsymbol{A}$ 在 V 的规范正交基下的诱导矩阵为 k 阶对称阵．

定理 7.5.1 设线性变换 $T: V\to V$ 的特征多项式为

$$f(\lambda)=(\lambda-\lambda_1)^{s_1}(\lambda-\lambda_2)^{s_2}\cdots(\lambda-\lambda_r)^{s_r},$$

则有

$$V=V_1\oplus V_2\oplus\cdots\oplus V_r,$$

其中 $V_i=\{\boldsymbol{v}\in V: (T-\lambda_i\boldsymbol{I})^{s_i}\boldsymbol{v}=\boldsymbol{0}\}$，$i=1$，$2$，$\cdots$，$r$．

证明 令$f_i(\lambda)=\dfrac{f(\lambda)}{(\lambda-\lambda_i)^{s_i}}$, $V_i=f_i(T)V$, $i=1, 2, \cdots, r$. 下面证明

$$V=V_1\oplus V_2\oplus\cdots\oplus V_r.$$

显然 $(T-\lambda_i\boldsymbol{I})^{s_i}\boldsymbol{v}=\boldsymbol{0}$, $\forall\boldsymbol{v}\in V_i$, 即

$$V_i\subseteq\ker(T-\lambda_i\boldsymbol{I})^{s_i},\ i=1,2,\cdots,r. \tag{7.5.1}$$

又 $Tf_i(T)=f_i(T)T$, 故有 $TV_i\subseteq V_i$, $i=1, 2, \cdots, r$.

易见 $(f_1(\lambda), f_2(\lambda), \cdots, f_r(\lambda))=1$, 因此有 $u_i(\lambda)$, $i=1, 2, \cdots, r$, 使得

$$\sum_{i=1}^{r}u_1(\lambda)f_i(\lambda)=1.$$

故有

$$\sum_{i=1}^{r}u_1(T)f_i(T)\boldsymbol{\alpha}=\boldsymbol{\alpha}.$$

再由 $u_i(T)f_i(T)=f_i(T)u_i(T)$, 得 $u_i(T)f_i(T)\boldsymbol{\alpha}\in V_i(i=1, 2, \cdots, r)$. 因此有

$$V=V_1+V_2+\cdots+V_r.$$

设 $\sum\limits_{i=1}^{r}\boldsymbol{\beta}_i=\boldsymbol{0}$, 其中

$$(T-\lambda_i\boldsymbol{I})^{s_i}\boldsymbol{\beta}_i=\boldsymbol{0},\ i=1,2,\cdots,r. \tag{7.5.2}$$

下面证明 $\boldsymbol{\beta}_i=\boldsymbol{0}$, $i=1, 2, \cdots, r$.

首先由 $f_i(T)\sum\limits_{i=1}^{r}\boldsymbol{\beta}_i=\boldsymbol{0}$, 可得 $f_i(\boldsymbol{T})\boldsymbol{\beta}_i=\boldsymbol{0}$, $i=1, 2, \cdots, r$.

再由 $(f_i(\lambda), (\lambda-\lambda_i)^{s_i})=1$, 因此存在 $u(\lambda)$, $v(\lambda)$, 使得

$$u(\lambda)f_i(\lambda)+v(\lambda)(\lambda-\lambda_i)^{s_i}=1,$$

于是有

$$\boldsymbol{\beta}_i=u(T)f_i(T)\boldsymbol{\beta}_i+v(T)(T-\lambda_i\boldsymbol{I})^{s_i}\boldsymbol{\beta}_i=\boldsymbol{0},\ i=1,2,\cdots,r.$$

假设 $\boldsymbol{\alpha}_1+\boldsymbol{\alpha}_2+\cdots+\boldsymbol{\alpha}_r=\boldsymbol{0}$, $\boldsymbol{\alpha}_i\in V_i$, $i=1, 2, \cdots, r$. 易见 $(T-\lambda_i\boldsymbol{I})^{s_i}\boldsymbol{\alpha}_i=\boldsymbol{0}$, $i=1, 2, \cdots, r$, 因此有 $\boldsymbol{\alpha}_i=\boldsymbol{0}$, $i=1, 2, \cdots, r$. 于是有

$$V=V_1\oplus V_2\oplus\cdots\oplus V_r.$$

最后证明

$$V_i=\ker(\boldsymbol{A}-\lambda_i\boldsymbol{I})^{s_i},\ i=1,2,\cdots,r.$$

对任一 $\boldsymbol{\alpha}\in\ker(\boldsymbol{A}-\lambda_i\boldsymbol{I})^{s_k}$, 由 $V=V_1\oplus V_2\oplus\cdots\oplus V_r$ 知

$$\boldsymbol{\alpha}=\boldsymbol{\alpha}_1+\boldsymbol{\alpha}_2+\cdots+\boldsymbol{\alpha}_r,$$

$\boldsymbol{\alpha}_i\in V_i$, $i=1, 2, \cdots, r$. 从而有 $\boldsymbol{\alpha}_1+\boldsymbol{\alpha}_2+\cdots+(\boldsymbol{\alpha}_k-\boldsymbol{\alpha})+\cdots+\boldsymbol{\alpha}_r=\boldsymbol{0}$, 因此 $\boldsymbol{\alpha}_1$, $\boldsymbol{\alpha}_{k-1}$, $\boldsymbol{\alpha}_k-\boldsymbol{\alpha}$, $\boldsymbol{\alpha}_{k+1}$, $\cdots$, $\boldsymbol{\alpha}_r$ 满足式 (7.5.2). 于是有 $\boldsymbol{\alpha}_i=\boldsymbol{0}$, $i\neq k$, $\boldsymbol{\alpha}=\boldsymbol{\alpha}_k$.

这就证明了 $\ker(\boldsymbol{A}-\lambda_k\boldsymbol{I})^{s_k}\subseteq V_k$. 结合式 (7.5.1) 即得

$$V_k=\ker(\boldsymbol{A}-\lambda_k\boldsymbol{I})^{s_k},\ k=1,2,\cdots,r.$$

因此定理 7.5.1 成立.

例 7.5.4 设 V 为实数域上的一个 3 维向量空间, $\boldsymbol{\varepsilon}_1$, $\boldsymbol{\varepsilon}_2$, $\boldsymbol{\varepsilon}_3$ 为 V 的一组基, $T: V\to V$

满足 $T\boldsymbol{\varepsilon}_1=\boldsymbol{\varepsilon}_1+2\boldsymbol{\varepsilon}_2+2\boldsymbol{\varepsilon}_3$，$T\boldsymbol{\varepsilon}_2=2\boldsymbol{\varepsilon}_1+\boldsymbol{\varepsilon}_2+2\boldsymbol{\varepsilon}_3$，$T\boldsymbol{\varepsilon}_3=2\boldsymbol{\varepsilon}_1+2\boldsymbol{\varepsilon}_2+\boldsymbol{\varepsilon}_3$．求 T 的特征值并将 V 分解成 T 的特征根子空间的直和．

解　由已知条件知

$$T(\boldsymbol{\varepsilon}_1\ \ \boldsymbol{\varepsilon}_2\ \ \boldsymbol{\varepsilon}_3)=(\boldsymbol{\varepsilon}_1\ \ \boldsymbol{\varepsilon}_2\ \ \boldsymbol{\varepsilon}_3)\begin{pmatrix}1&2&2\\2&1&2\\2&2&1\end{pmatrix}.$$

于是得到 T 在基 $\boldsymbol{\varepsilon}_1$，$\boldsymbol{\varepsilon}_2$，$\boldsymbol{\varepsilon}_3$ 下的矩阵为

$$\boldsymbol{A}=\begin{pmatrix}1&2&2\\2&1&2\\2&2&1\end{pmatrix}.$$

不难得到

$$\det(\lambda\boldsymbol{I}-\boldsymbol{A})=(\lambda+1)^2(\lambda-5).$$

令 $\det(\lambda\boldsymbol{I}-\boldsymbol{A})=0$，于是解得 T 的三个特征值为 $\lambda_1=\lambda_2=-1$，$\lambda_3=5$.

下面求 $V_1=\{\boldsymbol{v}:\ (T+\boldsymbol{I})^2\boldsymbol{v}=\boldsymbol{0}\}$，$V_2=\{\boldsymbol{v}:\ (T-5\boldsymbol{I})\boldsymbol{v}=\boldsymbol{0}\}$.

设 $\boldsymbol{v}=(\boldsymbol{\varepsilon}_1,\ \boldsymbol{\varepsilon}_2,\ \boldsymbol{\varepsilon}_3)(x_1,\ x_2,\ x_3)^{\mathrm{T}}$. 由 $(T+\boldsymbol{I})^2\boldsymbol{v}=\boldsymbol{0}$，得

$$(\boldsymbol{I}+\boldsymbol{A})^2(x_1,x_2,x_3)^{\mathrm{T}}=\boldsymbol{0},$$

即

$$12\begin{pmatrix}1&1&1\\1&1&1\\1&1&1\end{pmatrix}\begin{pmatrix}x_1\\x_2\\x_3\end{pmatrix}=\boldsymbol{0}.$$

解得　$(x_1,\ x_2,\ x_3)^{\mathrm{T}}=(-k_1-k_2,\ k_1,\ k_2)$，$k_1$，$k_2\in\mathbf{R}$.

于是有　$V_1=\{-(k_1+k_2)\boldsymbol{\varepsilon}_1+k_1\boldsymbol{\varepsilon}_2+k_2\boldsymbol{\varepsilon}_3,\ k_1,\ k_2\in\mathbf{R}\}$.

同理由 $(T-5\boldsymbol{I})\boldsymbol{v}=\boldsymbol{0}$，得

$$\begin{pmatrix}-4&2&2\\2&-4&2\\2&2&-4\end{pmatrix}\begin{pmatrix}x_1\\x_2\\x_3\end{pmatrix}=\boldsymbol{0}.$$

解得　$(x_1,\ x_2,\ x_3)^{\mathrm{T}}=k(1,\ 1,\ 1)^{\mathrm{T}}$，$k\in\mathbf{R}$.

于是有　$V_2=\{k\boldsymbol{\varepsilon}_1+k\boldsymbol{\varepsilon}_2+k\boldsymbol{\varepsilon}_3:\ k\in\mathbf{R}\}$，$V=V_1\oplus V_2$.

7.6　双线性函数

定义 7.6.1　设 V 是域 E 上线性空间．如果 $f(\boldsymbol{\alpha},\ \boldsymbol{\beta}):\ V\times V\to E$ 满足下列条件：

(1) $f(k_1\boldsymbol{\alpha}_1+k_2\boldsymbol{\alpha}_2,\ \boldsymbol{\beta})=k_1f(\boldsymbol{\alpha}_1,\ \boldsymbol{\beta})+k_2f(\boldsymbol{\alpha}_2,\ \boldsymbol{\beta})$；

(2) $f(\boldsymbol{\alpha},\ k_1\boldsymbol{\beta}_1+k_2\boldsymbol{\beta}_2)=k_1f(\boldsymbol{\alpha},\ \boldsymbol{\beta}_1)+k_2f(\boldsymbol{\alpha},\ \boldsymbol{\beta}_2)$，

对$\forall \boldsymbol{\alpha}, \boldsymbol{\beta}, \boldsymbol{\alpha}_i, \boldsymbol{\beta}_i \in V$，$k_i \in E$，$i=1, 2$，成立，则称$f(\boldsymbol{\alpha}, \boldsymbol{\beta})$为$V \times V$上一双线性函数.

例 7.6.1 设V为实数域$\mathbf{R}$上内积空间，则$f(\boldsymbol{\alpha}, \boldsymbol{\beta})=(\boldsymbol{\alpha}, \boldsymbol{\beta})$为$V \times V$上一双线性函数.

例 7.6.2 设$\boldsymbol{A}$为域E上n阶方阵，$f(\boldsymbol{\alpha}, \boldsymbol{\beta})=\boldsymbol{\alpha}^{\mathrm{T}}\boldsymbol{A}\boldsymbol{\beta}$，$\boldsymbol{\alpha}, \boldsymbol{\beta} \in E^n$，则$f(\boldsymbol{\alpha}, \boldsymbol{\beta})$为$E^n \times E^n$上一双线性函数.

命题 7.6.1 设V为域E上n维向量空间，$f(\boldsymbol{\alpha}, \boldsymbol{\beta})$为$V \times V$上一双线性函数，$\boldsymbol{\varepsilon}_1, \boldsymbol{\varepsilon}_2, \cdots, \boldsymbol{\varepsilon}_n$为$V$的一组基，则$f(\boldsymbol{\alpha}, \boldsymbol{\beta})=\boldsymbol{X}^{\mathrm{T}}\boldsymbol{A}\boldsymbol{Y}$，其中，

$$\alpha=\sum_{i=1}^{n} x_i \boldsymbol{\varepsilon}_i, \boldsymbol{\beta}=\sum_{i=1}^{n} y_i \boldsymbol{\varepsilon}_i, \boldsymbol{X}^{\mathrm{T}}=(x_1, x_2, \cdots, x_n), \boldsymbol{Y}^{\mathrm{T}}=(y_1, y_2, \cdots, y_n),$$

$$\boldsymbol{A}=\begin{pmatrix} f(\boldsymbol{\varepsilon}_1, \boldsymbol{\varepsilon}_1) & f(\boldsymbol{\varepsilon}_1, \boldsymbol{\varepsilon}_2) & \cdots & f(\boldsymbol{\varepsilon}_1, \boldsymbol{\varepsilon}_n) \\ f(\boldsymbol{\varepsilon}_2, \boldsymbol{\varepsilon}_1) & f(\boldsymbol{\varepsilon}_2, \boldsymbol{\varepsilon}_2) & \cdots & f(\boldsymbol{\varepsilon}_2, \boldsymbol{\varepsilon}_n) \\ \vdots & \vdots & & \vdots \\ f(\boldsymbol{\varepsilon}_n, \boldsymbol{\varepsilon}_1) & f(\boldsymbol{\varepsilon}_n, \boldsymbol{\varepsilon}_2) & \cdots & f(\boldsymbol{\varepsilon}_n, \boldsymbol{\varepsilon}_n) \end{pmatrix}.$$

证明 $f(\boldsymbol{\alpha}, \boldsymbol{\beta})=f\left(\sum_{i=1}^{n} x_i \boldsymbol{\varepsilon}_i, \sum_{j=1}^{n} y_j \boldsymbol{\varepsilon}_j\right)=\sum_{i=1}^{n} x_i f\left(\boldsymbol{\varepsilon}_i, \sum_{j=1}^{n} y_j \boldsymbol{\varepsilon}_j\right)=\sum_{i=1}^{n} x_i f(\boldsymbol{\varepsilon}_i, \sum_{j=1}^{n} y_j \boldsymbol{\varepsilon}_j)$

$$=\sum_{i=1}^{n} \sum_{j=1}^{n} x_i y_j f(\boldsymbol{\varepsilon}_i, \boldsymbol{\varepsilon}_j)=\boldsymbol{X}^{\mathrm{T}}\boldsymbol{A}\boldsymbol{Y}.$$

以上命题中的矩阵$\boldsymbol{A}$称为双线性函数$f(\boldsymbol{\alpha}, \boldsymbol{\beta})$在基$\boldsymbol{\varepsilon}_1, \boldsymbol{\varepsilon}_2, \cdots, \boldsymbol{\varepsilon}_n$下的度量矩阵.

命题 7.6.2 设V为域E上n维向量空间，$f(\boldsymbol{\alpha}, \boldsymbol{\beta})$为$V \times V$上一双线性函数，$\boldsymbol{\varepsilon}_1, \boldsymbol{\varepsilon}_2, \cdots, \boldsymbol{\varepsilon}_n, \boldsymbol{\eta}_1, \boldsymbol{\eta}_2, \cdots, \boldsymbol{\eta}_n$为$V$的两组基，则$f(\boldsymbol{\alpha}, \boldsymbol{\beta})$在这两组基下的度量矩阵合同.

证明 设$(\boldsymbol{\eta}_1, \boldsymbol{\eta}_2, \cdots, \boldsymbol{\eta}_n)=(\boldsymbol{\varepsilon}_1, \boldsymbol{\varepsilon}_2, \cdots, \boldsymbol{\varepsilon}_n)\boldsymbol{C}$，$\boldsymbol{\alpha}=(\boldsymbol{\varepsilon}_1, \boldsymbol{\varepsilon}_2, \cdots, \boldsymbol{\varepsilon}_n)\boldsymbol{X}=(\boldsymbol{\eta}_1, \boldsymbol{\eta}_2, \cdots, \boldsymbol{\eta}_n)\boldsymbol{X}_1$. $\boldsymbol{\beta}=(\boldsymbol{\varepsilon}_1, \boldsymbol{\varepsilon}_2, \cdots, \boldsymbol{\varepsilon}_n)\boldsymbol{Y}=(\boldsymbol{\eta}_1, \boldsymbol{\eta}_2, \cdots, \boldsymbol{\eta}_n)\boldsymbol{Y}_1$. 则有$\boldsymbol{X}=\boldsymbol{C}\boldsymbol{X}_1$，$\boldsymbol{Y}=\boldsymbol{C}\boldsymbol{Y}_1$.

又设$f(\boldsymbol{\alpha}, \boldsymbol{\beta})$为$V \times V$在基$\boldsymbol{\varepsilon}_1, \boldsymbol{\varepsilon}_2, \cdots, \boldsymbol{\varepsilon}_n$下的度量矩阵为$\boldsymbol{A}$，在基$\boldsymbol{\eta}_1, \boldsymbol{\eta}_2, \cdots, \boldsymbol{\eta}_n$下的度量矩阵为$\boldsymbol{B}$. 则有

$$f(\boldsymbol{\alpha}, \boldsymbol{\beta})=\boldsymbol{X}^{\mathrm{T}}\boldsymbol{A}\boldsymbol{Y}=(\boldsymbol{C}\boldsymbol{X}_1)^{\mathrm{T}}\boldsymbol{A}\boldsymbol{C}\boldsymbol{Y}_1=\boldsymbol{X}_1^{\mathrm{T}}(\boldsymbol{C}^{\mathrm{T}}\boldsymbol{A}\boldsymbol{C})\boldsymbol{Y}_1=\boldsymbol{X}_1^{\mathrm{T}}\boldsymbol{B}\boldsymbol{Y}_1$$

因此有$\boldsymbol{C}^{\mathrm{T}}\boldsymbol{A}\boldsymbol{C}=\boldsymbol{B}$.

定义 7.6.2 设$f(\boldsymbol{\alpha}, \boldsymbol{\beta})$为$V \times V$上一双线性函数：

(1)若$f(\boldsymbol{\alpha}, \boldsymbol{\beta})=\mathbf{0}$对任意$\boldsymbol{\beta}$成立的充要条件是$\boldsymbol{\alpha}=\mathbf{0}$，则称$f(\boldsymbol{\alpha}, \boldsymbol{\beta})$为非退化的，否则称$f(\boldsymbol{\alpha}, \boldsymbol{\beta})$为退化的；

(2)若$f(\boldsymbol{\alpha}, \boldsymbol{\beta})=f(\boldsymbol{\beta}, \boldsymbol{\alpha})$，$\forall \boldsymbol{\alpha}, \boldsymbol{\beta} \in V$成立，则称$f(\boldsymbol{\alpha}, \boldsymbol{\beta})$为对称双线性函数；

(3)若$f(\boldsymbol{\alpha}, \boldsymbol{\beta})=-f(\boldsymbol{\beta}, \boldsymbol{\alpha})$，$\forall \boldsymbol{\alpha}, \boldsymbol{\beta} \in V$成立，则称$f(\boldsymbol{\alpha}, \boldsymbol{\beta})$为反对称双线性函数.

命题 7.6.3 设V为域E上n维向量空间，$f(\boldsymbol{\alpha}, \boldsymbol{\beta})$为$V \times V$上一双线性函数：

(1) $f(\boldsymbol{\alpha}, \boldsymbol{\beta})$为对称双线性函数的充要条件是其度量矩阵是对称矩阵；

(2) $f(\boldsymbol{\alpha}, \boldsymbol{\beta})$为反对称双线性函数的充要条件是其度量矩阵是反对称矩阵.

推论 7.6.1 设V为复数域E上n维向量空间，$f(\boldsymbol{\alpha}, \boldsymbol{\beta})$为$V \times V$上一对称双线性函

数，则存在 V 的一组基 $\boldsymbol{\varepsilon}_1$，$\boldsymbol{\varepsilon}_2$，…，$\boldsymbol{\varepsilon}_n$，对 V 中任意向量 $\boldsymbol{\alpha}=\sum_{i=1}^{n}x_i\boldsymbol{\varepsilon}_i$，$\boldsymbol{\beta}=\sum_{i=1}^{n}y_i\boldsymbol{\varepsilon}_i$，有

$$f(\boldsymbol{\alpha},\boldsymbol{\beta})=\sum_{i=1}^{r}x_iy_i, 0\leqslant r\leqslant n.$$

推论 7.6.2　设 V 为实数域 E 上 n 维向量空间，$f(\boldsymbol{\alpha},\boldsymbol{\beta})$ 为 $V\times V$ 上一对称双线性函数，则存在 V 的一组基 $\boldsymbol{\varepsilon}_1$，$\boldsymbol{\varepsilon}_2$，…，$\boldsymbol{\varepsilon}_n$，对 V 中任意向量 $\boldsymbol{\alpha}=\sum_{i=1}^{n}x_i\boldsymbol{\varepsilon}_i$，$\boldsymbol{\beta}=\sum_{i=1}^{n}y_i\boldsymbol{\varepsilon}_i$，

$$f(\boldsymbol{\alpha},\boldsymbol{\beta})=\sum_{i=1}^{r}x_iy_i-\sum_{i=r+1}^{s}x_iy_i, 1\leqslant r\leqslant s\leqslant n.$$

定理 7.6.1　设 V 为域 E 上 n 维向量空间，$f(\boldsymbol{\alpha},\boldsymbol{\beta})$ 为 $V\times V$ 上一反对称双线性函数，则存在 V 的一组基 $\boldsymbol{\varepsilon}_i$，$\boldsymbol{\varepsilon}_{-i}(i=1,2,\cdots,r)$，$\boldsymbol{\eta}_1$，$\boldsymbol{\eta}_2$，…，$\boldsymbol{\eta}_s$ 满足

$$f(\boldsymbol{\varepsilon}_i,\boldsymbol{\varepsilon}_{-i})=1, f(\boldsymbol{\varepsilon}_i,\boldsymbol{\varepsilon}_j)=0, i+j\neq 0, f(\boldsymbol{\alpha},\boldsymbol{\eta}_j)=0, \boldsymbol{\alpha}\in V, j=1,2,\cdots,s.$$

证明　假设 $\dim V<n$ 时定理结论成立．当 $\dim V=n$ 时，若 $f(\boldsymbol{\alpha},\boldsymbol{\beta})=0$，$\forall\boldsymbol{\alpha},\boldsymbol{\beta}\in V$，任取 V 的一组基 $\boldsymbol{\eta}_1$，$\boldsymbol{\eta}_2$，…，$\boldsymbol{\eta}_n$ 即可．因此，设有 $f(\boldsymbol{\alpha}_0,\boldsymbol{\beta}_0)=\lambda_0\neq 0$，令 $\boldsymbol{\varepsilon}_1=\boldsymbol{\alpha}_0$，$\boldsymbol{\varepsilon}_{-1}=\lambda_0^{-1}\boldsymbol{\beta}_0$，将其扩充成 V 的一组基 $\boldsymbol{\varepsilon}_1$，$\boldsymbol{\varepsilon}_{-1}$，$\boldsymbol{\alpha}_3$，…，$\boldsymbol{\alpha}_n$．令 $\boldsymbol{\beta}_i=\boldsymbol{\alpha}_i-f(\boldsymbol{\alpha}_i,\boldsymbol{\varepsilon}_{-1})\boldsymbol{\varepsilon}_1+f(\boldsymbol{\alpha}_i,\boldsymbol{\varepsilon}_1)\boldsymbol{\varepsilon}_{-1}$，$i=3$，…，$n$. 易见 $\boldsymbol{\varepsilon}_1$，$\boldsymbol{\varepsilon}_{-1}$，$\boldsymbol{\beta}_i$，$i=3$，…，$n$ 仍是 V 的一组基，且有 $f(\boldsymbol{\beta}_i,\boldsymbol{\varepsilon}_1)=0$，$f(\boldsymbol{\beta}_i,\boldsymbol{\varepsilon}_{-1})=0$，$i=3$，…，$n$，

$$V=\mathrm{Span}\{\boldsymbol{\varepsilon}_1,\boldsymbol{\varepsilon}_{-1}\}\oplus\mathrm{Span}\{\boldsymbol{\beta}_i:3\leqslant i\leqslant n\}.$$

将 $f(\boldsymbol{\alpha},\boldsymbol{\beta})$ 看作 $\mathrm{Span}\{\boldsymbol{\beta}_i:3\leqslant i\leqslant n\}\times\mathrm{Span}\{\boldsymbol{\beta}_i:3\leqslant i\leqslant n\}$ 上双线性函数仍是反对称的．

由归纳假设有 $\mathrm{Span}\{\boldsymbol{\beta}_i:3\leqslant i\leqslant n\}$ 的一组基 $\boldsymbol{\varepsilon}_i$，$\boldsymbol{\varepsilon}_{-i}(i=2,\cdots,r)$，$\boldsymbol{\eta}_1$，$\boldsymbol{\eta}_2$，…，$\boldsymbol{\eta}_s$，满足

$$f(\boldsymbol{\varepsilon}_i,\boldsymbol{\varepsilon}_{-i})=1, f(\boldsymbol{\varepsilon}_i,\boldsymbol{\varepsilon}_j)=0, i+j\neq 0, f(\boldsymbol{\alpha},\boldsymbol{\eta}_t)=0, \boldsymbol{\alpha}\in\mathrm{Span}\{\boldsymbol{\beta}_i:3\leqslant i\leqslant n\}$$

$t=1,2,\cdots,s$．于是 $\boldsymbol{\varepsilon}_i$，$\boldsymbol{\varepsilon}_{-i}(i=1,2,\cdots,r)$，$\boldsymbol{\eta}_1$，$\boldsymbol{\eta}_2$，…，$\boldsymbol{\eta}_s$ 满足定理结论．

定义 7.6.3　设 V 为域 E 上的向量空间．如果存在非退化反对称双线性函数 $f(\boldsymbol{\alpha},\boldsymbol{\beta})$：$V\times V\to E$，则称 V 为辛空间，记为 (V,f).

注　设 (V,f) 是辛空间．由定理 7.6.1 知存在基 $\boldsymbol{\varepsilon}_i$，$\boldsymbol{\varepsilon}_{-i}$，$i=1,2,\cdots,n$，满足

$$f(\boldsymbol{\varepsilon}_i,\boldsymbol{\varepsilon}_{-i})=1, f(\boldsymbol{\varepsilon}_i,\boldsymbol{\varepsilon}_j)=0,$$

$i+j\neq 0$，$-n\leqslant i,j\leqslant n$，称为辛正交基，因此 V 一定是偶数维的．

命题 7.6.4　设 (V,f) 是辛空间．则存在 V 的一组基 $\boldsymbol{\eta}_1$，$\boldsymbol{\eta}_2$，…，$\boldsymbol{\eta}_{2n}$，使得 f 在这组基下的度量矩阵为 n 个 $\boldsymbol{E}_2$ 组成的分块对角阵

$$\boldsymbol{J}=\begin{pmatrix}\boldsymbol{E}_2 & & \\ & \ddots & \\ & & \boldsymbol{E}_2\end{pmatrix}_n,\qquad \boldsymbol{E}_2=\begin{pmatrix}0 & 1\\ -1 & 0\end{pmatrix}.$$

证明　由定理 7.6.1 知存在基 $\boldsymbol{\varepsilon}_i$，$\boldsymbol{\varepsilon}_{-i}$，$i=1,2,\cdots,n$，满足

$$f(\boldsymbol{\varepsilon}_i,\boldsymbol{\varepsilon}_{-i})=1, f(\boldsymbol{\varepsilon}_i,\boldsymbol{\varepsilon}_j)=0,$$

$i+j\neq 0$，$-n\leqslant i,j\leqslant n$. 令 $\boldsymbol{\eta}_1=\boldsymbol{\varepsilon}_1$，$\boldsymbol{\eta}_2=\boldsymbol{\varepsilon}_{-1}$，$\boldsymbol{\eta}_3=\boldsymbol{\varepsilon}_2$，$\boldsymbol{\eta}_4=\boldsymbol{\varepsilon}_{-2}$，…，$\boldsymbol{\eta}_{2n-1}=\boldsymbol{\varepsilon}_n$，$\boldsymbol{\eta}_{2n}=\boldsymbol{\varepsilon}_{-n}$，

则有

$$f(\boldsymbol{\eta}_{2k-1},\boldsymbol{\eta}_{2k})=1,f(\boldsymbol{\eta}_{2k},\boldsymbol{\eta}_{2k-1})=-1,\ k=1,2,\cdots,n,$$

$$f(\boldsymbol{\eta}_{2k-1},\boldsymbol{\eta}_{j})=0,\ j\neq 2k,\ k=1,2,\cdots,n,$$

$$f(\boldsymbol{\eta}_{2k},\boldsymbol{\eta}_{i})=0,\ i\neq 2k-1,\ k=1,2,\cdots,n.$$

于是f在基$\boldsymbol{\eta}_1$，$\boldsymbol{\eta}_2$，…，$\boldsymbol{\eta}_{2n}$下的度量矩阵为

$$\boldsymbol{J}=\begin{pmatrix}0&1&\cdots&\cdots&0\\-1&0&\cdots&\cdots&0\\\vdots&\vdots&\vdots&\vdots&\vdots\\0&0&\cdots&0&1\\0&0&\cdots&-1&0\end{pmatrix}_{2n}=\begin{pmatrix}\boldsymbol{E}_2&&\\&\ddots&\\&&\boldsymbol{E}_2\end{pmatrix}_n,$$

$$\boldsymbol{E}_2=\begin{pmatrix}0&1\\-1&0\end{pmatrix}.$$

命题 7.6.5 设(V,f)是辛空间，则存在V的一组基$\boldsymbol{\eta}_1$，$\boldsymbol{\eta}_2$，…，$\boldsymbol{\eta}_{2n}$，使得f在这组基下的度量矩阵为

$$\boldsymbol{J}=\begin{pmatrix}\boldsymbol{0}_n&\boldsymbol{I}_n\\-\boldsymbol{I}_n&\boldsymbol{0}_n\end{pmatrix}.$$

证明留给读者.

推论 7.6.3 设$\boldsymbol{A}$为域E上$2n$阶非退化反对称矩阵．则$\boldsymbol{A}$合同于$\boldsymbol{J}$，其中$\boldsymbol{J}$同命题7.6.4或者同命题7.6.5.

证明 对域E上$2n$维向量空间E^{2n}，定义$f(\boldsymbol{\alpha},\boldsymbol{\beta})$：$E^{2n}\times E^{2n}\to E$如下：

$$f(\boldsymbol{\alpha},\boldsymbol{\beta})=\boldsymbol{\alpha}^{\mathrm{T}}\boldsymbol{A}\boldsymbol{\beta},$$

$\boldsymbol{\alpha},\boldsymbol{\beta}\in E^{2n}$，则$f(\boldsymbol{\alpha},\boldsymbol{\beta})$：$E^{2n}\times E^{2n}\to E$为一非退化的反对称双线性函数.

于是由命题7.6.2，命题7.6.4或命题7.6.5知推论7.6.4结论成立.

定义 7.6.4 对辛空间(V_1,f_1)，(V_2,f_2)，如果存在同构映射K：$V_1\to V_2$，满足

$$f_1(\boldsymbol{u},\boldsymbol{v})=f_2(K\boldsymbol{u},K\boldsymbol{v}),$$

则称K为从(V_1,f_1)到(V_2,f_2)的辛同构.

命题 7.6.6 辛空间(V_1,f_1)，(V_2,f_2)是辛同构的充要条件是$\dim V_1=\dim V_2$.

证明 必要性显然，下面证明充分性.

取V_1的辛正交基$\boldsymbol{\varepsilon}_i$，$\boldsymbol{\varepsilon}_{-i}$，$i=1,2,\cdots,n$，$V_2$的辛正交基$\boldsymbol{\eta}_i$，$\boldsymbol{\eta}_{-i}$，$i=1,2,\cdots,n$.

对任一$\boldsymbol{\alpha}\in V_1$，有$\boldsymbol{\alpha}=\sum\limits_{i=1}^{n}(x_i\boldsymbol{\varepsilon}_i+x_{-i}\boldsymbol{\varepsilon}_{-i})$．令

$$K\boldsymbol{\alpha}=\sum_{i=1}^{n}(x_i\boldsymbol{\eta}_i+x_{-i}\boldsymbol{\eta}_{-i}),$$

则容易验证K为辛同构.

习　题　7

1. 判断下列映射是否是线性映射：

(1) $T\boldsymbol{\xi}=2\boldsymbol{\xi}-\boldsymbol{\xi}_0$，$\forall\boldsymbol{\xi}\in V$，其中 V 为向量空间，$\boldsymbol{\xi}_0\in V$ 为一给定向量；

(2) $T\boldsymbol{A}=\boldsymbol{AB}$，$\forall\boldsymbol{A}\in M_n(E)$，其中 $\boldsymbol{B}\in M_n(E)$ 为一给定矩阵；

(3) $Tp(x)=p(x+1)$，$\forall p(x)\in E[x]$；

(4) $T(x_1, x_2, x_3)=(x_1x_2, x_2, x_3)$，$\forall(x_1, x_2, x_3)\in E^3$；

(5) $T\boldsymbol{A}=\det\boldsymbol{A}$，$\forall\boldsymbol{A}\in M_n(E)$；

(6) $T\boldsymbol{A}=\boldsymbol{PAQ}$，$\forall\boldsymbol{A}\in M_n(E)$，其中 $\boldsymbol{P}$，$\boldsymbol{Q}\in M_n(E)$ 为两个给定的可逆阵.

2. 设 $\boldsymbol{\varepsilon}_1, \boldsymbol{\varepsilon}_2, \cdots, \boldsymbol{\varepsilon}_n$ 为向量空间 V 的一组基，$T:V\to V$ 为一线性变换. 证明 T 可逆的充要条件是 $T\boldsymbol{\varepsilon}_1, T\boldsymbol{\varepsilon}_2, \cdots, T\boldsymbol{\varepsilon}_n$ 也为 V 的一组基.

3. 设 V 为实数域上向量空间，$f:V\to R$ 为一非零线性函数. 证明存在非零元 $x_0\in V$，使得 $V=\mathrm{Span}\{x_0\}\oplus N(f)$.

4. 设 $\mathbf{R}_n[x]$ 为实数域上次数小于 n 的多项式全体，$T:\mathbf{R}_n[x]\to\mathbf{R}_n[x]$ 定义如下：

$$Tp(x)=p(x+1)-p(x).$$

求 T 在基 $\boldsymbol{\varepsilon}_0=1$，$\boldsymbol{\varepsilon}_i=\dfrac{x(x-1)\cdots(x-i+1)}{i!}$，$i=1, 2, \cdots, n-1$.

5. 设 V 为域 E 上 n 维向量空间，$T:V\to V$ 为一线性变换，$\boldsymbol{\varepsilon}_1, \boldsymbol{\varepsilon}_2, \cdots, \boldsymbol{\varepsilon}_n$ 为 V 的一组基，T 在该组基下的矩阵为 $\boldsymbol{A}$，$T^*:V^*\to V^*$ 定义如下：

$$Tf(\boldsymbol{x})=f(T\boldsymbol{x}),\ \forall f\in V^*,\ \boldsymbol{x}\in V.$$

证明 T^* 也是线性变换，并求 V^* 的一组基以及 T^* 在该组基下的矩阵.

6. 线性变换 $T:\mathbf{R}^3\to\mathbf{R}^3$ 在基 $\boldsymbol{\varepsilon}_1^{\mathrm{T}}=(-1, 1, 1)$，$\boldsymbol{\varepsilon}_2^{\mathrm{T}}=(1, 0, -1)$，$\boldsymbol{\varepsilon}_3^{\mathrm{T}}=(0, -1, -1)$下的矩阵为

$$\begin{pmatrix}1 & 0 & -1\\ 0 & 2 & 1\\ 1 & 1 & 1\end{pmatrix}.$$

求 T 在基 $\boldsymbol{\eta}_1^{\mathrm{T}}=(2, 0, 0)$，$\boldsymbol{\eta}_2^{\mathrm{T}}=(0, 1, 0)$，$\boldsymbol{\eta}_3^{\mathrm{T}}=(0, 0, 1)$下的矩阵.

7. 设线性变换 $T:\mathbf{R}^3\to\mathbf{R}^3$ 满足 $T\boldsymbol{\varepsilon}_1^{\mathrm{T}}=(-2, 0, 1)$，$T\boldsymbol{\varepsilon}_2^{\mathrm{T}}=(0, 1, 3)$，$T\boldsymbol{\varepsilon}_3^{\mathrm{T}}=(1, 1, 2)$，其中

$$\boldsymbol{\varepsilon}_1^{\mathrm{T}}=(-1,0,1),\boldsymbol{\varepsilon}_2^{\mathrm{T}}=(0,1,1),\boldsymbol{\varepsilon}_3^{\mathrm{T}}=(3,-1,0).$$

求 T 在基 $\boldsymbol{\eta}_1^{\mathrm{T}}=(1, 0, 0)$，$\boldsymbol{\eta}_2^{\mathrm{T}}=(0, 1, 0)$，$\boldsymbol{\eta}_3^{\mathrm{T}}=(0, 1, 1)$下的矩阵.

8. 设 E 为域，$T_i:M_2(E)\to M_2(E)$ 分别定义为

$$T_1\boldsymbol{A}=\begin{pmatrix}a & b\\ 0 & c\end{pmatrix}\boldsymbol{A},\ T_2\boldsymbol{A}=\boldsymbol{A}\begin{pmatrix}a & b\\ 0 & c\end{pmatrix},\quad T_3\boldsymbol{A}=\begin{pmatrix}a & 0\\ b & c\end{pmatrix}\boldsymbol{A}\begin{pmatrix}a & b\\ 0 & c\end{pmatrix},$$

$a, b, c\in E$. 求 T_i 在基 $E_{st}(s, t=1, 2)$下的矩阵，$i=1, 2, 3$，其中 E_{st} 表第 s 行第 t 列元

素为 1 其余元素均为 0 的 2 阶矩阵 .

9. 设 $T: V \to V$ 为线性变换，其中 V 为 3 维向量空间，$\boldsymbol{\varepsilon}_1$，$\boldsymbol{\varepsilon}_2$，$\boldsymbol{\varepsilon}_3$ 为 V 的一组基，T 在该组基下的矩阵为

$$\begin{pmatrix} a_{11} & a_{12} & a_{13} \\ a_{21} & a_{22} & a_{23} \\ a_{31} & a_{32} & a_{33} \end{pmatrix}.$$

(1)求 T 在基 $\boldsymbol{\varepsilon}_3$，$\boldsymbol{\varepsilon}_1$，$\boldsymbol{\varepsilon}_2$ 下的矩阵；

(2)求 T 在基 $\boldsymbol{\varepsilon}_1$，$3\boldsymbol{\varepsilon}_2$，$\boldsymbol{\varepsilon}_3$ 下的矩阵；

(3)求 T 在基 $\boldsymbol{\varepsilon}_1$，$\boldsymbol{\varepsilon}_1-2\boldsymbol{\varepsilon}_2$，$\boldsymbol{\varepsilon}_3$ 下的矩阵 .

10. 设 V 为数域上的 4 维向量空间，$T: V \to V$ 在基 $\boldsymbol{\varepsilon}_1$，$\boldsymbol{\varepsilon}_2$，$\boldsymbol{\varepsilon}_3$，$\boldsymbol{\varepsilon}_4$ 下的矩阵为

$$\begin{pmatrix} 1 & 1 & 0 & 2 \\ -1 & 0 & 1 & -1 \\ 1 & 1 & 1 & 3 \\ 0 & 1 & 2 & 1 \end{pmatrix}.$$

求：

(1) T 的核 $\ker(T)$ 与值域 $R(T)$；

(2) $\ker(T)$ 的一组基，并将其扩充成 V 的基；

(3) $R(T)$ 的一组基，并将其扩充成 V 的基 .

11. 设线性变换 $T: R^3 \to R^3$ 满足 $T\boldsymbol{\varepsilon}_i = \boldsymbol{\eta}_i$，$i=1, 2, 3$，其中 $\boldsymbol{\varepsilon}_1^{\mathrm{T}}=(1, 0, 1)$，$\boldsymbol{\varepsilon}_2^{\mathrm{T}}=(3, 1, 0)$，$\boldsymbol{\varepsilon}_3^{\mathrm{T}}=(0, 1, 1)$，$\boldsymbol{\eta}_1^{\mathrm{T}}=(2, 1, 1)$，$\boldsymbol{\eta}_2^{\mathrm{T}}=(1, -1, 1)$，$\boldsymbol{\eta}_3^{\mathrm{T}}=(1, 0, 3)$. 求：

(1) 由 $\boldsymbol{\varepsilon}_1$，$\boldsymbol{\varepsilon}_2$，$\boldsymbol{\varepsilon}_3$ 到基 $\boldsymbol{\eta}_1$，$\boldsymbol{\eta}_2$，$\boldsymbol{\eta}_3$ 的过度矩阵；

(2) T 在基 $\boldsymbol{\varepsilon}_1$，$\boldsymbol{\varepsilon}_2$，$\boldsymbol{\varepsilon}_3$ 下的矩阵；

(3) T 在基 $\boldsymbol{\eta}_1$，$\boldsymbol{\eta}_2$，$\boldsymbol{\eta}_3$ 下的矩阵 .

12. 设 V 为数域上的内积空间，$M \subset V$ 为一个有限维的真子空间 . 求线性变换 $T: V \to V$ 满足下面条件：

(1) $T\boldsymbol{x}=\boldsymbol{x}$，对 $\forall \boldsymbol{x} \in M$ 成立；

(2) $T^2\boldsymbol{x}=T\boldsymbol{x}$，对 $\forall \boldsymbol{x} \in V$ 成立 .

13. 设 V 为数域 E 上向量空间，$f(\boldsymbol{x}, \boldsymbol{y})$：$V \times V \to E$ 为一双线性函数，$U \subset V$ 为子空间，$U^{\perp}=\{y \in V: f(\boldsymbol{x}, \boldsymbol{y})=\boldsymbol{0}, \ \forall \boldsymbol{x} \in U\}$.

(1)证明 $U^{\perp}$ 为 V 的子空间；

(2)设 $\dim U=n$，$\boldsymbol{y} \in V \setminus U^{\perp}$. 证明 $L=\{\boldsymbol{x} \in U: f(\boldsymbol{x}, \boldsymbol{y})=\boldsymbol{0}\}$ 是 U 的子空间，并求 L 的维数 .

14. 设 $f(\boldsymbol{x}, \boldsymbol{y})$ 为 $\mathbf{R}^4$ 上的一个双线性函数，满足

$f(\boldsymbol{x},\boldsymbol{y}) = 2x_1y_3 - 3x_2y_1 + 4x_3y_4 - 5x_4y_2$，$\boldsymbol{x} = (x_1,x_2,x_3,x_4)^{\mathrm{T}}$，$\boldsymbol{y} = (y_1,y_2,y_3,y_4)^{\mathrm{T}} \in \mathbf{R}^4$.

(1) $\boldsymbol{\varepsilon}_1=(1, -2, -1,0)^{\mathrm{T}}$，$\boldsymbol{\varepsilon}_2=(1, -1,1,0)^{\mathrm{T}}$，$\boldsymbol{\varepsilon}_3=(-1,2,1,1)^{\mathrm{T}}$，$\boldsymbol{\varepsilon}_4=(-1, -1, 0,1)^{\mathrm{T}}$. 求 $f(\boldsymbol{x}, \boldsymbol{y})$ 在这组基下的度量矩阵；

（2）$(\boldsymbol{\eta}_1, \boldsymbol{\eta}_2, \boldsymbol{\eta}_3, \boldsymbol{\eta}_4)=(\boldsymbol{\varepsilon}_1, \boldsymbol{\varepsilon}_2, \boldsymbol{\varepsilon}_3, \boldsymbol{\varepsilon}_4)\boldsymbol{T}$，其中，

$$\boldsymbol{T}=\begin{pmatrix} -1 & -1 & 1 & 1 \\ -1 & -1 & -1 & -1 \\ -1 & 1 & 1 & -1 \\ -1 & 1 & -1 & 1 \end{pmatrix}.$$

求$f(\boldsymbol{x}, \boldsymbol{y})$在$(\boldsymbol{\eta}_1, \boldsymbol{\eta}_2, \boldsymbol{\eta}_3, \boldsymbol{\eta}_4)$下的度量矩阵.

15. 设$f(\boldsymbol{x}, \boldsymbol{y})$为$\mathbf{R}^4$上的一个反对称双线性函数，满足

$$f(\boldsymbol{x},\boldsymbol{y}) = 2x_1y_3 - 5x_2y_4 - 2x_3y_1 + 5x_4y_2,$$
$$\boldsymbol{x} = (x_1,x_2,x_3,x_4)^{\mathrm{T}}, \boldsymbol{y} = (y_1,y_2,y_3,y_4)^{\mathrm{T}} \in \mathbf{R}^4.$$

求$\mathbf{R}^4$的一组基$\boldsymbol{\varepsilon}_1, \boldsymbol{\varepsilon}_{-1}, \boldsymbol{\varepsilon}_2, \boldsymbol{\varepsilon}_{-2}$使得$f(\boldsymbol{\varepsilon}_i, \boldsymbol{\varepsilon}_j)=0$，$i+j\neq 0$，$f(\boldsymbol{\varepsilon}_i, \boldsymbol{\varepsilon}_{-i})=1$，$i=1, 2$.

附　录

附录 1　整数的可除性与同余

整数的可除性

以下用 $\mathbf{Z}=\{0, \pm 1, \pm 2, \cdots\}$ 表整数集.

定义　设 a, $b\in\mathbf{Z}$, $b\neq 0$. 如果存在 $q\in\mathbf{Z}$, 使得 $a=qb$, 则称 b 整除 a, 记为 $b\mid a$, 并称 b 是 a 的因数, a 是 b 的倍数. 否则, 称 b 不能整除 a, 记为 $b\nmid a$.

整除的性质

(1)设 a, b, $c\in\mathbf{Z}$, $b\neq 0$, $c\neq 0$. 若 $b\mid a$, $c\mid b$, 则有 $c\mid a$;

(2)设 a, b, $c\in\mathbf{Z}$, $c\neq 0$, $c\mid a$, $c\mid b$, 则有 $c\mid sa+tb$, $\forall s$, $t\in\mathbf{Z}$.

定义　设 $n\in\mathbf{Z}$, $n\neq 0$, $n\neq\pm 1$. 如果除 ± 1, $\pm n$ 之外, n 没有其他因数, 则称 n 为素数.

欧几里得除法　设 a, $b\in\mathbf{Z}$, $b>0$. 则存在唯一 q, $r\in\mathbf{Z}$, 使得

$$a=qb+r,\quad 0\leqslant r<b.$$

定义　设 a, $b\in\mathbf{Z}$. 如果 $d\mid a$, $d\mid b$, 则称 d 为 a, b 的一个公因数; a, b 的所有公因数中最大的一个公因数称为 a, b 的最大公因数, 记为 $d=(a, b)$.

当 $(a, b)=1$ 时, 称 a 与 b 互素.

定理　设 a, $b\in\mathbf{Z}$, 则存在 s, $t\in\mathbf{Z}$, 使得 $sa+tb=(a, b)$.

同余的概念与性质

定义　对于给定的正整数 m, a, $b\in\mathbf{Z}$, 如果 $m\mid a-b$, 则称为 a 与 b 模 m 同余, 记为 $a\equiv b(\mathrm{mod}\ m)$; 否则称为模 m 不同余.

同余的性质:

(1) $a\equiv a(\mathrm{mod}\ m)$;

(2)若 $a\equiv b(\mathrm{mod}\ m)$, 则有 $b\equiv a(\mathrm{mod}\ m)$;

(3)设 $a\equiv b(\mathrm{mod}\ m)$, $b\equiv c(\mathrm{mod}\ m)$, 则有 $a\equiv c(\mathrm{mod}\ m)$;

(4)设 $a_i\equiv b_i(\mathrm{mod}\ m)$, $i=1, 2$, 则有 $a_1a_2\equiv b_1b_2(\mathrm{mod}\ m)$, $a_1+a_2\equiv b_1+b_2(\mathrm{mod}\ m)$;

(5)设 $da \equiv db \pmod{m}$，$(d,\ m)=1$，则有 $a \equiv b \pmod{m}$；

(6)设 d，m 为正整数，$a \equiv b \pmod{m}$，则有 $da \equiv db \pmod{dm}$.

剩余类与完全剩余系：

定义　设 m 为一给定正整数，记 $\bar{a}=\{k\in \mathbf{Z}:\ k\equiv a \pmod{m}\}$，称为模 m 的 a 的剩余类；一个剩余类中的任一个数称为该剩余类的一个剩余或代表元；若 m 个数 r_0，r_1，…，r_{m-1} 两两都不在同一个剩余类中，则称 r_0，r_1，…，r_{m-1} 为模 m 的一个完全剩余系.

显然有 $\bar{a}=\{qm+a:\ q\in \mathbf{Z}\}$.

性质　(1) $\cup_{i=0}^{m-1}\bar{i}=\mathbf{Z}$；

(2) $\bar{a}\equiv\bar{b}\Leftrightarrow a\equiv b \pmod{m}$；

(3)若 $\bar{a}\cap\bar{b}\neq\phi$，则 $a\equiv b \pmod{m}$.

记 $\mathbf{Z}/(m)$ 或 $\mathbf{Z}/m\mathbf{Z}$ 表模 m 的剩余类全体，其上定义加法与乘法如下：

$$\bar{i}+\bar{j}=\overline{i+j},\ \bar{i}\cdot\bar{j}=\overline{ij},$$

i，$j=0$，1，2，…，$m-1$.

容易验证上述定义是合理的.

定义　设 m 为正整数，m 个整数 1，2，…，m 中与 m 互素的正整数个数，记为 $\phi(m)$，称为欧拉函数.

例　$\phi(9)=6$，$\phi(10)=4$. 当 p 为素数时，易见 $\phi(p)=p-1$.

定理　设 m，n 为正整数，$(m,\ n)=1$，则有 $\phi(mn)=\phi(m)\phi(n)$.

定义　一个模 m 的剩余类叫做简化剩余类，如果该类中存在一个与 m 互素的剩余；模 m 的所有不同的简化剩余类中，从每个类任取一个数组成的集合称为模 m 的一个简化剩余系；显然模 m 的简化剩余系所含元素个数为 $\phi(m)$.

定理（欧拉定理）　设 $m>1$ 为正整数，$a\in\mathbf{Z}$，$(a,\ m)=1$，则有

$$a^{\phi(m)}\equiv 1 \pmod{m}.$$

费马小定理　设 p 为素数，$a\in\mathbf{Z}$，则有 $a^p\equiv a \pmod{p}$.

附录2 随机矩阵简介

在核物理学中，寻找核反应所产生的核能级的统计规律极其重要．按照量子力学观点，系统能级由一个厄米特算子H——称为哈密顿算子的特征值所确定．但是，系统的哈密顿算子通常是一个无穷维希尔伯顿(Hilbert)空间中的算子，这使得问题研究变得非常困难．为克服此困难，我们用足够大的n维有限维空间去逼近该无穷维希尔伯特空间，这样系统的哈密顿算子就可表示为有限维空间中的矩阵．只要能求得该矩阵的特征值方程的解，就能得到系统的特征值与特征函数，进而获得任何物理信息．但是，在原子核情形，首先，我们不知道哈密顿算子；其次，即使知道哈密顿算子，要求解相应的特征方程也是一个非常复杂且遥不可及的问题．因此，我们事先对H做一些具有对称性的统计假设．选取无穷维希尔伯特空间的一组完备基函数$\phi_i(x)$，$i=1, 2, \cdots$，将H表示成一系列矩阵，即对每一足够大的n，H在$\mathrm{Span}\{\phi_i(x): i=1, 2, \cdots, n\}$上的矩阵表示，这些矩阵的元素是随机变量，它们的分布函数只受到我们可能对哈密顿算子系统所作的对称性条件的限制．有3种系统：①偶自旋且具有时间反演不变性的系统；②奇自旋且具有时间反演不变、但不具有旋转对称性的系统；③不具有时间反演不变的系统．

矩阵元素为随机变量的矩阵称为随机矩阵．统计力学关心的一个问题是：当$n\to\infty$时，n阶随机矩阵$\boldsymbol{H}$的特征值的联合概率分布是否具有某种收敛特性．

时间反演算子

设$\boldsymbol{K}$是一n阶酉矩阵，时间反演算子T定义如下：

$$T = \boldsymbol{KC},$$

其中$C\phi=\phi^*$，ϕ^*表ϕ的复共轭．这里记号源于量子力学，数学中的通用记号为$\bar{\phi}$.

设$\boldsymbol{A}$为任一n阶矩阵，$\boldsymbol{A}^{\mathrm{R}}=\boldsymbol{K}\boldsymbol{A}^{\mathrm{T}}\boldsymbol{K}^{-1}$称为$\boldsymbol{A}$的时间反演变换．如果$\boldsymbol{A}^{\mathrm{R}}=\boldsymbol{A}$，则称$\boldsymbol{A}$为自对偶矩阵．

因此，一个物理系统$\boldsymbol{H}$如果是自对偶的，即$\boldsymbol{H}^{\mathrm{R}}=\boldsymbol{H}$，则其具有时间反演不变．

对量子状态作酉变换可以使得$\boldsymbol{K}$简化为如下两种情形：

(1) 偶自旋且具有时间反演不变的系统，$\boldsymbol{K}=\boldsymbol{I}$ - 单位阵；

(2) 奇自旋且具有时间反演不变的系统，$\boldsymbol{K}=\mathrm{diag}(\boldsymbol{e}_2, \boldsymbol{e}_2, \cdots, \boldsymbol{e}_2)$为由$n$块$\boldsymbol{e}_2$构成的分块对角阵，其中

$$\boldsymbol{e}_2 = \begin{pmatrix} 0 & 1 \\ -1 & 0 \end{pmatrix}.$$

记$\boldsymbol{1}=\begin{pmatrix} 1 & 0 \\ 0 & 1 \end{pmatrix}$，$\boldsymbol{e}_1=\begin{pmatrix} \mathrm{i} & 0 \\ 0 & -\mathrm{i} \end{pmatrix}$，$\boldsymbol{e}_2=\begin{pmatrix} 0 & 1 \\ -1 & 0 \end{pmatrix}$，$\boldsymbol{e}_3=\begin{pmatrix} 0 & \mathrm{i} \\ \mathrm{i} & 0 \end{pmatrix}$，称其为标准4元素．

容易验证，复数域上任一2阶方阵

$$\begin{pmatrix} a & b \\ c & d \end{pmatrix} = \frac{1}{2}(a+d)\mathbf{1} - \frac{\mathrm{i}}{2}(a-d)\boldsymbol{e}_1 + \frac{1}{2}(b-c)\boldsymbol{e}_2 - \frac{\mathrm{i}}{2}(b+c)\boldsymbol{e}_3.$$

为叙述方便，复数域上 2 阶方阵记为 $q = q^{(0)} + \boldsymbol{q} \cdot \boldsymbol{e} = q^{(0)} + q^{(1)}\boldsymbol{e}_1 + q^{(2)}\boldsymbol{e}_2 + q^{(3)}\boldsymbol{e}_3$ 也称为 4 元素，因此复数域上任一 $2n$ 阶方阵都可以划分为 4 元素组成的分块矩阵．

如果

$$q = q^{(0)} + \boldsymbol{q} \cdot \boldsymbol{e} = q^{(0)} + q^{(1)}\boldsymbol{e}_1 + q^{(2)}\boldsymbol{e}_2 + q^{(3)}\boldsymbol{e}_3,$$

$q^{(i)}$ 为实数，$i=0,\ 1,\ 2,\ 3$，则称 4 元素 q 为实的．这种情形就是数学中所谓的 4 元素．

$$\bar{q} = q^{(0)} - \boldsymbol{q} \cdot \boldsymbol{e}$$

称为复 4 元素 q 的共轭 4 元素，

$$q^{*} = q^{(0)*} - \boldsymbol{q}^{*} \cdot \boldsymbol{e}$$

称为复 4 元素 q 的复共轭 4 元素．

4 元素 q 满足 $q^{*}=q$ 是实的，满足 $q^{*} = -q$ 是纯虚的，满足 $\bar{q}=q$ 是纯量．

$$q^{\dagger} = \bar{q}^{*} = q^{(0)*} - \boldsymbol{q}^{*} \cdot \boldsymbol{e},$$

称为 q 的厄米特共轭 4 元素．

如果 $q^{\dagger}=q$，称 4 元素 q 为厄米特 4 元素，也就是通常的厄米特矩阵．

假设 $2n$ 阶方阵 $\boldsymbol{Q}=(q_{ij})$，q_{ij} 为 4 元素，$i,\ j=1,\ 2,\ \cdots,\ n$，$\boldsymbol{Q}^{\mathrm{T}}$ 表 $\boldsymbol{Q}$ 的转置矩阵，$\boldsymbol{Q}^{\dagger}$（量子力学记号）表 $\boldsymbol{Q}$ 的共轭转置，则有：

(1) $(\boldsymbol{Q}^{\mathrm{T}})_{ij} = -\boldsymbol{e}_2\,\bar{q}_{ji}\boldsymbol{e}_2$；

(2) $(\boldsymbol{Q}^{\dagger})_{ij} = q_{ji}^{\dagger}$；

(3) $(\boldsymbol{Q}^{\mathrm{R}})_{ij} = \boldsymbol{e}_2(Q^{\mathrm{T}})_{ij}\boldsymbol{e}_2^{-1} = \bar{q}_{ji}$，其中 $\boldsymbol{Q}^{\mathrm{R}} = \boldsymbol{K}\boldsymbol{Q}^{\mathrm{T}}\boldsymbol{K}^{-1}$ 表时间反演算子，$\boldsymbol{K}=\mathrm{diag}(\boldsymbol{e}_2,\ \boldsymbol{e}_2,\ \cdots,\ \boldsymbol{e}_2)$ 为由 n 块 $\boldsymbol{e}_2$ 构成的分块对角阵．

定义 $2n$ 阶酉矩阵 $\boldsymbol{W}$ 如果满足 $\boldsymbol{W}\boldsymbol{K}\boldsymbol{W}^{\mathrm{T}}=\boldsymbol{K}$，则称 $\boldsymbol{W}$ 为辛矩阵，$\boldsymbol{K}$ 同上(3)．

注　数学中的辛矩阵定义更为一般，不要求 $\boldsymbol{W}$ 是酉矩阵，只需满足 $\boldsymbol{W}\boldsymbol{K}\boldsymbol{W}^{\mathrm{T}}=\boldsymbol{K}$，$\boldsymbol{K}$ 可以是上面(3)中形式，但一般取如下形式：

$$\boldsymbol{K} = \begin{pmatrix} \boldsymbol{0} & \boldsymbol{I}_n \\ -\boldsymbol{I}_n & \boldsymbol{0} \end{pmatrix}.$$

三种 Gaussian 概率分布总体

定义 1　Gaussian 正交系统的概率分布总体 E_{1G} 是定义在实对称随机矩阵空间 T_{1G} 上满足下面要求的概率分布总体：

(1) $\forall \boldsymbol{H}=(H_{ij}) \in T_{1G}$，变换 $\boldsymbol{H} \to \boldsymbol{W}^{\mathrm{T}}\boldsymbol{H}\boldsymbol{W}$ 保持概率分布不变对任意实正交矩阵 $\boldsymbol{W}$ 成立，即 $P(\boldsymbol{H}')\mathrm{d}\boldsymbol{H}' = P(\boldsymbol{H})\mathrm{d}\boldsymbol{H}$，其中 $\mathrm{d}\boldsymbol{H} = \prod\limits_{i \leqslant j}\mathrm{d}H_{ij}$；

(2) $\boldsymbol{H}$ 的不同元素 $H_{ij}(i \leqslant j)$ 是随机独立的，即 $\boldsymbol{H}$ 的概率密度函数为

$$P(\boldsymbol{H}) = \prod_{i \leqslant j} f_{ij}(H_{ij}).$$

定义 2　Gaussian 辛系统的概率分布总体 E_{4G} 是定义在自对偶的厄米特随机矩阵空间

T_{4G}上满足下面要求的概率分布总体：

(1)每一个自同构映射 $H \to \boldsymbol{W}^R \boldsymbol{H} \boldsymbol{W}$ 保持概率分布不变对任一辛矩阵 $\boldsymbol{W}$ 成立，即

$$P(\boldsymbol{H}')\mathrm{d}\boldsymbol{H}' = P(\boldsymbol{H})\mathrm{d}\boldsymbol{H}$$

对任一 $\boldsymbol{H} \in T_{4G}$成立，其中

$$\mathrm{d}\boldsymbol{H} = \prod_{i \leqslant j} \mathrm{d}H_{ij}^{(0)} \prod_{\alpha=1}^{3} \prod_{i<j} \mathrm{d}H_{ij}^{(\alpha)},$$

$\boldsymbol{H}' = \boldsymbol{W}^R \boldsymbol{H} \boldsymbol{W}$，$\boldsymbol{W}$ 为辛矩阵；

(2) $\boldsymbol{H}$ 的不同线性无关元素是随机独立的，即 $\boldsymbol{H}$ 的概率密度函数

$$P(\boldsymbol{H}) = \prod_{i \leqslant j} f_{ij}^{(0)}(H_{ij}^{(0)}) \prod_{\alpha=1}^{3} \prod_{i<j} f_{ij}^{(\alpha)}(H_{ij}^{(\alpha)}),$$

$\boldsymbol{H} = (H_{ij})$，其中

$$H_{ij} = H_{ij}^{(0)} + H_{ij}^{(1)} e_1 + H_{ij}^{(2)} e_2 + H_{ij}^{(3)} e_3,\ i,j = 1,2,\cdots,n.$$

定义 3 Gaussian 酉系统的概率分布总体 E_{2G}是定义在厄米特随机矩阵空间 T_{2G}上满足下面要求的概率分布总体：

(1) 每一个自同构映射 $H \to \boldsymbol{U}^{-1}\boldsymbol{H}\boldsymbol{U}$ 保持概率分布不变，即 $P(\boldsymbol{H}')\mathrm{d}\boldsymbol{H}' = P(\boldsymbol{H})\mathrm{d}\boldsymbol{H}$ 对任一 $\boldsymbol{H} \in T_{2G}$ 成立，其中 $\mathrm{d}\boldsymbol{H} = \prod_{i \leqslant j} \mathrm{d}H_{ij}^{(0)} \prod_{i<j} \mathrm{d}H_{ij}^{(1)}$，$\boldsymbol{H}' = \boldsymbol{U}^{-1}\boldsymbol{H}\boldsymbol{U}, \forall \boldsymbol{U}$ 为酉矩阵，$H_{ij}^{(0)}$ 表 H_{ij} 的实部，$H_{ij}^{(1)}$ 表 H_{ij} 的复部；

(2) $\boldsymbol{H}$ 的线性无关元素 $H_{ij}(i \leqslant j)$ 是随机独立的，即 $\boldsymbol{H}$ 的概率密度函数

$$P(\boldsymbol{H}) = \prod_{i \leqslant j} f_{ij}^{(0)}(H_{ij}^{(0)}) \prod_{i<j} f_{ij}^{(1)}(H_{ij}^{1}).$$

引理 1 假设 3 个连续可微函数 $f_i(x)$，满足 $f_1(xy) = f_2(x) + f_3(y)$，则 $f_i(x) = a\ln x + b_i$，$i = 1, 2, 3$.

令

$$\boldsymbol{U} = \begin{pmatrix} \cos\theta & \sin\theta & 0 & \cdots & 0 \\ -\sin\theta & \cos\theta & 0 & \cdots & 0 \\ 0 & 0 & 1 & \cdots & 0 \\ \vdots & \vdots & \vdots & & \vdots \\ 0 & 0 & 0 & \cdots & 1 \end{pmatrix},$$

$\boldsymbol{H} = \boldsymbol{U}^{-1}\boldsymbol{H}'\boldsymbol{U}$，则 $\boldsymbol{U}$ 是正交阵，辛矩阵也是酉矩阵.

$\boldsymbol{H}$ 关于 θ 求偏导，得到

$$\frac{\partial \boldsymbol{H}}{\partial \theta} = \frac{\partial \boldsymbol{U}^{\mathrm{T}}}{\partial \theta}\boldsymbol{H}'\boldsymbol{U} + \boldsymbol{U}^{\mathrm{T}}\boldsymbol{H}'\frac{\partial \boldsymbol{U}}{\partial \theta} = \frac{\partial \boldsymbol{U}^{\mathrm{T}}}{\partial \theta}\boldsymbol{U}\boldsymbol{H} + \boldsymbol{H}\boldsymbol{U}^{\mathrm{T}}\frac{\partial \boldsymbol{U}}{\partial \theta}.$$

上式代入 $\boldsymbol{U}$，$\boldsymbol{U}^{\mathrm{T}}$，$\frac{\partial \boldsymbol{U}}{\partial \theta}$，$\frac{\partial \boldsymbol{U}^{\mathrm{T}}}{\partial \theta}$得

$$\frac{\partial \boldsymbol{H}}{\partial \theta} = \boldsymbol{A}\boldsymbol{H} + \boldsymbol{H}\boldsymbol{A}^{\mathrm{T}}, \tag{1}$$

其中 $\boldsymbol{A} = \frac{\partial \boldsymbol{U}^{T}}{\partial \theta}\boldsymbol{U} = \begin{pmatrix} -\boldsymbol{e}_2 & 0 & \cdots & 0 \\ 0 & 0 & \cdots & 0 \\ \vdots & \vdots & & \vdots \\ 0 & 0 & \cdots & 0 \end{pmatrix}$.

现在假设概率密度函数 $P(\boldsymbol{H}) = \prod_{(\alpha)} \prod_{i \leq j} f_{ij}^{(\alpha)}(H_{ij}^{(\alpha)})$ 关于变换 U 不变，取自然对数再对 θ 求导得到

$$\sum \frac{1}{f_{ij}^{(\alpha)}} \frac{\partial f_{ij}^{(\alpha)}}{\partial H_{ij}^{(\alpha)}} \frac{\partial H_{ij}^{(\alpha)}}{\partial \theta} = 0 . \tag{2}$$

为求得概率密度函数 $P(\boldsymbol{H})$，需对上述3种高斯概率分布系统逐一计算．下面以酉概率分布系统为例，式(2)变为

$$\begin{aligned}
&\left[\left(-\frac{1}{f_{11}^{(0)}} \frac{\partial f_{11}^{(0)}}{\partial H_{11}^{(0)}} + \frac{1}{f_{22}^{(0)}} \frac{\partial f_{22}^{(0)}}{\partial H_{22}^{(0)}}\right)(2H_{12}^{(0)}) + \frac{1}{f_{12}^{(0)}} \frac{\partial f_{12}^{(0)}}{\partial H_{12}^{(0)}}(H_{11}^{(0)} - H_{22}^{(0)})\right] \\
&+ \sum_{j=3}^{n}\left(-\frac{1}{f_{1j}^{(0)}} \frac{\partial f_{1j}^{(0)}}{\partial H_{1j}^{(0)}} H_{2j}^{(0)} + \frac{1}{f_{2j}^{(0)}} \frac{\partial f_{2j}^{(0)}}{\partial H_{2j}^{(0)}} H_{1j}^{(0)}\right) \\
&+ \sum_{j=3}^{n}\left(-\frac{1}{f_{1j}^{(1)}} \frac{\partial f_{1j}^{(1)}}{\partial H_{1j}^{(1)}} H_{2j}^{(1)} + \frac{1}{f_{2j}^{(1)}} \frac{\partial f_{2j}^{(1)}}{\partial H_{2j}^{(1)}} H_{2j}^{(1)}\right) \\
&= 0 .
\end{aligned} \tag{3}$$

由于上面式子括号中的随机变量属于互斥集合的元素，因此每一项均为常数．

例如，

$$-\frac{1}{f_{1j}^{(0)}} \frac{\partial f_{1j}^{(0)}}{\partial H_{1j}^{(0)}} H_{2j}^{(0)} + \frac{1}{f_{2j}^{(0)}} \frac{\partial f_{2j}^{(0)}}{\partial H_{2j}^{(0)}} H_{1j}^{(0)} = c_j^0 \tag{4}$$

两端同除 $H_{1j}^{(0)} H_{2j}^{(0)}$，再由引理1得到 $c_j^0 = 0$，且有

$$\frac{1}{H_{1j}^{(0)}} \frac{1}{f_{1j}^{(0)}} \frac{\partial f_{1j}^{(0)}}{\partial H_{1j}^{(0)}} = \frac{1}{H_{2j}^{(0)}} \frac{1}{f_{2j}^{(0)}} \frac{\partial f_{2j}^{(0)}}{\partial H_{2j}^{(0)}} = -2a,$$

a 为某一常数．积分可得

$$f_{1j}^{(0)}(H_{1j}^{(0)}) = \mathrm{e}^{-a(H_{1j}^{(0)})^2}.$$

进一步利用 $P(\boldsymbol{H})$ 的不变性假设以及其正规性、非负性可得下面定理：

定理　对于上述3类情形，均有 $P(\boldsymbol{H}) = \mathrm{e}^{-a\mathrm{tr}H^2 + b\mathrm{tr}H + c}$，其中 $a > 0$，b，$c \in \mathbf{R}$ 为常数．

在此基础上可以得到 $\boldsymbol{H}$ 的特征值的联合概率密度函数，有兴趣的读者可以参见参考文献[3]．

参考文献

[1] 聂灵沼，丁石孙．代数学引论[M]．北京：高等教育出版社，2000.
[2] 王萼芳，石生明．高等代数[M]．北京：高等教育出版社，2019.
[3] Madan Lal Mehta. Random Matrices[M]．北京：世界图书出版公司，2006.